普通高等教育"十二五"系列教材（高职高专教育）

工程识图与 AutoCAD

主　编　李显民

副主编　李益民

编　写　谭绍琼　赵富田

　　　　蒋　楠　郑　垚

中国电力出版社

CHINA ELECTRIC POWER PRESS

内 容 提 要

本书为普通高等教育"十二五"系列教材（高职高专教育）。

本书共分十章，主要内容包括制图的基本知识、投影作图、组合体、图样画法、常用件与标准件、零件图、装配图、电气图、AutoCAD 绘图基础知识、建筑图等。

本书可供三年制高职高专院校非机类专业制图教学使用，也可作为在职工程技术人员及农村转移劳动力培训教材使用。

图书在版编目（CIP）数据

工程识图与 AutoCAD/李显民主编. —北京：中国电力出版社，2015.1（2024.10重印）

普通高等教育"十二五"规划教材. 高职高专教育

ISBN 978 - 7 - 5123 - 6600 - 8

Ⅰ. ①工⋯ Ⅱ. ①李⋯ Ⅲ. ①工程制图-识别-高等职业教育-教材②工程制图- AutoCAD 软件-高等职业教育-教材 Ⅳ. ①TB23

中国版本图书馆 CIP 数据核字（2014）第 234523 号

中国电力出版社出版、发行

（北京市东城区北京站西街 19 号　100005　http：//www.cepp.sgcc.com.cn）

北京九州迅驰传媒文化有限公司印刷

各地新华书店经售

*

2015 年 1 月第一版　2024 年 10 月北京第十四次印刷

787 毫米×1092 毫米　16 开本　20 印张　486 千字

定价 36.00 元

前　言

为贯彻落实《国家中长期教育改革和发展规划纲要（2010～2020 年）》，配合《高等职业学校专业教学标准（试行）》的贯彻实施，根据《教育部关于"十二五"职业教育教材建设的若干意见》（教职成〔2012〕9 号），以及教育部和中国电力出版社关于编写、出版"十二五"规划教材的要求，我们于 2012 年 12 月组成了校企共同参与的《工程识图与 Auto-CAD》教材编写组。针对"工程识图与 AutoCAD"课程教学时数少（最少的课时数只有 36 学时）、任务重的情况，我们从专业的岗位需求出发，以知识实用、够用为原则，注重识图与绘图的能力培养，在总结过去教学经验的基础上，认真梳理、科学安排各教学内容，决定本书按最新的课程教学标准规定的 56 学时进行编写。

本书共分制图基础、机械制图、电气制图与识图、计算机绘图、建筑图识读五部分，较好地满足了各专业的教学要求。本书保证有足够的基础知识，教学内容循序渐进，制图基础部分面宽，增加了图解内容，图文并茂，易学易教。保留了必要的机械图样知识，增加了专业图样知识，并注重与各专业的后续专业课程、职业技能鉴定和实习内容紧密结合，增强了针对性；有 AutoCAD 绘图实例，方便学生上机操作，短时间内能取得成效，增强了学习兴趣。

本书配有教学课件，以方便教学使用，也可供远程教育使用。与本教材配套的《工程识图与 AutoCAD 习题集》，可以方便学生的练习和技能培养。

本书体现了职业教育的性质、任务和培养目标；符合职业教育的课程教学基本要求和有关岗位资格和技术等级要求；具有思想性、科学性、适合国情的先进性和教学适应性；符合职业教育的特点和规律，具有明显的职业教育特色；符合国家有关部门颁发的技术质量标准。本书既可以作为学历教育教学用书，也可作为职业资格和岗位技能培训教材。

参加本书编写工作的有蒋楠（第一、二章）、李显民（第三、四章）、李益民（第五、六章）、郑垚（第七、十章）、谭绍琼（第八章）、赵富田（第九章）。李显民任主编，李益民任副主编。

教育改革还要持续深入，高职教材如何更好地适应高等职业教育发展的需要，尚需进一步调查研究。因此本教材定有许多不足和疏漏之处，敬请使用本教材的老师予以批评指正。

编　者

2014 年 8 月

目　录

第一章 制图的基本知识

本章主要介绍 GB/T 14689—2008《技术制图　图纸幅面和格式》、GB/T 17450—1998《技术制图　图线》和 GB/T 4457.4—2002《机械制图　图样画法　图线》等标准中有关图纸幅面、格式、字体、比例、图线和尺寸标注的规定。"GB/T 14689—2008《技术制图　图纸幅面和格式》"各部分的含义：GB/T 是标准代号及属性，GB 表示"国家标准"，T 表示"推荐"；14689 表示标准顺序号；2008 表示该标准批准年号；《技术制图　图纸幅面和格式》为标准名称。本章重点学习平面图形中弧线连接的原理和画法，另外简要介绍常用绘图工具、仪器及其使用方法。

第一节　国家标准的一般规定

一、图纸幅面和格式

1. 图纸幅面

图纸幅面是指绘制图样时所采用的纸张大小。GB/T 14689—2008 规定了图纸的幅面尺寸，如表 1-1 所示。

表 1-1　　　　　　　　　　图　纸　幅　面　　　　　　　　　　mm

幅面代号	幅面尺寸 $B \times L$	周边尺寸		
		a	e	c
A0	841×1189	25	20	10
A1	594×841		20	10
A2	420×594			
A3	297×420		10	5
A4	210×297			

2. 图框格式

图框格式分为留装订边和不留装订边两种。留装订边的图框格式如图 1-1（a）、（b）所示。A4 图幅竖放，其余图幅横放。

绘制图样时，首先应该选定表 1-1 中的某一幅面尺寸，再按图 1-1 的格式，用细实线画出图纸幅面界线（图幅线），用粗实线在图幅线内画出图框线，然后绘制标题栏。

3. 标题栏

在图纸上都必须绘制标题栏。标题栏一般按图 1-1 所示的方位配置，以标题栏的文字方向为看图的方向。需要时也可将标题栏放在右上角，这种情况以方向符号指示的方向为看图的方向，方向符号为边长 6mm 的等边三角形，如图 1-2 所示。

GB/T 10609.1—2008《技术制图　标题栏》规定了标题栏的格式和尺寸，如图 1-3（a）所示。GB/T 10609.2—2009《技术制图　明细栏》规定了装配图中明细栏的格式和尺寸，如图 1-3（b）所示。

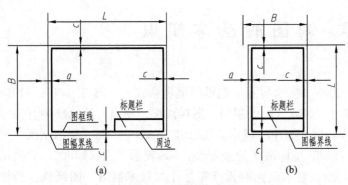

图 1-1　图框格式
(a) 留装订边横放格式；(b) 留装订边竖放格式

图 1-2　对中符号与方向符号

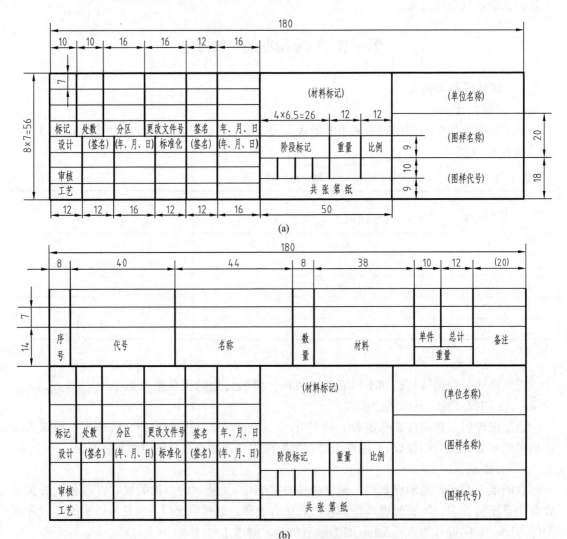

图 1-3　标题栏与明细栏的格式和尺寸
(a) 标题栏的格式和尺寸；(b) 明细栏的格式和尺寸

根据教学的实际需要，本教材对零件图和装配图中的标题栏及明细表进行了简化，建议学员做制图作业时采用图1-4所示的零件图标题栏的格式和图1-5所示的装配图明细栏的格式。

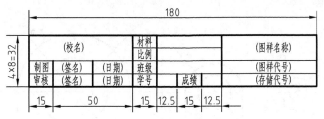

图1-4 作业中的标题栏

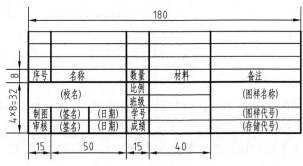

图1-5 作业中的明细栏

二、比例

比例是指图样中的图形与其实物相应要素的线性尺寸之比。

1. 比例系列

需要用比例绘制图样时，应优先选用 GB/T 14690—1993《技术制图 比例》规定的标准比例系列，见表1-2。

表1-2 标 准 比 例 系 列

种类	比 例		
原值比例	1：1		
缩小比例	1：2 1：(2×10^n)	1：5 1：(5×10^n)	1：10 1：(1×10^n)
放大比例	2：1 (2×10^n)：1	5：1 (5×10^n)：1	10：1 (1×10^n)：1

注 n 为正整数。

必要时，也允许选用表1-3的比例系列。

表1-3 比 例 系 列

种类	比 例				
缩小比例	1：1.5 1：(1.5×10^n)	1：2.5 1：(2.5×10^n)	1：3 1：(3×10^n)	1：4 1：(4×10^n)	1：6 1：(6×10^n)
放大比例	4：1 (4×10^n)：1	2.5：1 (2.5×10^n)：1			

注 n 为正整数。

注意：无论采用何种比例绘图，图样上所标注的尺寸数值均应为机件的实际尺寸，必须按原值标注，与图样的比例大小、绘图的准确度无关，如图 1-6 所示。

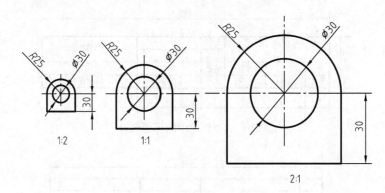

图 1-6　比例和尺寸数值

2. 标注

绘制机件同一图样的各个视图时，应尽量采用相同的比例，并在标题栏比例一栏中统一标明。

当某视图需要采用不同的比例时（如局部放大图），必须另行标注，可以标注在视图名称的右侧或下方。例如：

$$\frac{\mathrm{I}}{5:1}\qquad \frac{A}{2:1}\qquad \frac{B-B}{10:1}\qquad \underline{平面图}\quad 1:100$$

三、字体

图样上除了用图形表达机件的结构形状外，还需要用文字、数字和字母等注明机件的大小和技术要求等内容。

字体号数，即字体高度。字体高度单位为 mm，公称尺寸系列为 1.8、2.5、3.5、5、7、10、14、20。

如果需要书写更大的字体，则字体号数可以按 $\sqrt{2}$ 的比率递增。

1. 汉字

规定汉字的字体为长仿宋体简化汉字。汉字的高度 h 不得小于 3.5mm，字宽一般为 $h/\sqrt{2}$。

长仿宋体汉字的书写要领和示例如下：

长仿宋体　　简化汉字　　间隔均匀　　排列整齐

横平竖直　　结构合理　　比例协调　　注意起落

落笔稍重　　起笔带锋　　字满方格　　有缩有出

2. 字母和数字

字母和数字分为 A 型和 B 型字体。A 型字体的笔画宽度是字高的 1/14，B 型字体的笔画宽度是字高的 1/10。

字母和数字可以写成直体或斜体两种形式。斜体字字头向右倾斜，与水平基准线呈75°角。

在同一图样中，只能选用一种类型的字体。

A 型直体字母和数字书写示例如下：

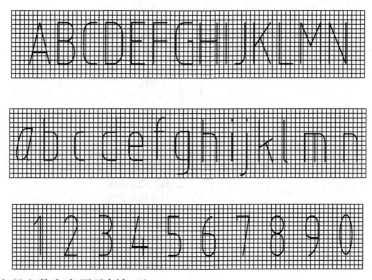

A 型斜体字母和数字书写示例如下：

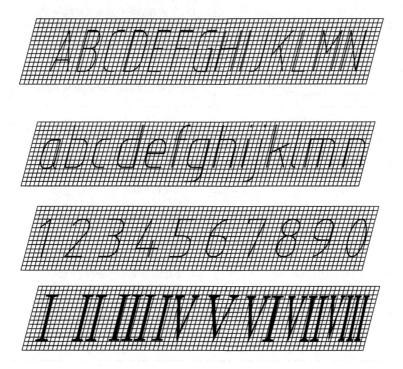

3. 图样中的书写规定

用作分数、指数、极限偏差、注脚等的字母和数字一般应采用小一号的字体。例如：

$$Tr \quad 10^2 \quad \phi30^{+0.012}_{-0.025} \quad \pm20^{+0.021}_{-0.011} \quad D_1$$

四、图线

1. 线型

图样中的图形是由各种图线构成的。GB/T 17450—1998 规定了绘制技术图样的 15 种基本线型，并且规定了线型的变形和相互组合。GB/T 4457.4—2002 规定了机械制图中所用的 9 种线型，其线型的名称、形式、画法和应用见表 1-4。

表 1-4　　　　　　机械制图的线型及其应用（摘自 GB/T 4457.4—2002）

序号	代码 No.	形式	一般应用
1	01.1	细实线	1. 过渡线 2. 尺寸线 3. 尺寸界线 4. 指引线和基准线 5. 剖面线 6. 重合剖面的轮廓线 7. 短中心线 8. 螺纹的牙底线 9. 尺寸线起止线 10. 表示平面的对角线 11. 零件成形前的弯折线 12. 范围线及分界线 13. 重复要素表示线，例如齿轮的齿根线 14. 锥形结构的基面位置线 15. 叠片结构的位置线，例如变压器叠钢片 16. 辅助线 17. 不连续的同一表面的连线 18. 成规律分布的相同要素的连线 19. 投影线 20. 网格线
2	01.1	波浪线	断裂处的边界线；视图与剖视图的分界线
3	01.1	双折线	断裂处的边界线；视图与剖视图的分界线
4	01.2	粗实线	1. 可见棱边线 2. 可见轮廓线 3. 相贯线 4. 螺纹牙顶线 5. 螺纹长度终止线 6. 齿顶圆（线） 7. 表格图、流程图中的主要表示线 8. 系统结构线（金属结构工程） 9. 模样分裂线 10. 剖切符号用线
5	02.1	细虚线	1. 不可见棱边线 2. 不可见轮廓线

续表

序号	代码 No.	形式	一般应用
6	02.2	粗虚线	允许表面处理的表示线
7	04.1	细点画线	1. 轴线 2. 中心对称线 3. 分度圆（线） 4. 孔系分布的中心线 5. 剖切线
8	04.2	粗点画线	限定范围表示线
9	05.1	细双点画线	1. 相邻辅助零件的轮廓线 2. 可动零件的极限位置的轮廓线 3. 重心线 4. 成形前轮廓线 5. 剖切面前的结构轮廓线 6. 轨迹线 7. 毛坯图中制成品的轮廓线 8. 特定区域线 9. 延伸公差带表示线 10. 工艺用结构的轮廓线 11. 中断线

说明：

（1）代码中的前两位数表示基本线型，最后一位数表示线宽的种类，其中"1"表示"细"，"2"表示"粗"。

（2）第2、第3种线型，即波浪线和双折线，在同一张图样中一般采用一种。

（3）双折线的画法如图1-7所示。d 表示线的宽度。

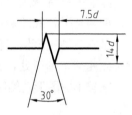

图1-7　双折线的画法

2. 图线应用

图线的应用如图1-8所示。

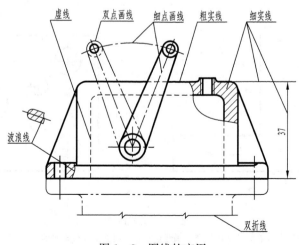

图1-8　图线的应用

3. 宽度

图线分为粗、细两种。它们之间的比例为 2∶1。GB/T 4457.4—2002 规定了线型的宽度系列，见表 1-5。

表 1-5	图线宽度和图线组别	mm

线型组别	与线型代码对应的线型宽度	
	01.2；02.2；04.2	01.1；02.1；04.1；05.1
0.25	0.25	0.13
0.35	0.35	0.18
0.5	0.5	0.25
0.7	0.7	0.35
1	1	0.5
1.4	1.4	0.7
2	2	1

4. 画法

粗线的宽度 d 应根据图样的大小和复杂程度从表 1-5 中选择。同一图样中同类图线的宽度应基本一致，其偏差不得大于 ±0.1d。点画线、虚线、双点画线及粗点画线的短画或长画的长度和间隔应该大致相等。

除非另有特殊规定，两条平行线（包括剖面线）之间的距离不得小于粗实线宽度的 2 倍，即两条平行线的最小距离不得小于 0.7mm。

基本线型应该恰当相交于画线处，即粗实线、点画线、虚线、双点画线各自或相互相交时必须相交于画线处，如图 1-9（a）所示。

在较小的图形上绘制点画线或双点画线比较困难时，可以用细实线代替，如图 1-9（b）所示。

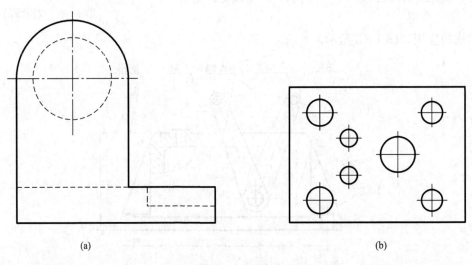

(a) (b)

图 1-9　图线画法
(a) 基本线相交于画线处；(b) 用细实线代点画线

五、尺寸注法

在图样中，图形只能表达机件的结构形状，而要确定机件的大小及各部分之间的相互位置关系还必须标注图样的尺寸。

GB/T 4458.4—2003《机械制图 尺寸注法》和GB/T 16675.2—2012《技术制图 简化表示法 第2部分：尺寸注法》规定了机械制图中标注尺寸的方法和技术制图中标注尺寸的简化方法。

（一）基本规则

（1）机件的真实大小应以图样上所标注的尺寸数值为依据，与图形的大小及绘图的准确度无关。

（2）图样中（包括技术要求和其他说明）的尺寸以 mm（毫米）为单位时，不需标注单位符号（或名称），如采用其他单位，则应注明相应的单位符号（本书后面内容，以 mm 为单位时，均不注 mm）。

（3）图样中所标注的尺寸，为该图样所示机件的最后完工尺寸，否则应另加说明。

（4）机件的每一尺寸，一般只标注一次，并应标注在反映该结构最清晰的图形上。

（二）标注尺寸的要素

1. 尺寸界线

尺寸界线表示所注尺寸的起止范围，用细实线绘制。尺寸界线应由图形的轮廓线、轴线、对称中心线处引出，也可以利用轮廓线、轴线、对称中心线作为尺寸界线，如图 1-10 所示。

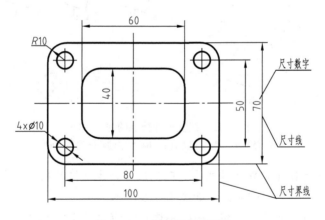

图 1-10 尺寸界线的画法

2. 尺寸线

尺寸线用细实线绘制。尺寸线有箭头和斜线两种终端形式，箭头适用于各种类型的图样，其形式如图 1-11（a）所示。斜线用细实线绘制，当尺寸线的终端采用斜线形式时，尺寸线必须与尺寸界线垂直，斜线的画法如图 1-11（b）所示。

当尺寸线与尺寸界线相互垂直时，同一张图样中只能采用一种尺寸线终端的形式。在地位不够的情况下，还允许用圆点或斜线代替箭头，如图 1-21 所示。

标注线性尺寸时，尺寸线必须与所标注的线段平行，平行线的间隔不得小于 5mm；尺寸线不能用其他图线代替，一般也不得与其他图线重合或绘制在其延长线上，标注时应尽量

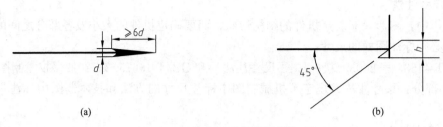

图 1-11　尺寸线的终端形式

（a）箭头的画法；（b）斜线的画法

d—粗线的宽度；h—字体的高度

避免与其他尺寸线或尺寸界线交错。尺寸界线应超出尺寸线 2～5mm，一般情况下尺寸线应与尺寸界线垂直，如图 1-10 所示，必要时才允许倾斜，如图 1-19 所示。

3. 尺寸数字

线性尺寸的数字的一般注写方向如图 1-12（a）所示，并尽可能避免在图示 30°范围内标注尺寸。当无法避免时的标注形式如图 1-12（b）所示。

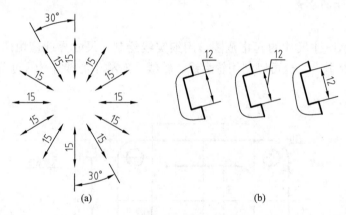

图 1-12　线性尺寸数字的注写方向

（a）数字的一般注写方向；（b）数字的特殊注写方向

在不引起误解的情况下，对于非水平方向的尺寸，也允许其数字水平地注写在尺寸线的中断处，如图 1-13 所示。

在同一张图样中，应尽可能采用同一种注写方法。

（三）标注尺寸的符号

（1）标注直径时，在尺寸数字前加注符号"ϕ"，如 $\phi40$；标注半径时，在尺寸数字前加注符号"R"，如 $R10$；标注球面的直径或半径时，在符号"ϕ"或"R"前再加注符号"S"，如 $S\phi30$；标注螺钉或铆钉的头部、轴（包括螺杆）或手柄的端部等，在不引起误解的情况下，可以省略符号"S"。

（2）标注弧长时，在尺寸数字上方加注符号"⌒"。

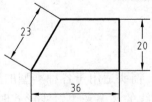

图 1-13　线性尺寸数字
的注写方向

（3）标注剖面为正方形结构的尺寸时，在正方形边长尺寸数字前加注符号"□"或采用"$B×B$"的形式标注。

（4）标注板状零件的厚度时，在尺寸数字前加注符号"t"。

（5）标注参考尺寸时，将尺寸数字加上圆括号。

（6）标注斜度或锥度时，在斜度、锥度比值 1∶n 前加注斜度、锥度符号，其符号如图 1-14 所示，且符号的方向应与斜度、锥度的方向一致。

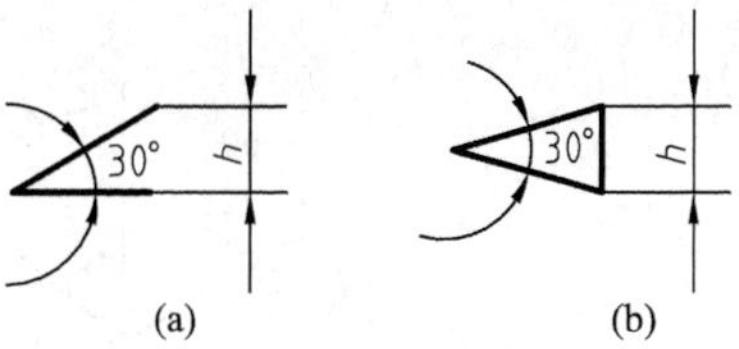

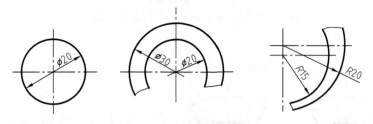

图 1-14 斜度与锥度的符号

（a）斜度的符号；（b）锥度的符号

h—字体高度

（四）常见标注示例

1. 圆与圆弧的标注

圆直径和圆弧半径尺寸线的终端形式为箭头，其标注方法如图 1-15 所示。

图 1-15 圆与圆弧的标注

当圆弧的半径过大或在图纸范围内无法标出其圆心位置时，其标注如图 1-16（a）所示；当无需标出其圆心位置时，其标注如图 1-16（b）所示。

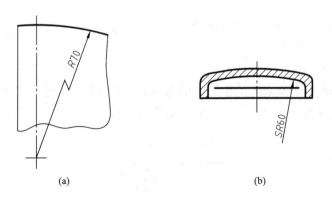

图 1-16 大圆弧的标注

（a）无法标出其圆心位置时；（b）无需标出其圆心位置时

2. 角度的标注

标注角度时，尺寸线为圆弧，其圆心是该角的顶点；尺寸界线沿径向引出；尺寸数字一律写成水平方向，一般注写在尺寸线的中断处，如图 1-17（a）所示；必要时也允许按引出等形式标注，如图 1-17（b）所示。

3. 弧长和弦长的标注

标注弧长和弦长时，尺寸界线应平行于该弦的垂直平分线，如图 1-18 所示。

4. 光滑过渡处的标注

标注光滑过渡处的尺寸时，必须用细实线将轮廓线延长，从其交点处引出尺寸界线，在尺寸界线过于接近轮廓线的情况下，允许尺寸界线与尺寸线倾斜，如图 1-19 所示。

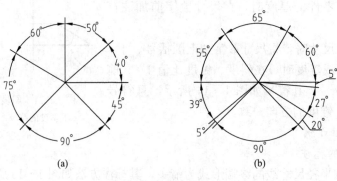

图 1 - 17　角度的标注

(a) 尺寸数字在中断处标注；(b) 尺寸数字引出标注

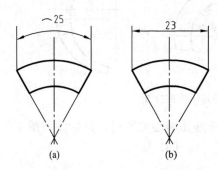

图 1 - 18　弧长和弦长的标注

(a) 弧长的标注；(b) 弦长的标注

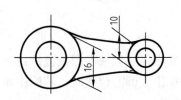

图 1 - 19　光滑过渡处的标注

5. 对称图形的标注

标注对称图形时，当该对称的图形只画出一半或略大于一半时，尺寸线应略超过对称中心线或断裂处的边界线，且仅在尺寸线的一端绘制箭头，如图 1 - 20 所示。

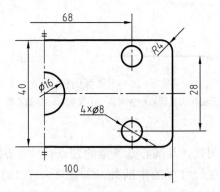

图 1 - 20　对称图形的标注

6. 小尺寸的标注

标注没有足够位置画箭头或注写数字的尺寸时，可以按如图 1 - 21 所示的形式进行标注。

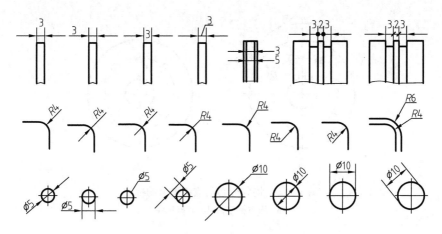

图 1-21 小尺寸的标注

（五）简化标注

同一图形中，对于尺寸相同的孔、槽等成组要素，可以只在一个要素上标注其尺寸和数量，如图 1-22 所示。

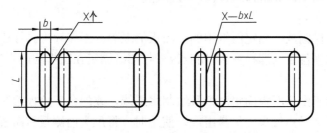

图 1-22 尺寸相同的成组要素的标注

同一图形中，对于几种尺寸数值相近且重复的要素（如孔等），可以采用涂色等标注方法，如图 1-23（a）所示；也可以采用标注字母的方法加以区别，如图 1-23（b）所示。

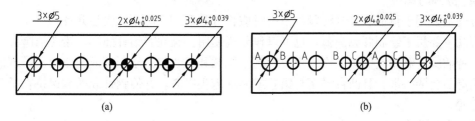

图 1-23 尺寸不同的重复要素的标注
（a）涂色等标注方法；（b）标注字母的标注方法

同一图形中，对于尺寸相同、均匀分布的成组要素，其标注如图 1-24（a）所示；当成组要素的定位和分布情况在图形中已经明确时，可以不必标注其角度，并可以省略"EQS"（均布）三个字母，如图 1-24（b）所示。

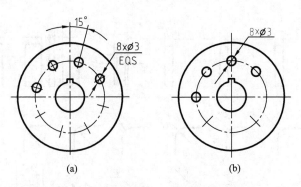

图 1 - 24　均匀分布的成组要素的标注
(a) 均布标注；(b) 省略标注

第二节　绘图工具及仪器的使用

正确地使用绘图工具和仪器，既能保证图样的质量，又能提高画图的速度。本节将简要介绍几种常用的绘图工具和仪器及其使用方法。

一、图板

图板是绘图时供铺放、固定图纸用的。图板的左边为工作导边。导边必须平直，绘图时将图板长边放成水平位置（即横放），用胶带纸将图纸固定在图板的适当位置。

二、丁字尺

丁字尺主要用于配合图板固定图纸及绘制水平线，或配合三角板绘制垂直线和各种特殊角度的倾斜线。丁字尺由尺头、尺身组成，使用时应将尺头内侧紧靠图板左边上下滑动。

三、三角板

一副三角板由两块组成，一块为 30°、60°角，一块为 45°角。三角板与丁字尺配合使用可以绘制出垂直线和 15°、30°、45°、60°、75°等特殊角度的倾斜线。

四、分规与圆规

分规主要用于量取和等分线段。使用时应将分规两脚上的钢针尖端并齐。

圆规主要用于绘制圆和圆弧，也可以作分规使用。圆规有钢针插脚、铅芯插脚和鸭嘴笔插脚三种插脚，利用它们可以作分规及绘制铅笔圆和墨线圆。绘制圆或圆弧时，圆规的针尖应采用有凸台的一端，且凸台平面与铅芯或鸭嘴笔尖平齐，并使钢针和插脚保持在垂直于纸面的位置。

五、绘图铅笔

标号 B 和 H 表示铅笔的软硬程度。标号 B 的号数越大表示铅芯越软，标号 H 的号数越大表示铅芯越硬。使用时根据绘图的不同阶段选用不同硬度的铅笔。如用 2H 的铅笔打草稿，用 H 铅笔写小号字，用 HB 铅笔加深细实线和写字，用 2B 或 3B 铅笔描粗实线。

画细线用的铅笔芯磨成圆锥状，画粗线用的铅笔芯磨成扁铲状。

六、曲线板

曲线板是绘制非圆曲线的专用工具之一，如图 1 - 25 (a) 所示。

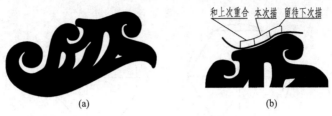

图 1-25　曲线板及其使用

(a) 外形；(b) 使用示意

第三节　几　何　图　形

物体的结构形状用图形来表示。图形是由一些直线、圆弧或非圆曲线按一定的几何关系组合而成。本章介绍机械图样中正多边形以及包含斜度、锥度和圆弧连接在内的各种平面图形的作图方法。

一、线段的等分

1. 线段的两等分

线段的两等分见图 1-26。

作图步骤：分别以端点 A、B 为圆心，大于 $AB/2$ 的长度为半径，上下画弧，交于 C、D 两点，连接 C、D，即为 AB 的垂直平分线，E 为 AB 的中点。

2. 线段的任意等分

线段的任意等分见图 1-27。

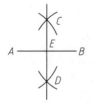

图 1-26　线段的两等分

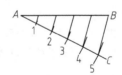

图 1-27　线段的任意等分

作图步骤：作射线 AC，以某一长度为半径，在 AC 上截取任意等份，如图 1-27 为截取 5 等份，连接 5、B，过 1、2、3、4 点分别作 $5B$ 的平行线，即可将 AB 五等分。

二、等分圆周并作正多边形

1. 三、六等分圆周并作正三、六边形

(1) 圆规等分。以已知圆直径的端点为圆心，以已知圆的半径为半径作弧与圆周相交，依次连接六个等分点，即为正六边形，如图 1-28 所示；相隔连接三等分点，即为正三边形，如图 1-29 所示。

(2) 用丁字尺与 60°三角板配合六等分圆周，并根据外接圆直径（正六边形对角长）作正六边形的过程如图 1-30 (a) 所示；根据内切圆直径（正六边形对边长）作内切圆正六边形的过程如图 1-30 (b) 所示。

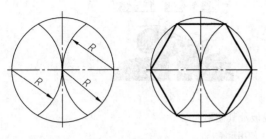

图 1-28　用圆规六等分圆周并作正六边形

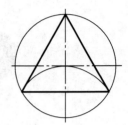

图 1-29　用圆规三等分圆周并作正三角形

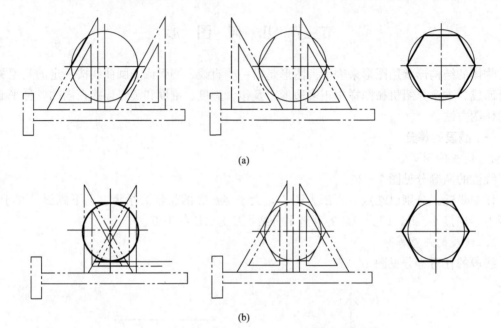

(a)

(b)

图 1-30　用三角板和丁字尺六等分圆周并作正六边形

(a) 根据外接圆直径作图；(b) 根据内切圆直径作图

2. 五等分圆周并作正五边形

(1) 作半径 OB 的垂直平分线交 OB 于点 G，见图 1-31 (a)；

(2) 以 G 为圆心，以 GD 为半径画圆弧交 OA 于点 H，见图 1-31 (b)；

(3) 以 DH 为弦长在圆周上截取五个等分点，依次连接即得正五边形，见图 1-31 (c)。

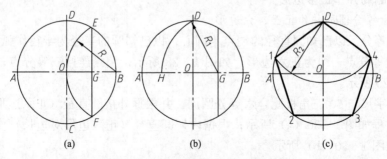

(a)　　　　　　(b)　　　　　　(c)

图 1-31　五等分圆周并作正五边形

3. 任意等分圆周并作正多边形

以作正七边形为例，绘图步骤如图 1-32 所示。

（1）将直径 MN 分成与所要求正多边形边数相同的等份（如七等份），见图 1-32（a）；

（2）以 N 为圆心、NM 长为半径画圆弧交直径的延长线于点 O 和 P，见图 1-32（b）；

（3）自 O 和 P 两点作一系列直线通过 NM 上的单数点（或双数点），并延长与圆周相交于各点，这些点即为圆周上的任意等分点（如 A、B、C、D、E、F 和 M 七等分点），见图 1-32（c）；

（4）依次连接各等分点，即为所求的正多边形。

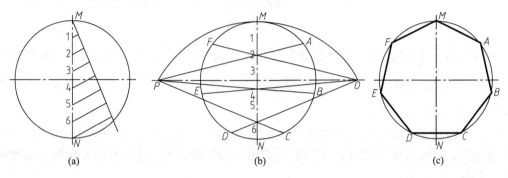

图 1-32　任意等分圆周并作正多边形

三、斜度与锥度

1. 斜度

斜度是指一直线或平面对另一直线或平面的倾斜程度。其大小用它们之间夹角的正切值表示。直线 AB 对 AC 的斜度 $\tan\alpha = \dfrac{BC}{AC} = \dfrac{H}{L}$，如图 1-33（a）所示。

GB/T 4458.4—2003 规定了斜度的符号和标注方法。斜度的概念如图 1-33（a）所示。标注斜度时，一般写成"$\angle 1:n$"的形式，且符号的方向应与斜度方向一致，如图 1-33（b）所示。

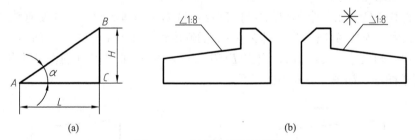

图 1-33　斜度及斜度的标注
（a）斜度的概念；（b）斜度的标注方法

斜度的作图方法和步骤（见图 1-34）：

（1）已知需绘图的斜度为 1:8，如图 1-34（a）所示；

（2）在直线 AO 上取 8 个单位长度于 C 点，过 C 点作垂线 CD，并在直线 CD 上取 1 个单位长度于 B 点，连接 AB，即为 1:8 的斜度线，如图 1-34（b）所示；

（3）根据已知尺寸（30，10）定出 E 点，过 E 点作 AB 的平行线，即得所求图形，如

图 1‑34 (c)所示。

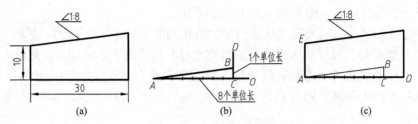

图 1‑34　斜度的作图步骤

(a) 已知图；(b) 作 1∶8 的斜度线；(c) 按给定尺寸完成图

2. 锥度

锥度是指正圆锥的底面直径与圆锥高度之比或圆锥台上、下底圆直径之差与圆锥台高度之比，即正圆锥的锥度 $= 2\tan\dfrac{\alpha}{2} = \dfrac{D}{L_1}$，圆锥台的锥度 $= 2\tan\dfrac{\alpha}{2} = \dfrac{D-d}{L_2}$，其中 α 为圆锥的锥顶角，如图 1‑35 所示。

GB/T 4458.4—2003 规定了锥度的符号和标注方法。锥度的符号如图 1‑14 (b) 所示。标注锥度时，一般写成"◁1∶n"或"▷1∶n"的形式，且符号的方向应与锥度方向一致，如图 1‑35 所示。

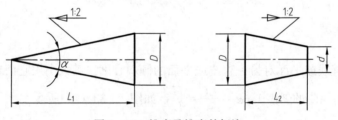

图 1‑35　锥度及锥度的标注

锥度的作图方法和步骤（见图 1‑36）如下：

(1) 已知需绘图的锥度为 1∶5，如图 1‑36 (a) 所示；

(2) 在直线 OC 上取 5 个单位长度于 D 点，过 D 点作垂线 AB，并使直线 $AD = DB = 0.5$ 个单位长度，连接 AO 和 BO，即为 1∶5 的锥度线，如图 1‑36 (b) 所示；

(3) 根据已知尺寸（30，$\phi14$）定出 E 和 F 点，过 E 和 F 点分别作 AO 和 BO 的平行线，即得所求图形，如图 1‑36 (c) 所示。

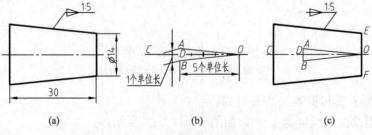

图 1‑36　锥度的作图步骤

(a) 已知图；(b) 作 1∶5 的锥度线；(c) 按给定尺寸完成图

四、圆弧连接

实际机件的表面有时是平面与曲面或曲面与曲面光滑过渡而形成的。在图样中通常表现为线段（包括直线段和圆弧）之间的光滑过渡，即直线段与圆弧和圆弧与圆弧的光滑连接。这种用一圆弧光滑地连接相邻两线段的作图方法称为圆弧连接。

1. 圆弧连接的几何原理

（1）圆弧与直线相切。半径为 R 的圆弧与一已知直线相切，圆弧圆心的轨迹是一条与已知直线平行且平行线间的距离为圆弧半径 R 的直线，如图 1－37（a）所示。

（2）圆弧与圆弧相切。半径为 R 的圆弧与一已知圆弧（圆心为 O_1，半径为 R_0）相切，圆弧圆心的轨迹是已知圆弧的同心圆。当两圆弧外切时，轨迹圆的半径为两圆弧的半径之和，即 $R_1 = R_0 + R$，且两圆圆心连线交已知圆上的一点为切点 K，如图 1－37（b）所示；当两圆弧内切时，轨迹圆的半径为两圆弧的半径之差，即 $R_2 = R_0 - R$，且两圆圆心连线延长交已知大圆上的一点为切点 K，如图 1－37（c）所示。

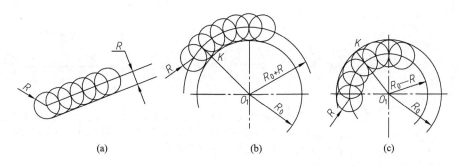

图 1－37 圆弧连接的几何原理

（a）圆与直线相切；（b）圆与圆弧外切；（c）圆与圆弧内切

2. 圆弧连接的作图方法与步骤

圆弧连接的实质是圆弧与直线或圆弧与圆弧的相切。连接圆弧的圆心即为连接中心，切点是连接圆弧的起止点，称为连接点，圆弧连接的关键就是求出连接中心和两个连接点。

圆弧连接分圆弧连接两直线、圆弧连接两圆弧和圆弧连接一直线一圆弧等几种形式。其中，圆弧与圆弧连接时又分内切与外切两种情况。圆弧连接的形式不同，其连接中心的轨迹和连接点的作图方法也有所不同，具体作图方法和步骤如表 1－6 所示。

表 1－6　　　　　　　　　　圆弧连接的作图方法和步骤

连接形式	作图方法和步骤（已知连接圆弧的半径为 R）		
	求连接中心	求连接点	画连接圆弧
连接相交两直线	分别作与两已知直线Ⅰ、Ⅱ距离均为 R 的平行线，此两平行线的交点 O 即为连接中心	过连接中心 O 分别向两已知直线Ⅰ、Ⅱ作垂线，垂足 M、N 即为连接点	以 O 为圆心、R 为半径，在两连接点 M、N 之间画圆弧，完成连接

连接形式	作图方法和步骤（已知连接圆弧的半径为 R）		
	求连接中心	求连接点	画连接圆弧
外切连接两圆弧	分别以 O_1、O_2 为圆心，以 R_1+R 和 R_2+R 为半径作两条圆弧，此两圆弧的交点 O 即为连接中心	连接 OO_1 交已知圆弧于 M 点，连接 OO_2 交已知圆弧于 N 点，M、N 即为连接点	以 O 为圆心，R 为半径，在两连接点 M、N 之间画圆弧，完成连接
内切连接两圆弧	分别以 O_1、O_2 为圆心，以 $R-R_1$ 和 $R-R_2$ 为半径作两条圆弧，此两圆弧的交点 O 即为连接中心	连接 OO_1 并延长交已知圆弧于 M 点，连接 OO_2 并延长交已知圆弧于 N 点，M、N 即为连接点	以 O 为圆心，R 为半径，在两连接点 M、N 之间画圆弧，完成连接
混合连接两圆弧	分别以 O_1、O_2 为圆心，以 $R-R_1$ 和 R_2+R 为半径作两条圆弧，此两圆弧的交点 O 即为连接中心	连接 OO_1 并延长交已知圆弧于 M 点，连接 OO_2 交已知圆弧于 N 点，M、N 即为连接点	以 O 为圆心，R 为半径，在两连接点 M、N 之间画圆弧，完成连接
外切连接一圆弧一直线	作与已知直线 I 距离为 R 的平行线，以 O_1 为圆心，以 R_1+R 为半径作圆弧，此平行线与圆弧的交点 O 即为连接中心	过连接中心 O 向已知直线 I 作垂线，垂足为 M 点，连接 OO_1 交已知圆弧于 N 点，则 M、N 即为连接点	以 O 为圆心，R 为半径，在两连接点 M、N 之间画圆弧，完成连接

续表

连接形式	作图方法和步骤（已知连接圆弧的半径为 R）		
	求连接中心	求连接点	画连接圆弧
内切连接一圆弧一直线	作与已知直线 I 距离为 R 的平行线，以 O_1 为圆心，以 R_1-R 为半径作圆弧，此平行线与圆弧的交点 O 即为连接中心	过连接中心 O 向已知直线 I 作垂线，垂足为 M 点，连接 OO_1 并延长交已知圆弧于 N 点，则 M、N 即为连接点	以 O 为圆心、R 为半径，在两连接点 M、N 之间画圆弧，完成连接

圆弧连接的作图步骤可以归纳如下：

（1）尺寸分析，求出连接圆弧的圆心，即连接中心；

（2）找出圆弧连接的切点，即连接点；

（3）在两个连接点之间画圆弧，完成圆弧连接。

五、椭圆的近似画法

椭圆是一种常用的非圆曲线。标准椭圆的画法比较复杂，这里介绍一种画法，就是将椭圆近似简化为四段光滑连接的圆弧，即椭圆的近似画法。

已知椭圆的长轴与短轴，近似绘制椭圆的作图步骤（见图 1-38）如下：

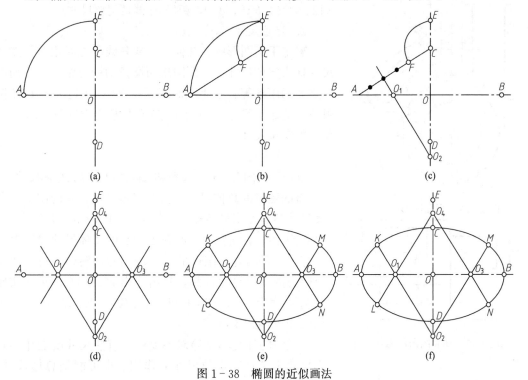

图 1-38 椭圆的近似画法

（1）以 O 为圆心、OA 为半径画弧，交 CD 延长线于点 E，如图 1-38（a）所示。

（2）连 AC，再以 C 为圆心、CE 为半径画弧，交 AC 于点 F，如图 1-38（b）所示。

（3）作 AF 线段的中垂线分别交长、短轴于点 O_1、O_2，如图 1-38（c）所示。

（4）作点 O_1、O_2 的对称点 O_3、O_4，即求出四段圆弧的圆心，如图 1-38（d）所示。

（5）分别以 O_1、O_2、O_3、O_4 为圆心，以 O_1A、O_2C、O_3B、O_4D 为半径作出四段圆弧，其中各段圆弧的光滑连接点 K、L、M、N 分别在圆心连线的延长线上，如图 1-38（e）所示。

（6）对椭圆进行加深，完成作图，如图 1-38（f）所示。

第四节　平面图形的画法

图样都是由一些平面图形组成的，要学会绘制机械图样，就必须熟悉平面图形的绘制方法。

平面图形常常由许多线段连接而成的一个或数个封闭线框组成。这些线框（几何图形）的形状大小、之间的相对位置以及它们与线段间的连接关系（相交或相切）等，都是根据给定的尺寸确定的。因此，要正确绘制一个平面图形，首先需要对图形中的尺寸进行分析，确定其绘图步骤，才能准确地绘制出平面图形。

一、平面图形的尺寸分析

平面图形的尺寸，根据其作用可以分为定形尺寸、定位尺寸和总体尺寸三类。

1. 定形尺寸

确定平面图形中各几何图形形状和大小的尺寸称为定形尺寸。例如：线段的长度、圆弧的半径或直径、圆的直径、角度值、多边形的边长、正多边形外接圆直径以及斜度和锥度等。图 1-39 所示的 $R28$、$R30$、$R12$、$R24$、$R15$、$\phi80$、$\phi128$ 等都是定形尺寸。

2. 定位尺寸

确定平面图形中各几何图形或各线段之间相对位置的尺寸称为定位尺寸。如两圆或两圆弧的中心距、两几何图形之间的距离等。图 1-39 所示的 88、78 是确定 $R28$ 圆弧位置的定位尺寸，30°和 $R102$ 分别确定 $R12$ 和 $R24$ 圆弧位置的定位尺寸。

3. 总体尺寸

确定平面图形总长、总宽和总高的尺寸称为总体尺寸。

有的图形的总体尺寸需要明显地标出，有的图形的总体尺寸不需要明显地标出。如图 1-40 所示，总长为 75，总高为 40，必须标出。而图 1-39 的总体尺寸没有明显地标出，是因为此图形的上下端均为回转体，总体尺寸以圆心的定位尺寸代替，只需注出 88 和 78 即可。实际总高尺寸为（88＋78＋28＋128/2），实际总宽尺寸为（128/2＋102＋24）。

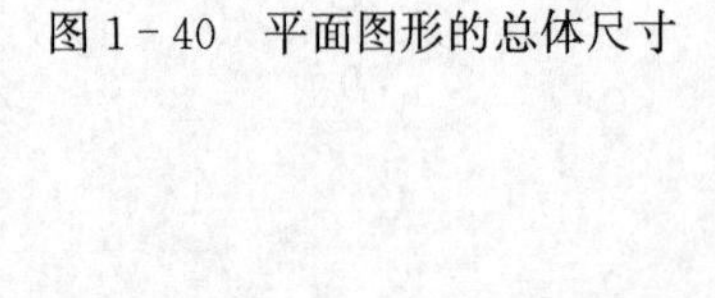

尺寸的种类不是绝对不变的。有些尺寸既能作为定形尺寸，又具有定位尺寸的作用，也可能是总体尺寸。

图 1-39　平面图形的尺寸

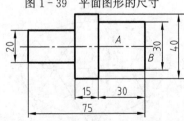

图 1-40　平面图形的总体尺寸

如图 1-40 中的尺寸 40，既是定形尺寸，又是总高尺寸；图 1-39 中的尺寸 88 和 78，既是定位尺寸，又是总高尺寸。

4. 尺寸基准

标注或测量尺寸的起点称为尺寸基准。常选择轴线、中心线、对称线、边界线、端线作为基准线。如图 1-39 中，D 直线为左右长度方向的主要尺寸基准，A 直线为上下高度方向的主要尺寸基准，B、C 为上下高度方向的辅助（第二、第三）尺寸基准，E、F、G 线为宽度与高度方向的辅助尺寸基准。画图时应首先画出尺寸基准线（定位线）。

二、线段分析

常见的平面图形中的线段有直线、圆弧和圆，通常根据标注的定位尺寸和定形尺寸是否齐全可以将其分为三类。

1. 已知线段

定形尺寸和定位尺寸标注齐全的线段，即尺寸足够，其形状、位置能完全确定的线段称为已知线段。如图 1-39 所示的 $\phi128$、$\phi80$、$R28$ 的半圆弧、$R12$ 的圆弧和 $R24$ 的圆弧即为已知线段，可以按照图中标注的尺寸直接绘制。

2. 中间线段

标注了定形尺寸，但定位尺寸标注不齐全，其位置必须借助于跟它相连的一条线段才能确定的线段称为中间线段。这类线段不能按照图中标注的尺寸直接绘制，只能借助于与相邻一端已画出的已知线段的连接关系，再根据给定的定形尺寸和定位尺寸找出其连接中心和连接点后才能绘制，如图 1-39 中左边的直线和右边与 $R24$ 相连接的圆弧，就必须在画出 $R28$、$R24$ 的圆弧后，根据相切关系才能绘制，其完整的形状还必须等画完连接弧后才能最后确定。

3. 连接线段

标注了定形尺寸，但没有标注定位尺寸，即其位置需要借助于跟它相连的两条线段才能确定的线段称为连接线段。显然，这类线段必须根据与相邻两线段的连接关系，通过作图找出其连接中心和连接点后才能绘制，如图 1-39 所示的 $R15$ 的圆弧。

三、平面图形的作图步骤

分析了平面图形的尺寸和线段后，应制订出画图的顺序，即先画哪些线，后画哪些线。从对平面图形的尺寸和线段分析可知，绘制平面图形时，必须先画出所有的基准线，再画已知线段，然后依次画出中间线段，最后画出连接线段。现以图 1-39 为例，具体作图步骤如下：

（1）绘制定位的基准线，布图，如图 1-41（a）所示。

（2）绘制全部的已知线段，如图 1-41（b）所示。

（3）绘制中间线段，如图 1-41（c）所示。

（4）确定连接线段的圆心，求连接点，绘制出连接线段的圆弧，如图 1-41（d）所示。

（5）检查无误，擦去多余的线，画尺寸界线、尺寸线，如图 1-41（e）所示。

（6）检查无误，加深、描粗图线；画箭头；标注尺寸数字；清洁图面，完成全图（见图 1-39）。

在设计、仿造、修配和测绘机器时，常常需要绘制草图，即不用仪器和绘图工具而按目测比例，徒手画出的图样。所以工程技术人员应该掌握徒手绘图的基本技能。

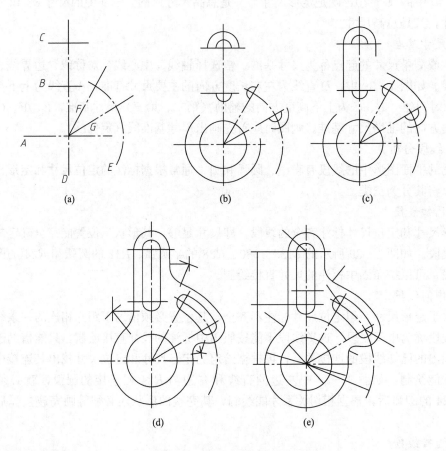

图 1-41　平面图形作图步骤

本 章 小 结

（1）第一节着重介绍了国家标准中有关机械制图中一般规定和尺寸标注的部分内容，这是制图中最基本的规定，在学习和工作中必须严格遵守。对于字体的写法和图线的画法，要掌握要领，认真练习，并持之以恒，这样才能逐渐达到要求。

（2）第二节介绍了常用绘图工具、仪器及其正确的使用方法。要求着重掌握丁字尺、三角板与图板的配合使用，以及分规、圆规的正确使用方法，要养成正确使用这些工具仪器的习惯。

（3）第三节介绍几何图形的画法，主要分析了圆弧连接的基本原理以及最常见的圆弧连接形式。重点学会连接圆弧的圆心和连接点（切点）的求法。

（4）第四节平面图形的画图步骤中主要介绍了平面图形的尺寸分析、线段分析和平面图形的正确绘图步骤。

要清楚什么是定形尺寸、定位尺寸与尺寸基准。定位尺寸必须从尺寸基准注起。

平面图形正确的绘图步骤：

（1）先做好准备工作，根据图形复杂的程度，确定比例和图幅的大小。

（2）绘制底稿，按以下次序进行：画图幅线、图框线、标题栏；计算布图，画基准线；画已知线段、中间线段、连接线段；画尺寸界线与尺寸线。检查无误，擦去多余的线。

（3）描图先粗后细再点画（先描粗实线后描细实线），先水平后垂直再斜线，先上后下，先左后右。

（4）最后画箭头、注写尺寸数字、填写标题栏、清洁图面。

第二章　投　影　作　图

本课程是一门既有系统理论又有很强实践性的技术基础课。本章主要学习运用正投影表达空间几何形体的基本理论和方法，培养空间思维能力和想象力，实现三维空间与二维平面之间的转换。重点掌握点、线、面和基本体的投影特性和作图方法。

第一节　投　影　基　本　知　识

一、投影法概述

灯光或日光照射物体时，会在某个面上（墙面或地面）产生影子，如图 2-1 所示。这个影子说明了物体的一些结构形状，但是由于是一团黑影，许多内部轮廓线无法显示出来，因此这个影子不能说明物体全部的结构形状。

假定物体除轮廓线以外的部分都是透明的，那么影子就会变成轮廓线的影线，围成一个平面图形，说明了物体的全部结构形状，如图 2-2 所示。我们将点光源（投射线的起源点）称为投射中心，光线称为投射线，影子所在的平面称为投影面，影线围成的平面图形称为投影图（简称投影）。

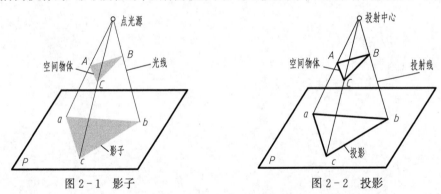

图 2-1　影子　　　　　　　　　　　图 2-2　投影

这种投射线通过物体，向选定的平面投射，并在该面上得到图形的方法称为投影法。

投影法分为中心投影法和平行投影法。

1. 中心投影法

所有投射线都汇交于一点的投影法称为中心投影法。如图 2-3 所示，工程上常用中心投影法绘制建筑物的透视图。

2. 平行投影法

投射线互相平行的投影法称为平行投影法。按投射线与投影面是否垂直，平行投影法又分为以下两种：

斜投影法：投射线与投影面倾斜，如图 2-4 所示。

正投影法：投射线与投影面垂直，如图 2-5 所示。

在工程图学中我们只研究物体的结构形状，所以也将物体称为形体。形体是由点线面这些几何要素组成的，即体由面围成，面由线围成，而线由点集合而成。所以我们先研究怎样

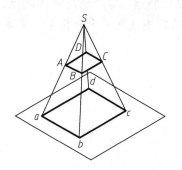

图 2-3 中心投影法

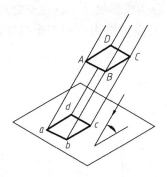

图 2-4 斜投影法

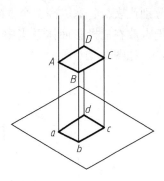

图 2-5 正投影法

将点线面画成投影图，又怎样用投影图表示空间的点线面。用正投影法将空间的点线面向一个投影面投射所得的投影图称为单面正投影图。

由于正投影图表达物体形状准确，度量性好，绘制较为简便，因此在工程上被广泛应用。在本书的后续章节中，若无特殊说明，所提到的投影均指正投影。

二、单面正投影的基本特性

（1）积聚性。当直线或平面图形垂直于投影面时，直线的投影积聚为点，平面图形的投影积聚成直线，如图 2-6 所示。

（2）真实性。当直线或平面图形平行于投影面时，其投影反映直线段的实长或平面图形的实形，如图 2-7 所示。

（3）类似性。当直线或平面图形倾斜于投影面时，直线的投影为缩短的直线，平面图形的投影为缩小的类似形，如图 2-8 所示。

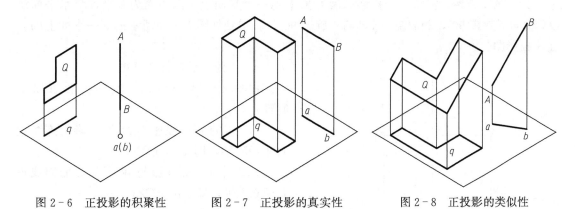

图 2-6 正投影的积聚性　　图 2-7 正投影的真实性　　图 2-8 正投影的类似性

第二节　点、直线、平面的投影

一、点的投影

从图 2-6 中可以看出点的一面投影不能确定点在空间唯一确定的位置。

1. 三投影面体系的建立

如图 2-9 所示，设置三个互相垂直的投影面：正立投影面（简称 V 面）、水平投影面（简称 H 面）和右侧立投影面（简称 W 面）。三个投影面的交线 OX、OY、OZ 也互相垂直，分别代表长、宽、高三个方向，称为投影轴。三轴汇交之点 O 为原点，即度量尺寸的起点。把点放在三投影面体系当中。空间点位置由点到三个投影面的距离（即三个坐标值）来确定，如图 2-10 所示。

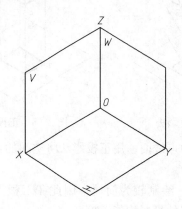

图 2-9　三投影面体系

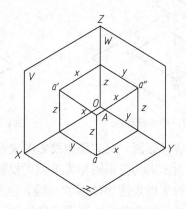

图 2-10　三面投影与坐标

点到 W 面的距离＝X 坐标，点到 V 面的距离＝Y 坐标，点到 H 面的距离＝Z 坐标，A 点的坐标写成 A （X，Y，Z）。

2. 分别投射

如图 2-10 所示，将空间点 A 用正投影法分别向 V、H、W 三个投影面投射，即可分别得到点的正面投影 a'、水平投影 a 和侧面投影 a''，称为三面正投影图。

3. 旋转摊平

为了画图方便，需将三个投影面展开摊平到一个平面上，以正面为基准，将水平面绕 OX 轴向下旋转 $90°$，侧面绕 OZ 轴向右旋转 $90°$，就得到如图 2-11 所示的同一平面上的三面正投影图。

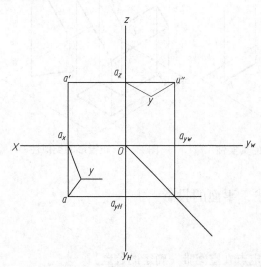

图 2-11　点的三面正投影图

4. 点的三面正投影规律

由图 2-11 可看出，点的投影有以下特性：

（1）点的 V 面投影与 H 面投影的连线垂直于 OX 轴，即 $aa'\perp OX$；

（2）点的 V 面投影与 W 面投影的连线垂直于 OZ 轴，即 $a'a''\perp OZ$；

（3）点到 W 面的距离＝X 坐标＝Aa''＝$a'a_z$＝$a_x O$＝aa_{yH}，简称长对正；

（4）点到 H 面的距离＝Z 坐标＝Aa＝$a'a_x$＝$a_z O$＝$a''a_{yw}$，简称高平齐；

（5）点到 V 面的距离＝Y 坐标＝Aa'＝aa_x＝$a_{yH}O$＝Oa_{yw}＝$a''a_z$，简称宽相等。

可以看出空间直角坐标能表示点的位置，三面正投影图也能表示点的位置。

[例2-1] 已知 A 点的正面投影 a' 和水平投影 a，求侧面投影 a''。已知 B 点的正面投影 b' 和侧面投影 b''，求其水平投影 b，如图 2-12 所示。

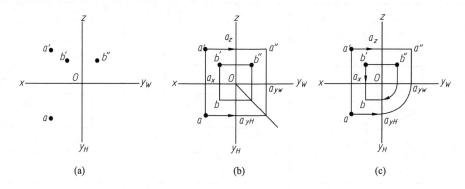

图 2-12 已知点的两面投影求第三面投影

(a) 根据宽相等，直接量尺寸作图；(b) 利用 45°线作图；(c) 利用圆规画弧作图

5. 两点的相对位置

在投影图中，空间两点的相对位置可由空间点到三个投影面的距离来确定。距 W 面远者在左，近者在右（根据 V、H 面投影分析）；距 V 面远者在前，近者在后（根据 H、W 面投影分析）；距 H 面远者在上，近者在下（根据 V、W 面投影分析）。

如图 2-13 所示，A 点在左，B 点在右；A 点在前，B 点在后；B 点在上，A 点在下。

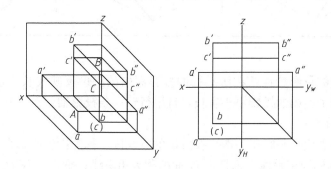

图 2-13 两点的相对位置

当空间两点同处于一条投射线上时，该两点的投影在这条投射线所垂直的投影面上重影，称该两点为在所对应投影面的重影点。如图 2-13 中的 B、C 两点为在水平投影面的重影点，它们的水平投影 b、c 重影，水平投影 c 不可见，加括号表示为 (c)。

二、直线段的投影

空间直线按相对于三个投影面的位置不同，可分为投影面平行线、投影面垂直线、投影面倾斜线三种。前两种称为特殊位置直线，后一种称为一般位置直线。

下面分别介绍各种位置直线的投影特性。

1. 投影面平行线

平行于一个投影面，而对于另两个投影面都倾斜的直线段，称为投影面平行线。

平行于 V 面的称为正平线；平行于 H 面的称为水平线；平行于 W 面的称为侧平线。正平线、水平线和侧平线的投影特性见表 2-1。

表 2-1　　　　　　　　　　　　　　　　投影面平行线的投影特性

类型	水平线	正平线	侧平线
投影图	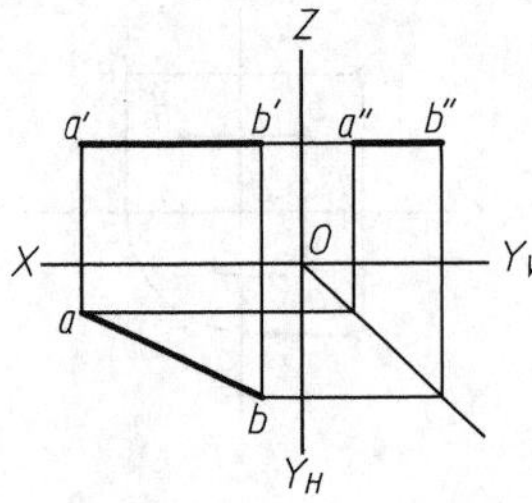	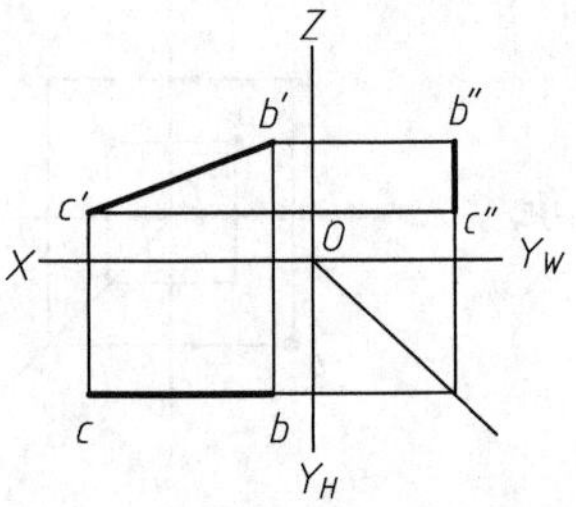	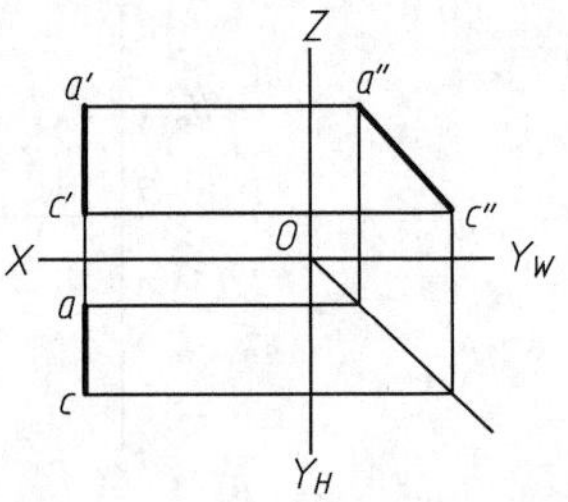
投影特性	水平投影 $ab=AB$； 正面投影 $a'b'//OX$； 侧面投影 $a''b''//OY_W$； 且均小于 AB 实长	正面投影 $b'c'=BC$； 水平投影 $bc//OX$； 侧面投影 $b''c''//OZ$； 均小于 BC 实长	侧面投影 $a''c''=AC$ 正面投影 $a'c'//OZ$ 水平投影 $ac//OY_H$； 均小于 AC 实长
实例	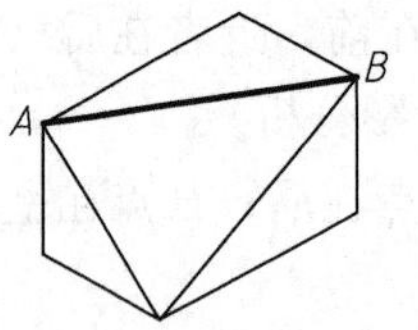	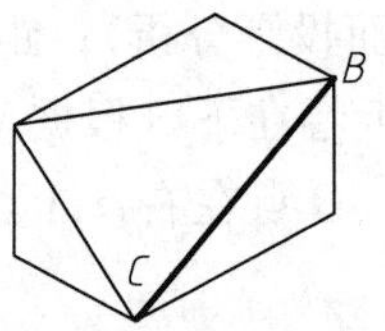	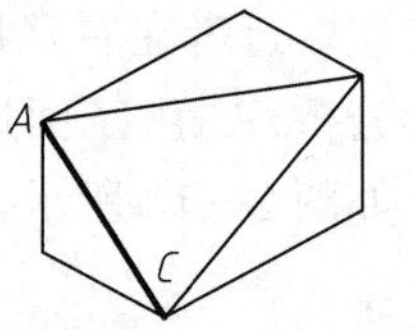

总结：

投影面平行线的投影特性：在所平行的投影面内的投影反映实长，且与两条投影轴倾斜；在所倾斜的投影面内的投影小于实长，且平行于一条投影轴。

2. 投影面垂直线

垂直于一个投影面，平行于另两个投影面的直线段，称为投影面垂直线。

垂直于 V 面的称为正垂线；垂直于 H 面的称为铅垂线；垂直于 W 面的称为侧垂线。正垂线、铅垂线、侧垂线的投影特性见表 2-2。

表 2-2　　　　　　　　　　　　　　　　投影面垂直线的投影特性

类型	铅垂线	正垂线	侧垂线
投影图	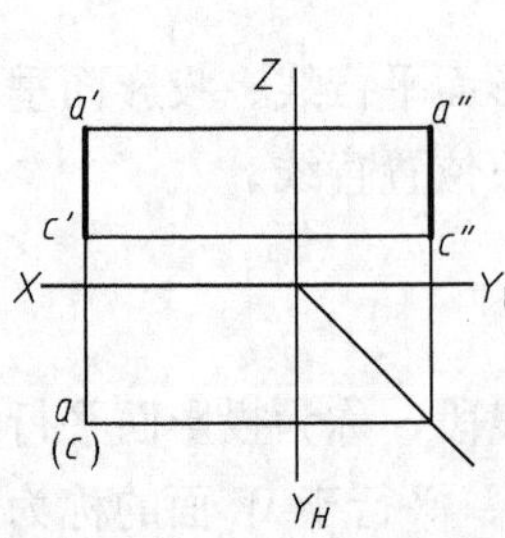	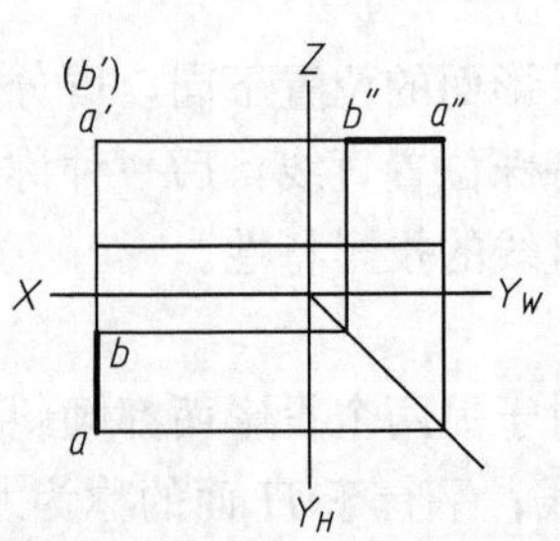	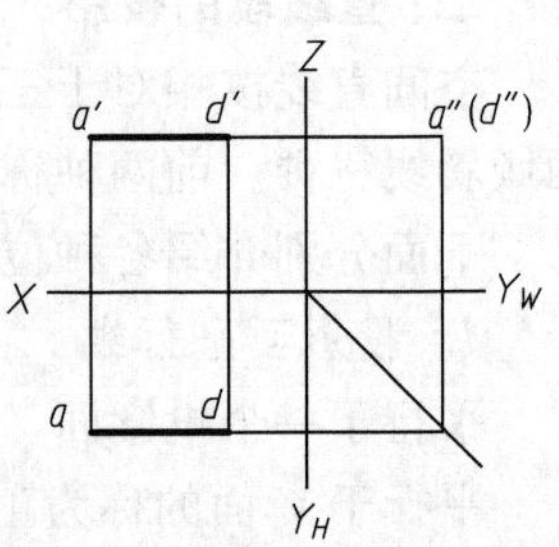

续表

类型	铅垂线	正垂线	侧垂线
投影特性	水平投影积聚为一点； 正面投影 $a'c'\perp X$ 轴， 侧面投影 $a''c''\perp Y_W$ 轴， $a'c'=a''c''=AC$	正面投影积聚为一点； 水平投影 $ab\perp X$ 轴， 侧面投影 $a''b''\perp Z$ 轴， $ab=a''b''=AB$	侧面投影积聚为一点； 正面投影 $a'd'\perp Z$ 轴， 水平投影 $ad\perp Y_H$ 轴； $a'd'=ad=AD$
实例			

总结：

投影面垂直线的投影特性：在所垂直的投影面内的投影积聚为点，在所平行的投影面内的投影为反映实长的直线段。

3. 一般位置直线

与三个投影面都倾斜的直线称为一般位置直线。其投影特性见表 2-3。

表 2-3　　　　　　　　　　　　一般位置直线的投影特性

实例	投影图	投影特性
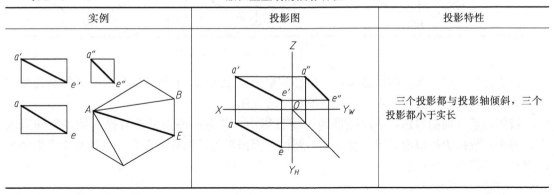		三个投影都与投影轴倾斜，三个投影都小于实长

4. 各种位置直线的判别

若直线的三面投影中，有一面投影为点（一点两平），则该直线为该投影面垂直线。哪面投影为点，直线段就垂直于哪个平面。

若直线的三面投影中，有一面投影倾斜于投影轴，另两面投影平行于投影轴（一斜两平），则该直线为投影面平行线。哪面投影倾斜于投影轴，直线段就平行于哪个投影面。

若直线的三面投影都与投影轴倾斜（三斜），则该直线为投影面倾斜线。

三、平面图形的投影

平面图形在三投影面体系中的位置：投影面垂直面；投影面平行面；投影面倾斜面（也可称为一般位置平面）。

1. 投影面垂直面

只垂直于某一个投影面，对另两个投影面倾斜的平面称为投影面垂直面。

垂直于 V 面的称为正垂面；垂直于 H 面的称为铅垂面；垂直于 W 面的称为侧垂面。其投影特性见表 2-4。

表 2-4   **投影面垂直面的投影特性**

类型	铅垂面	正垂面	侧垂面
投影图			
投影特性	水平投影积聚成直线；正面和侧面投影为缩小的矩形	正面投影积聚成直线；水平和侧面投影为缩小的矩形	侧面投影积聚成直线；正面和水平投影为缩小的矩形
实例			

总结：

投影特性：在所垂直的投影面内，投影积聚为与投影轴倾斜的直线段，在所倾斜的另两个投影面内，投影为缩小的类似形，概括为一线二图。

投影面垂直面的判别：平面图形的三面投影中，若有一面投影是与投影轴倾斜的直线段，另两面投影为类似形，即一线二图，则该平面图形为投影面垂直面，且垂直于投影为倾斜直线段的那个投影面。

2. 投影面平行面

平行于某一个投影面，同时垂直于另两个投影面的平面称为投影面平行面。

平行于 V 面的称为正平面；平行于 H 面的称为水平面；平行于 W 面的称为侧平面。其投影特性见表 2-5。

表 2-5   **投影面平行面的投影特性**

类型	水平面	正平面	侧平面
投影图			

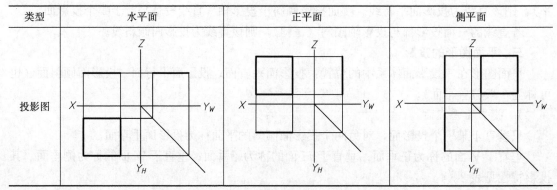

续表

类型	水平面	正平面	侧平面
投影特性	水平投影反映实形，正面和侧面投影积聚成直线段，且分别平行于 X、Y 轴	正面投影反映实形，水平和侧面投影积聚成直线段，且分别平行于 X、Z 轴	侧面投影反映实形，正面和侧面投影积聚成直线段，且分别平行于 Y、Z 轴
实例			

总结：

投影特性：在所平行的投影面内，投影反映实形；在所垂直的另两个投影面内，投影积聚为直线段，概括为二线一图。

投影面平行面的判别：平面图形的三面投影中，若有一面投影为平面图形，另两面投影为与投影轴平行的直线，即二线一图，则该平面图形为投影面平行面，且平行于投影为平面图形的那个投影面。

3. 一 般 位 置 平 面

与三个投影面都倾斜的平面称为一般位置平面。其投影特性是：三个投影都是缩小的类似形，如图 2-14 所示。

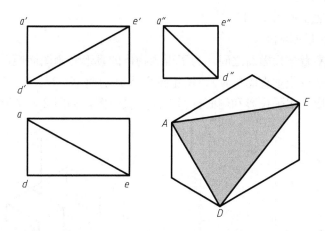

图 2-14 一般位置平面的投影

判别：若三个投影都是缩小的类似形，则该平面为投影面倾斜面。

第三节 基 本 体 的 投 影

具有规则的几何形状且形状单一的立体称为几何体。几何体的表面是由若干个面构成的，表面均由平面构成的形体称为平面立体；表面由曲面或平面与曲面共同围成的形体称为曲面立体。本节介绍平面立体和曲面立体的投影特征和尺寸标注，并进一步研究圆柱的截割与相贯的投影画法。

一、平面立体

平面立体主要分为棱柱和棱锥（棱台）。

有两个形状相同且相互平行的底面，其余每相邻两面交线也互相平行的平面立体称为棱柱。

在平面立体中，底面是多边形，各棱面均为有一个公共顶点的三角形，这样的平面立体称为棱锥，见图 2-15。

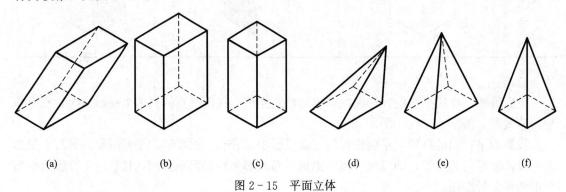

| (a) | (b) | (c) | (d) | (e) | (f) |

图 2-15　平面立体

（a）斜棱柱；（b）直棱柱；（c）正棱柱；（d）斜棱锥；（e）直棱锥；（f）正棱锥

（一）棱柱体的三视图

1. 三投影面体系建立

三投影面体系建立见图 2-16。

2. 分别投射获得三视图

把物体放在观察者与投影面之间（为了得到物体的真形和画图简便，应将物体的主要表面放置成与投影面平行或垂直的位置），用正投影法分别向 V、H、W 三个投影面投射，即可分别得到正面投影、水平投影和侧面投影三面正投影图，如图 2-17 所示。

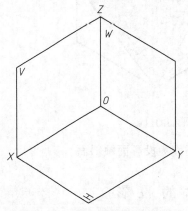

图 2-16　三投影面体系建立

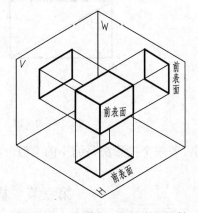

图 2-17　分别向三个投影面投射

3. 旋转摊平

旋转摊平得到如图 2-18 所示的同一平面上的三面正投影图。用正投影法画出的图形称为视图，所以三面正投影图也简称为三视图。物体的正面投影称为主视图，即由前向后投射所得的图形；物体的水平投影称为俯视图，即由上向下投射所得的图形；物体的侧面投影称为左视图，即由左向右投射所得的图形。

4. 三视图之间的对应关系

（1）配置关系。从三视图的形成过程可看出：以主视图为主，俯视图在主视图的正下方，左视图在主视图的正右方，如图2-18所示。

（2）尺寸关系。物体有长、宽、高三个方向的尺寸。通常规定：物体左右之间的距离为长（X），前后之间的距离为宽（Y），上下之间的距离为高（Z）。

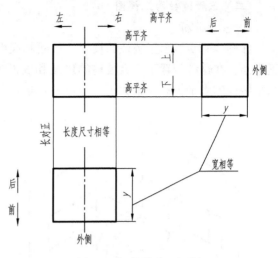

图 2-18　棱柱的三视图

一个视图只能反映物体两个方向的尺寸，即主视图反映物体的长和高；俯视图反映物体的长和宽；左视图反映物体的宽和高。

主、俯视图反映了物体左、右方向的同样长度，物体在主视图和俯视图上的投影在长度方向上从整体到局部都一定对正，简称长对正。

主、左视图反映了物体上、下方向的同样高度，物体在主视图和左视图上的投影在高度方向上从整体到局部都一定平齐，简称高平齐。

俯、左视图反映了物体前、后方向的同样宽度，物体在俯视图和左视图上的投影在宽度方向上从整体到局部都一定相等，简称宽相等。

（3）方位关系。物体有上、下、左、右、前、后六个方位，如图2-18所示。

主视图反映物体上、下和左、右的相对位置关系；

左视图反映物体上、下和前、后的相对位置关系；

俯视图反映物体前、后和左、右的相对位置关系。

通过上述分析可知，必须将两个视图联系起来，才能表示六个方位的位置关系。

由于三个视图在展开过程中，以主视图为主，假如规定俯视图和左视图靠近主视图的一侧作为内侧，另一侧即为外侧。俯视图的下方（外侧）实际表示物体的前方，俯视图的上方（内侧）表示物体的后方；左视图的右侧（外侧）实际表示物体的前方，左视图的左侧（内侧）表示物体的后方。俯视图和左视图的外侧都表示物体的前方，简称为"外是前"。

因此，三视图之间的对应关系或投影规律可以概括为"长对正、高平齐、宽相等、外是前"，这是三视图的重要特性，也是画图和读图的基础。不仅整个物体的三视图符合上述投影规律，而且物体上的每一组成部分的三个投影也符合上述投影规律。画图和读图时，还要特别注意俯视图与左视图之间的前、后对应关系。三个视图只要保持长对正、高平齐、宽相等，就可以不画投影轴，主视图与俯视图、左视图之间的距离也没有限制，有足够的标注尺寸的空间即可。

（二）正六棱柱的三视图

1. 投影分析

如图 2-19 所示正棱柱的投影。顶面和底面为水平面；四个侧面为铅垂面，前、后面为正平面。在这种位置下，六棱柱的顶面和底面的水平投影重合，并反映实形——正六边形。六个棱面的水平投影积聚为正六边形的六条边。

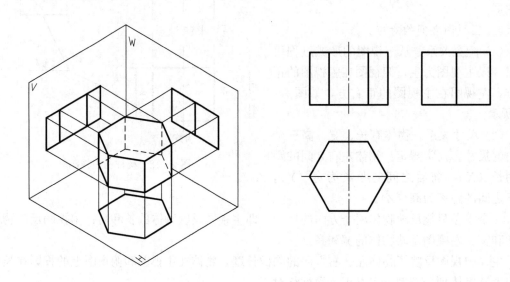

图 2-19 正六棱柱的投影

2. 作图步骤

作正六棱柱的对称中心线和底面基准线，并画出具有形状特征的视图——俯视图的正六边形。因为正六棱柱的左右对称、前后对称，所以先在三视图中作出对称中心线；然后借助辅助圆，进行六等分，再作正六边形。

按长对正的投影关系并量取六棱柱的高度画出主视图，再按高平齐、宽相等的投影关系画出左视图。

总结：

正棱柱的投影特征：当棱柱的两个底面平行于某一个投影面时，棱柱在该面上投影的外轮廓为与其全等的多边形，而另外两个投影则由数个矩形线框所组成。

（三）棱锥的三视图

1. 棱锥的投影分析

如图 2-20 所示投影位置：底面平行于水平投影面。

2. 作图步骤

先画底面（因水平投影反映底面矩形的实形），再画出锥顶和棱线的三面投影。

总结：

正棱锥的投影特征：当棱锥的底面平行于某一个投影面时，棱锥在该面上投影的外轮廓为与其全等的多边形。其他两个面的投影均是由若干个相邻的三角形所组成的线框。

二、曲面立体

常见的曲面立体主要有圆柱、圆锥、圆球等，如图 2-21 所示。在投影图上表示曲面立

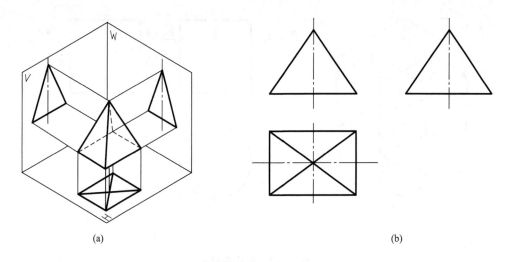

图 2-20 棱锥的投影
(a) 投影关系；(b) 三视图

体，就是把组成立体的曲面或平面和曲面表示出来。

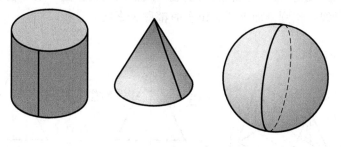

图 2-21 曲面立体

（一）圆柱

圆柱体由圆柱面和顶圆、底圆组成。圆柱面可看作由一条直母线绕平行于它的轴线旋转一周而成。母线处于圆柱面上任意位置时都称为素线。

1. 圆柱投影分析

如图 2-22 所示，当圆柱轴线为铅垂线时，圆柱的顶面和底面为水平面，其水平投影反映实形，正面、侧面投影积聚为直线。圆柱面的水平投影积聚为一圆，顶面和底面的水平投影重合。在正面投影中，前、后半圆柱面的投影重合为一矩形，矩形的两条竖线分别是圆柱面最左、最右素线（称为前后转向素线）的投影，也是圆柱面前后分界的转向轮廓线。在侧面投影中，左、右两半圆柱面的投影重合为一矩形，矩形的两条竖线分别是圆柱面最前、最后素线（称为左右转向素线）的投影，也是圆柱面左右分界的转向轮廓线。

圆柱的三面投影：两个矩形，一个圆。

2. 视图画法

画圆柱的三视图时，应先画出圆的中心线和圆柱轴线的各投影，然后从投影为圆的视图画起，逐步画出其他视图。

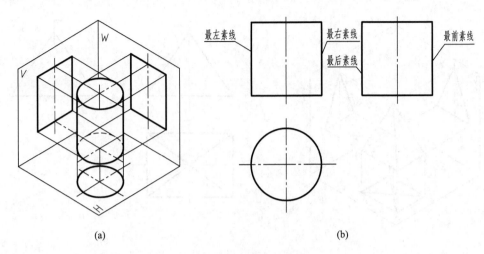

图 2-22 圆柱的投影

(a) 投影关系；(b) 三视图

（二）圆锥

图 2-23 所示圆锥是由圆锥面和底面围成。圆锥面可看作由一条母线绕与它斜交的轴线旋转一周而成。母线处于圆锥面上任意位置时都称为素线。

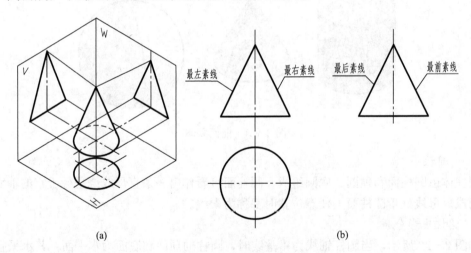

图 2-23 圆锥的投影

(a) 投影关系；(b) 三视图

1. 投影分析

当圆锥的轴线为铅垂线时，锥底面平行于水平面，水平投影反映实形，正面和侧面投影积聚成直线。圆锥面的三个投影都没有积聚性，其水平投影与底面的水平投影重合，全部可见；正面投影由前、后两个半圆锥面的投影重合为一等腰三角形，三角形的两腰分别是圆锥最左、最右素线（称为前后转向素线）的投影，也是圆锥面前后分界的转向轮廓线；侧面投影由左、右两半圆锥面的投影重合为一等腰三角形，三角形的两腰分别是圆锥最前、最后素线（称为左右转向素线）的投影，也是圆锥面左右分界的转向轮廓线。

2. 视图画法

画圆锥的三视图时，应先画出圆的中心线和圆锥轴线的各投影，再画出底圆的投影，然后作出锥顶各投影，完成三视图，见图 2-23。

（三）圆球

圆球的表面可看作由一条圆母线（半圆）绕其直径旋转一周而成。母线处于圆球面上任意位置时都称为素线。

1. 投影分析

从图 2-24 可以看出，圆球的三个视图都是等径圆，并且是圆球表面平行于相应投影面的三个不同位置的最大轮廓圆。正面投影的轮廓圆是前、后半球面可见与不可见的分界线（前后转向素线）；水平投影的轮廓圆是上、下两半球面可见与不可见的分界线（上下转向素线）；侧面投影的轮廓圆是左右两半球面可见与不可见的分界线（左右转向素线）。

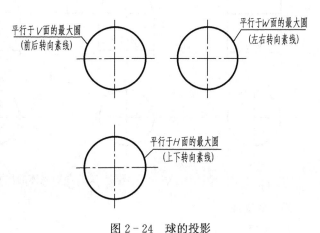

图 2-24 球的投影

2. 视图画法

先确定球心的三个投影，过球心分别画出圆球轴线的三个投影，再画出三个圆球等径的圆。

三、基本体的尺寸标注

标注基本体的尺寸时，除了遵守国家标准的有关规定外，还应根据基本体的形状特征合理地配置尺寸。

平面立体的尺寸标注：如图 2-25 所示，一般标注长、宽、高三个方向的尺寸；每个尺寸一般只能标注一次。

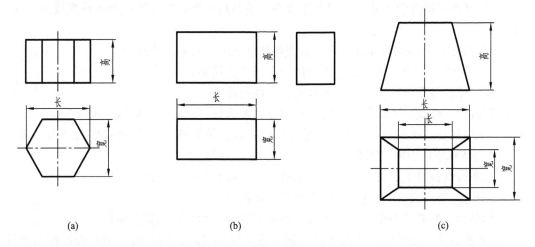

图 2-25 平面立体的尺寸标注

（a）正六棱柱；（b）直四棱柱；（c）直四棱台

曲面立体的尺寸标注：如图 2-26 所示，圆柱和圆锥需要标注底圆直径尺寸和轴向尺寸；球只需标注直径尺寸。

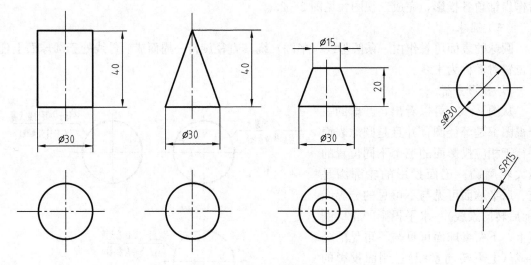

图 2-26　曲面立体的尺寸标注

四、截交线

1. 截交线

平面与形体表面的交线称为截交线，用于切割形体的平面称为截平面。被截平面切割后形成的形体称为截断体，截交线所围成的平面称为截断面。

2. 截交线的基本特性

（1）截交线是截平面与立体表面的共有线，截交线上的点是截交线与立体表面的共有点（既在截平面上，又在立体表面上）。

（2）截交线一般是由直线或曲线围成的平面图形。

3. 求截交线的基本方法和步骤

（1）选择截平面和包含截交线的立体表面，使其具有积聚性投影；判定截交线的一面或两面投影。

（2）求特殊点。形体的棱线或转向素线与截平面的交点即为特殊点。

1）在积聚性投影上直接判定特殊点的一面或两面投影；

2）用规律、性质求特殊点的另两面或另一面投影；

3）用规律、性质求不出特殊点的另一面或另两面投影时，用辅助线法求。

（3）求一般点（中间点）。一般位置直线或一般位置素线与截平面的交点即为一般点，由于其处在特殊点的中间，因此也可称为中间点。

1）在积聚性投影上、特殊点的中间直接指定一般点的一面或两面投影；

2）用规律、性质求一般点的另两面或另一面投影；

3）用规律、性质求不出一般点的另一面或另两面投影时，用辅助线法求。

（4）辅助线法。过已知的特殊点或一般点作一辅助线，该辅助线的另两面投影用规律、性质容易求得；再在该辅助线上用规律、性质求出点的另两面投影。

（5）依次光滑连接各点，即得截交线的投影。

4. 圆柱的截交线

根据截平面与圆柱轴线的相对位置不同,圆柱截交线的形状不同。如图 2-27 所示,截平面平行于圆柱轴线,截交线为矩形;截平面垂直于圆柱轴线,截交线为圆形;截平面倾斜于圆柱轴线,截交线为椭圆形。其投影如图 2-28 所示。图 2-28(a)中矩形的宽 1″2″等于水平投影 12 的距离。

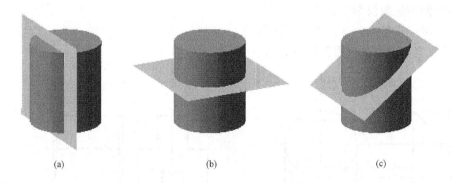

图 2-27 圆柱截交线的三种情况
(a) 矩形;(b) 圆形;(c) 椭圆形

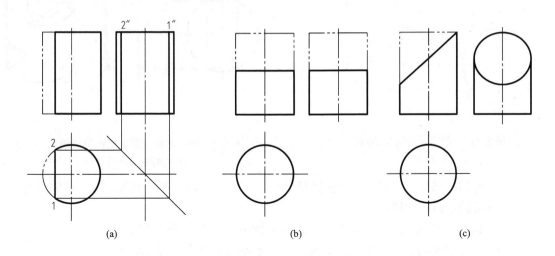

图 2-28 圆柱截交线三种情况的投影
(a) 矩形;(b) 圆形;(c) 椭圆形

5. 斜截圆柱的投影画法(见图 2-29)

(1)选择截平面的位置垂直于 V 面,圆柱被正垂面所截。由于截平面与圆柱轴线斜交,因此截交线为一椭圆。截交线的正面投影积聚成一直线;水平投影与圆柱面的投影重影(圆);侧面投影为椭圆。现在只需要求作其侧面投影(用表面取点法)。

(2)求特殊点。转向素线与截平面的交点即为特殊点,即椭圆长短轴上的四个端点Ⅰ、Ⅱ、Ⅲ、Ⅳ。

先在积聚性投影上判定这四点的投影;1、2、3、4 和 1′、2′、3′、4′;再用规律求出它们的侧面投影 1″、2″、3″、4″。长轴的端点Ⅰ、Ⅱ是椭圆的最低、最高点,位于圆柱面的最左、最右两条转向素线上。短轴的端点Ⅲ、Ⅳ是椭圆的最前、最后点，分别位于圆柱面的最前、最后转向素线上。

（3）求一般点。一般位置素线与截平面的交点即为一般点。

根据截交线在 H 面重影为圆，在 V 面上积聚为一直线的特点，在主视图或俯视图上、特殊点之间的适当位置指定作出若干一般点的投影，即 5、6、7、8 和 5′、6′、7′、8′，再用规律求出它们的侧面投影 5″、6″、7″、8″。

依次光滑连接各点，即得侧面投影椭圆。

6. 圆柱典型截交线投影画法（见图 2-30）

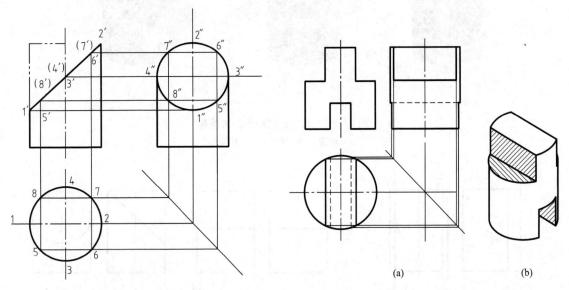

图 2-29　斜截圆柱的投影画法

图 2-30　圆柱典型截交线投影画法
（a）三视图；（b）立体图

（1）分析切割部位：上部——切去圆柱两侧；下部——切去圆柱中间。皆为对称切割。

（2）分析截平面的位置：

上部：两个水平面，垂直于圆柱轴线；两个侧平面，平行于圆柱轴线。

下部：两个侧平面，平行于圆柱轴线；一个水平面，垂直于圆柱轴线。

（3）确定截交线的形状：矩形和圆。

上部：由正面和水平投影作出侧面投影。

下部：由正面和水平投影作出侧面投影。注意：切去部分转向素线。

7. 圆锥的截交线

圆锥的截交线有五种，其投影如图 2-31 所示。

五、相贯线

1. 相贯线

两形体相交，其表面产生的交线称为相贯线。

两平面体相交、平面体与曲面体相交，其表面交线可按求截交线的方法作图。这里讲的相贯线主要是指两曲面体相交产生的交线。

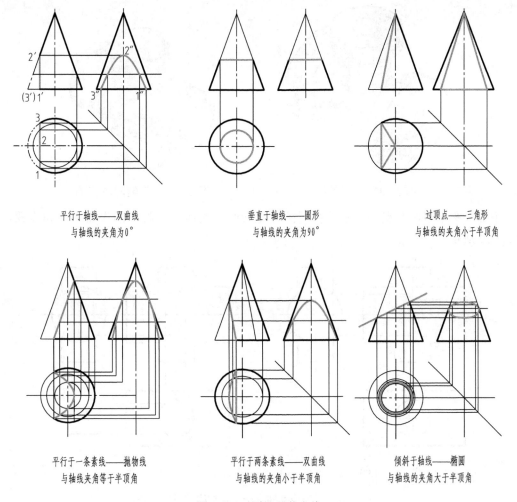

平行于轴线——双曲线　　　　垂直于轴线——圆形　　　　过顶点——三角形
与轴线的夹角为0°　　　　与轴线的夹角为90°　　　与轴线的夹角小于半顶角

平行于一条素线——抛物线　　平行于两条素线——双曲线　　倾斜于轴线——椭圆
与轴线夹角等于半顶角　　　与轴线的夹角小于半顶角　　　与轴线的夹角大于半顶角

图 2-31　圆锥的截交线

2. 相贯线的基本特性

（1）相贯线一般为空间曲线，特殊情况下才可能是平面曲线。

（2）相贯线是两形体表面的共有线，相贯线上的点是两形体表面的共有点。因此，求作相贯线实际就是求作相贯两形体表面上一系列的共有点。

3. 求相贯线的基本方法和步骤

参见求截交线的基本方法和步骤。

本节只介绍两圆柱正交时相贯线的画法。如图 2-32 所示的三通管就是轴线正交的两圆柱形成相贯线的实例。

4. 不等径两圆柱正交时相贯线的画法

如图 2-33 所示为不同直径的两圆柱轴线垂直相交，直立圆柱的水平投影和水平圆柱的侧面投影都有积聚性，所以相贯线的水平投影和侧面投影分别积聚在它们有积聚性的圆周上。相贯线的正面投影为非圆曲线。因此，只要作相贯线的正面投影即可。因为相贯线的前后对称，在正面投影中，可见的前半部分与不可见的后半部分重合，并且左右对称。

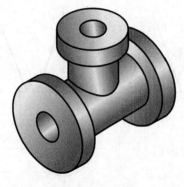

图 2-32 三通管图

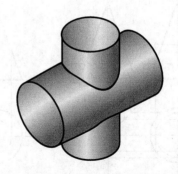

图 2-33 不等径圆柱相贯

下面介绍用表面取点法求不等径两圆柱正交时相贯线正面投影的作图方法和步骤，如图 2-34 所示。

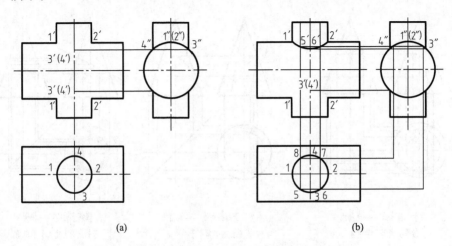

(a)   (b)

图 2-34 不等径圆柱正交时相贯线的投影画法

(a) 求特殊点；(b) 求一般点

求特殊点：即小圆柱的四条转向素线与大圆柱表面的交点Ⅰ、Ⅱ、Ⅲ、Ⅳ点。大圆柱的最高素线与小圆柱最左、最右素线的交点Ⅰ、Ⅱ是交线上的最高点，也是最左、最右点，$1'$、$2'$、1、2、$1''$、$2''$均可直接作出。Ⅲ点、Ⅳ点是最低点，也是最前、最后点，$3''$、$4''$、3、4可直接作出，再由 $3''$、3 、$4''$、4 求得 $3'$、$4'$，如图 2-34 (a) 所示。

求一般点：利用积聚性，在水平投影上指定出点 5、6、7、8，利用规律再求出其侧面投影 $5''$、$6''$、$7''$、$8''$和正面投影 $5'$、$6'$、$7'$、$8'$（图中未标全）。

光滑连接正面投影上各点的投影，即得出相贯线的正面投影，图 2-34 (b) 所示。

5. 不等径圆柱正交时相贯线的简化画法

在工程上两圆柱正交的情况最普遍，为了简化作图，国家标准允许用圆弧代替非圆曲线。图 2-35 所示相贯线的简化画法为：以大圆柱半径为半径，在小圆柱轴线上找圆心，向着大圆柱轴线方向弯曲画弧。

作图步骤：

找半径：大圆柱半径 $R35$。

找圆心：以 $1'$ 或 $2'$ 为圆心，以 $R35$ 为半径画弧，与小圆柱轴线的交点 O' 即为圆心。再以 O' 为圆心，$R35$ 为半径画出 $1'$ 和 $2'$ 之间的圆弧。

6. 两圆柱等径正交时相贯线的画法

两圆柱等径正交时相贯线的投影见图 2-36。

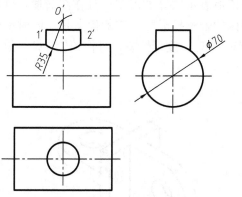

图 2-35 不等径圆柱正交时相贯线的简化画法

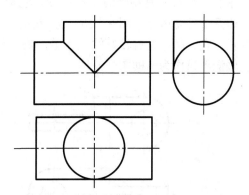

图 2-36 两圆柱等径正交时相贯线的投影

7. 两圆柱相贯的几种情况

（1）两圆柱外表面相贯，如图 2-37 所示。

（2）圆柱孔与圆柱表面相贯，如图 2-38 所示。

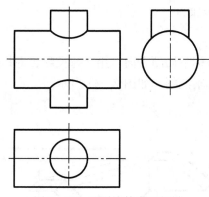

图 2-37 两圆柱外表面相贯

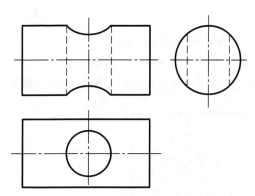

图 2-38 圆柱孔与圆柱表面相贯

（3）圆柱孔与圆柱孔相贯，如图 2-39 所示。

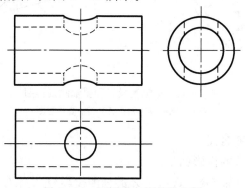

图 2-39 圆柱孔与圆柱孔相贯

无论何种类型，相贯线的分析和作图方法都相同。

第四节　轴测投影图

图 2-40（a）是物体的正投影图，它能确切地表示物体的形状，且作图简便，度量性好，但是缺乏立体感。图 2-40（b）是同一物体的轴测投影图，它的优点是能同时反映物体的长、宽、高，具有较好的立体感；缺点是产生变形，度量性差，且作图较复杂，故在工程上轴测图只作为辅助图样使用。

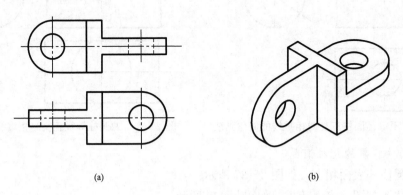

（a）　　　　　　　　　　　　　　　（b）

图 2-40　正投影图和轴测投影图
（a）正投影图；（b）轴测投影图

一、轴测投影图的形成

将物体连同其直角坐标体系，沿不平行于任一坐标平面的方向，用平行投影法将其投射在单一投影面上所得到的图形称为轴测投影图，简称轴测图，如图 2-41 所示。

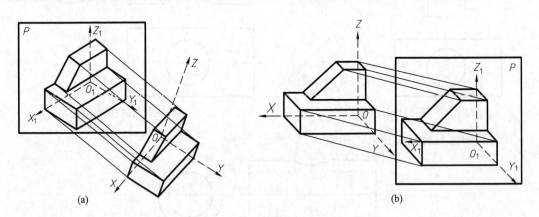

（a）　　　　　　　　　　　　　　　（b）

图 2-41　正轴测投影和斜轴测投影图
（a）正轴测投影图；（b）斜轴测投影图

二、轴测投影图的有关名词

（1）轴测投影面：任选的投影面 P。

（2）轴测轴：直角坐标轴 OX、OY、OZ 的轴测投影 O_1X_1、O_1Y_1、O_1Z_1。

（3）轴间角：轴测轴之间的夹角，如图 2 - 41 中的 $\angle X_1 O_1 Y_1$、$\angle Y_1 O_1 Z_1$ 和 $\angle X_1 O_1 Z_1$。

（4）轴向伸缩系数：直角坐标轴上轴测投影的单位长度与相应直角坐标轴上单位长度的比值。X、Y、Z 轴的轴向伸缩系数分别用 p、q、r 表示，$O_1 X_1 / OX = p$，$O_1 Y_1 / OY = q$，$O_1 Z_1 / OZ = r$，如图 2 - 41 所示。

三、轴测图的投影特性

轴测图是用平行投影法得到的一种投影图，必然具备平行投影法的投影特性：

（1）直线的轴测投影一般仍为直线，特殊情况下积聚为点。

（2）点在直线上，则点的轴测投影仍在直线的轴测投影上，且点分该线段的比值不变。

（3）空间平行的线段，其轴测投影仍平行，且长度比不变。

由以上内容可知，当点在坐标轴上时，该点的轴测投影一定在该坐标轴的轴测投影上；当线段平行于坐标轴时，该线段的轴测投影一定平行于该坐标轴的轴测投影，且该线段的轴测投影与其实长的比值等于相应的轴向伸缩系数。

四、轴测图的分类

轴测图分为正轴测图和斜轴测图两大类。

用正投影法得到的轴测图称为正轴测图，如图 2 - 41（a）所示；用斜投影法得到的轴测图称为斜轴测图，如图 2 - 41（b）所示。在上述两类轴测图中，由于物体相对于轴测投影面的位置及投影方向不同，轴向伸缩系数也不同。因此，正轴测图和斜轴测图又各分为三种：三个轴向伸缩系数均相等的，称为正（斜）等轴测图，简称正（斜）等测；两个轴向伸缩系数相等的，称为正（斜）二等轴测图，简称正（斜）二测；三个轴向伸缩系数均不相等的，称为正（斜）三轴测图，简称正（斜）三测。

本节主要讨论常用的正等测和斜二测这两种轴测图的投影特性和作图方法。

五、轴测图的一般画法

画轴测图的方法有坐标法、叠加法、切割法和综合法四种。通常可按下列步骤作出物体的轴测图：

（1）确定物体在空间直角坐标系位置和物体上各点的坐标。

（2）作轴测轴。

（3）画底平面轴测投影图。对物体进行形体分析，可以将物体底面的角点放置在原点处，也可将对称线上的点放置在原点处。先在 $X_1 O_1 Y_1$ 平面上画出物体下底面的轴测投影图。

（4）竖高线。过底面上的各顶点作平行于 $O_1 Z_1$ 轴的棱线，再按坐标关系或其他方法画出物体上的其他点和线。

（5）连点成线围成图。连接各可见点，擦去作图线，加深可见轮廓线，即得物体轴测投影。

六、正等测的画法

如图 2 - 42 所示，使三条坐标轴对轴测投影面处于倾角都相等的位置，用正投影法得到的轴测投影图称为正等轴测投影图，简称正等测。

（一）轴间角和各轴向的伸缩系数

（1）如图 2 - 43 所示，正等测的轴间角都相等，$\angle X_1 O_1 Y_1 = \angle X_1 O_1 Z_1 = \angle Z_1 O_1 Y_1 = 120°$。将

O_1Z_1 轴画成铅垂位置。用丁字尺与 30°三角板配合作图，使 O_1X_1 和 O_1Y_1 与 O_1Z_1 各成 120°角，见图 2-44。

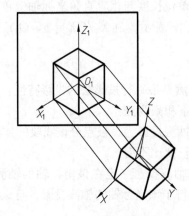

图 2-42　正等测的形成

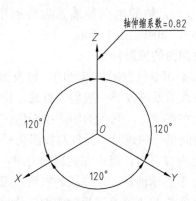

图 2-43　正等测轴间角和轴向伸缩系数

(2) 各轴向伸缩系数都相等，即 $p_1=q_1=r_1=0.82$，如图 2-43 所示。为作图简便起见，常采用简化伸缩系数，即 $p=q=r=1$，见图 2-44。采用简化伸缩系数作图时，沿各轴向的所有尺寸都用真实长度量取，简捷方便。因而画出的图形沿各轴向的长度都分别放大了约 $1/0.82≈1.22$ 倍，如图 2-45 所示。但该图形与用各轴向伸缩系数 0.82 画出的轴测图是相似图形，所以通常都用简化伸缩系数来画正等轴测图。

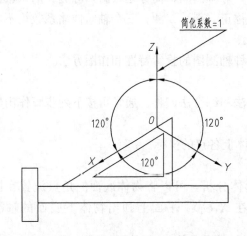

图 2-44　轴间角的作图法和简化系数

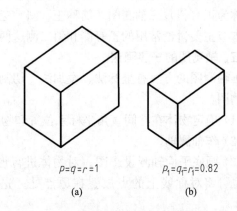

图 2-45　两种系数作图所得图形的比较

(二)用坐标法画平面体的正等测

由坐标值确定平面体各特征点的轴测图，并依次连线，这种作图方法称为坐标法。

[例 2-2]　用坐标法作长方体的正等测，见图 2-46。

作图步骤：

(1) 在正投影图上定出原点和坐标轴位置，见图 2-46 (a)。

(2) 画轴测轴，在 O_1X_1 和 O_1Y_1 上分别量 a 和 b，过 1、2 两点作 O_1X_1 和 O_1Y_1 的平行线，得长方体底面轴测图，见图 2-46 (b)。

(3) 过底面各角点作 O_1Z_1 轴的平行线，量取高度 h，得长方体顶面各角点，见图 2-46 (c)。

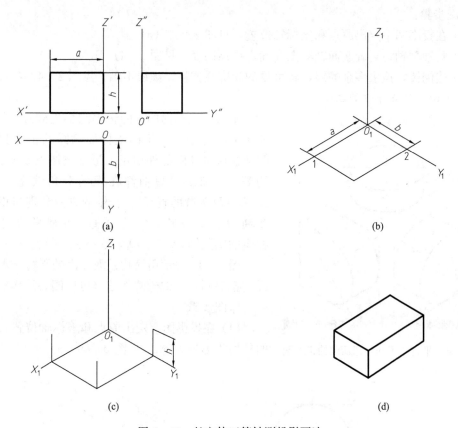

(a)　(b)　(c)　(d)

图 2 - 46　长方体正等轴测投影画法

（4）连接各角点，擦去多余的线，将可见的轮廓线描粗，即得长方体的正等轴测投影图，见图 2 - 46（d）（图中虚线省略不画）。

［例 2 - 3］　用坐标法作四棱锥的正等测，见图 2 - 47。

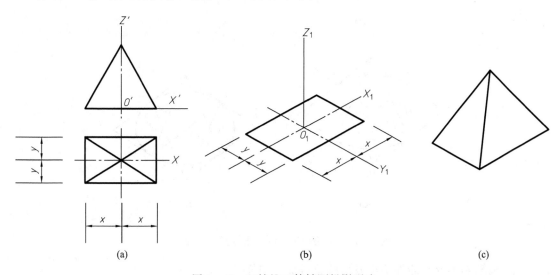

(a)　(b)　(c)

图 2 - 47　四棱锥正等轴测投影画法

作图步骤：

（1）在投影图中定出原点和坐标轴位置，见图 2-47（a）。

（2）画轴测轴，再画底面轴测图并确定锥顶高度，见图 2-47（b）。

（3）连侧棱，擦去多余的线，将可见的轮廓线描粗，虚线不画，见图 2-47（c）。

（三）曲面体正等测的画法

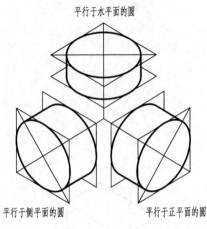

图 2-48　平行于不同坐标面圆的正等测

平行于坐标面的圆的正等测都是椭圆。图 2-48 所示为平行于三个不同坐标面的圆的正等测。各椭圆的长轴都在圆的外切正方形轴测图的长对角线上，约等于 1.22D；短轴都在短的对角线上，约等于 0.7D（D 为圆的直径）。长轴的方向分别与相应的轴测轴 O_1X_1、O_1Y_1、O_1Z_1 垂直，短轴的方向分别与相应的轴测轴 O_1X_1、O_1Y_1、O_1Z_1 平行。

图 2-49 表示用简化系数作出的平行于水平面的圆的正等测，近似椭圆作法（也称四心法作椭圆）。

作图步骤：

（1）在投影图上定出原点和坐标轴位置，并作圆的外切正方形 $efgh$，见图 2-49（a）。

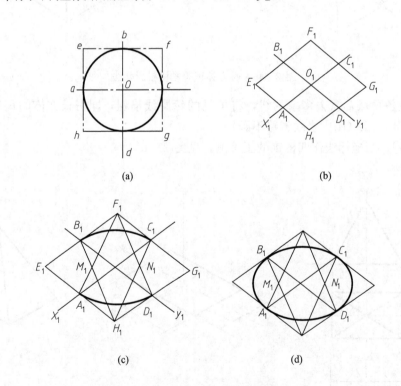

图 2-49　用四心法画圆的正等测——椭圆

（2）画轴测轴及圆的外切正方形的正等测，见图 2-49（b）。

（3）连接 F_1A_1、F_1D_1、H_1B_1、H_1C_1，分别交于 M_1、N_1，以 F_1 和 H_1 为圆心，以

F_1A_1 或 H_1C_1 为半径作大圆弧 A_1D_1 和 B_1C_1，见图 2-49（c）。

（4）以 M_1 和 N_1 为圆心，以 M_1A_1 或 N_1C_1 为半径作小圆弧 A_1B_1 和 C_1D_1，即得平行于水平面的圆的正等轴测投影图，见图 4-49（d）。

[例 2-4] 作圆柱体的正等测。

画圆柱体的轴测图可先画出上下底面圆的轴测图，然后再作轮廓素线，见图 2-50。

作图步骤：

（1）在投影图上定出原点和坐标轴的位置，见图 2-50（a）。

（2）根据圆柱的直径和高度 h，作上下底圆外切正方形的轴测图，见图 2-50（b）。

（3）用四心法画出上下底圆的轴测图，见图 2-50（c）。

（4）作两椭圆的公切线，擦去多余线条并加深，即得圆柱体的正等测，见图 2-50（d）。

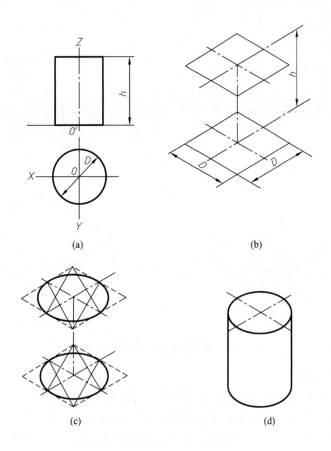

图 2-50 圆柱体正等测的画法

[例 2-5] 作圆角的正等测。

圆角为 1/4 圆周，作图时不必画出整个圆的轴测图，可根据画圆的正等测的原理直接定出圆心，画出相应的圆弧，作法见图 2-51。

作图步骤：

（1）在投影图上定出原点和坐标轴的位置，见图 2-51（a）。

（2）先由尺寸 a、b、h 作底板的轴测图，由角点沿两边分别量取半径 R 得 1、2、3、4

点，过各点作直线垂直于圆角的两边，以交点 M_1、N_1 为圆心，以 $M_1 1$、$N_1 3$ 为半径作圆弧，见图 2-51（b）。

（3）过 M_1、N_1 沿 $O_1 Z_1$ 方向作直线量取 $M_1 M_1' = N_1 N_1' = h$，以 M_1'、N_1' 为圆心分别以 $M_1 1$、$N_1 3$ 为半径作弧得底面圆弧，见图 2-51（c）。

（4）作右边圆弧切线，擦去多余线条并加深，即得有圆角底板的正等轴测图，见图 2-51（d）。

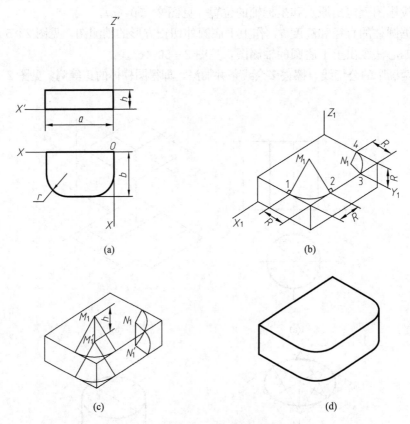

图 2-51　带圆角底板的正等轴测图画法

七、斜二等轴测投影

用斜投影法得到的轴测投影称为斜轴测投影。轴测投影面平行于一个坐标面，且平行于坐标平面的那两个轴测轴的轴向伸缩系数相等的斜轴测投影称为斜二等轴测投影。

作图时一般将物体的 XOZ 坐标面平行于正立轴测投影面获得斜二等轴测投影图，如图 2-52 所示。

（一）斜二等轴测投影的轴间角

$\angle X_1 O_1 Z_1 = 90°$，$\angle X_1 O_1 Y_1 = \angle Y_1 O_1 Z_1 = 135°$。画图时，$O_1 Z_1$ 轴铅直放置，$O_1 X_1$ 轴水平放置，$O_1 Y_1$ 轴与水平线成 $45°$ 角，如图 2-53 所示。

（二）斜二等轴测投影的轴向伸缩系数

$p = r = 1$，$q = 0.5$，如图 2-53 所示。画斜二等轴测图时，凡平行于 X 轴和 Z 轴的线段按 1∶1 量取，平行于 Y 轴的线段按 1∶2 量取。

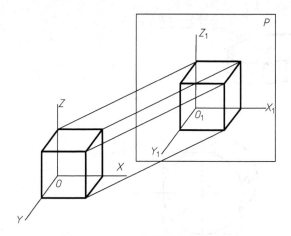

图 2-52 斜二等轴测投影的形成

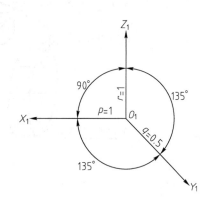

图 2-53 斜二等轴测投影
的轴间角和轴向伸缩系数

斜二等轴测轴及轴间角作法，如图 2-54 所示。

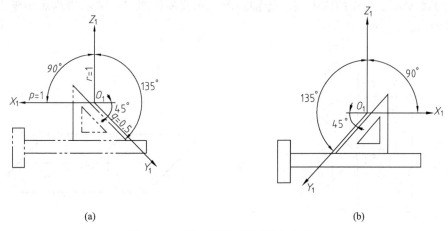

(a) (b)

图 2-54 斜二等轴测轴及轴间角作法
(a) O_1Y_1 在第四象限；(b) O_1Y_1 在第三象限

（三）斜二等轴测投影的画法

画斜二等轴测投影的方法与作正等轴测投影相同，不再重复，这里仅介绍平行于坐标面圆的斜二等轴测图画法。

在斜二等轴测图中，平行于 XOZ 坐标面的平面图形都反映实形，因此平行于该坐标面的圆的斜二等轴测图仍是圆。

平行于水平面的圆的斜二等轴测图是椭圆，其长轴与 O_1X_1 轴倾斜约 7°。平行于侧面的圆的斜二等轴测图是椭圆，其长轴与 O_1Z_1 轴倾斜约 7°。这两个方向的椭圆长轴约等于 $1.06D$，短轴约等于 $0.33D$，D 为圆的直径，如图 2-55 所示。

因此，当物体只在一个方向有圆形结构时，如圆柱体，应该采用斜二等轴测图画法，并且应该将圆形结构所在平面放置成与 XOZ 坐标面平行的位置，其两底面的 V 面投影均为圆，再画两圆的公切线即可得圆柱的斜二等轴测图，如图 2-55 右下图所示。

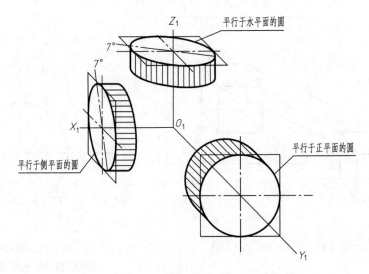

图 2-55 平行于坐标面圆的斜二等轴测图

平行于水平面或侧面的圆的斜二等轴测图，在实际作图中，常采用八点法画椭圆，如图 2-56 所示。

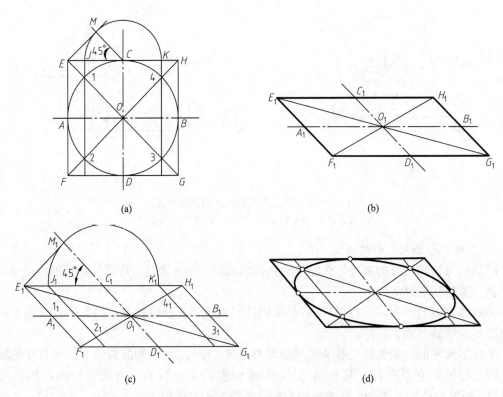

图 2-56 用八点法作水平圆的斜二等轴测图——椭圆

作图步骤：

(1) 作圆的外切正方形 $EFGH$，连接对角线 EG、FH 交圆周于 1、2、3、4 点，见

图 2-56 （a）。

（2）作圆外切正方形的斜二等轴测图，切点 A_1、B_1、C_1、D_1 即为椭圆上的四点，见图 2-56 （b）。

（3）以 E_1C_1 为斜边作等腰直角三角形，过 E_1 点作 O_1C_1 延长线的垂线，垂足为 M_1。以 C_1 为圆心，腰长 C_1M_1 为半径作弧，交 E_1H_1 于 J_1、K_1，过 J_1、K_1 作 E_1F_1 的平行线与对角线交于 1_1、2_1、3_1、4_1 四点，见图 2-56 （c）。

（4）依次用曲线板连接 A_1、2_1、D_1、3_1、B_1、4_1、C_1、1_1 各点即得平行于水平面的圆的斜二等轴测图，见图 2-56 （d）。

用八点法作圆的斜二等轴测图，也适用于各类轴测图中各种位置的圆的轴测图。

[**例 2-6**] 作带通孔圆台的斜二等轴测图，如图 2-57 所示。

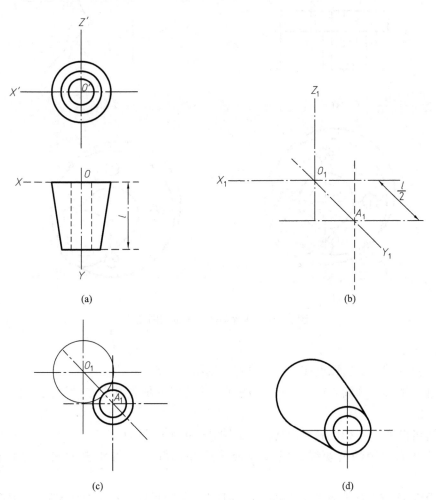

图 2-57 带通孔圆台的斜二等轴测图画法

作图步骤：

（1）在投影图中定出原点和坐标轴位置，见图 2-57 （a）。

（2）画轴测轴，在 O_1Y_1 轴上取 $O_1A_1=l/2$，见图 2-57 （b）。

（3）分别以 O_1、A_1 为圆心，相应半径的实长作半径画两底圆及圆孔，见图 2-57 （c）。

（4）作两底圆公切线，擦去多余线条并加深，即得带通孔圆台的斜二等轴测图，见图 2 - 57（d）。

[例 2 - 7]　作压盖的斜二等轴测图，如图 2 - 58 所示。

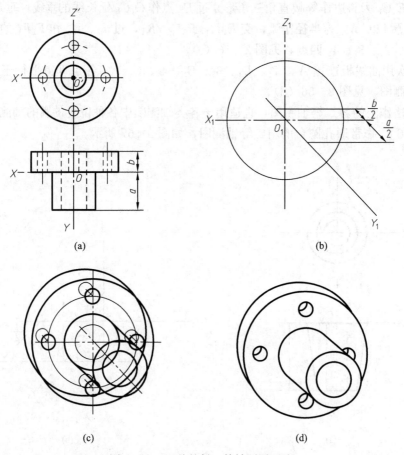

图 2 - 58　压盖的斜二等轴测图画法

作图步骤：

（1）在投影图中定出原点和坐标轴位置，见图 2 - 58（a）。

（2）作轴测轴，画圆心在原点 O_1 上的圆，并定出其他各圆心在轴测投影中的位置，见图 2 - 58（b）。

（3）过各圆心，用相应的半径画圆，见图 2 - 58（c）。

（4）作各有关圆的公切线，擦去多余线条并加深，即得压盖的斜二等轴测图，见图 2 - 58（d）。

轴测图能比较直观地表现出物体的立体形状，但选用哪一种轴测图和物体如何放置，效果是不同的。因此，还必须根据物体的形状特征来考虑。

　本　章　小　结

（1）本章重点介绍了正投影法。正投影法的特点是个"正"字。投射线正射（投射线垂

直于投影面)，投影面正交（三个投影面相互垂直），立体正放（使较多的表面平行或垂直于投影面）。

（2）一般情况下，一个投影不能确定形体唯一确定的形状和大小，必须有两个或两个以上的投影才能确定形体的唯一形状和大小。因此，用正投影法建立起来的三面正投影是制图的基本原理。三视图之间的投影规律是：

1）主视图与俯视图的长度相等，画图时长要对正；

2）主视图与左视图的高度相等，画图时高要平齐；

3）左视图与俯视图的宽度相等，画图时宽要相等。

画平面立体的三视图，实质上是画立体上各表面的三视图，而面又是由线组成、线由点组成，因此熟悉各种位置点、线、面的投影特性是十分重要的。直线或平面平行于投影面时，直线的投影反映实长，平面的投影反映实形，这种性质称为投影的真实性。直线或平面垂直于投影面时，直线的投影积聚成点，平面的投影积聚成一直线，这种性质称为投影的积聚性。直线或平面倾斜于投影面时，直线的投影是小于实长的线段，平面的投影是缩小了的类似形，这种性质称为投影的类似性。真实性、积聚性、类似性称为三大特性。其他投影特性参见习题集中所述。

（3）点是组成形体的最基本的几何元素。根据点的坐标 (X, Y, Z) 画投影图以及根据点的投影图想象出点的空间位置，对画图和看图都具有重要意义。

（4）画回转体的三视图时，回转面的投影只画转向素线（或外形轮廓线）。转向素线是回转面上可见部分与不可见部分的分界线，对不同的投影面其转向素线是各不相同的。

（5）表面上取点的方法有三种：

1）利用表面具有积聚性投影，根据规律和性质求点。

2）利用辅助线法求点：过点的一面投影，作一辅助线（直线或圆，点在该直线或圆上），作该辅助线的其余投影，然后在辅助线上再求点的另两面投影。

3）利用辅助平面法求点：过点的一面投影，作一辅助截平面，该辅助截平面截形体的截交线为直线或圆，作该辅助截交线的其余投影，然后在辅助截交线上找点。

（6）轴测图是单面投影图，具有较强的立体感。无论绘制哪一种轴测图，都必须注意以下几点：

1）在视图上选好坐标轴（一般选在角点上）；在轴测投影面上选好轴测轴。

2）投影的平行性——视图上与坐标轴平行的直线，在轴测图上与相应轴测轴平行，沿轴线或与轴线平行的线可以直接测量尺寸。

3）形体上相互平行的线，在轴测图上也相互平行。

4）从下底面画起，先画点后画线再画面。

5）过下底面各点竖高线（画棱线）。

6）量取各棱线的高度尺寸，得上表面各点，连点成线，得面的轴测投影图，由面围成体的轴测投影图。

第三章　组　合　体

　　由多个基本体或不完整的基本体按一定方式组合而成的形体，称为组合体。本章学习如何应用形体分析法及线面分析法解决组合体的画法、识读及尺寸标注等问题，为学习零件图和装配图打下基础。

第一节　形体分析法

一、定义

　　假想把组合体按某种组合形式（叠加、切割或综合型），分解为若干简单部分（这些简单部分可以是一个基本体，也可以是基本体经截切、挖孔后形成的不完整的基本体，或是基本体的简单组合），弄清各部分的形状（画出三视图）、大小（标注出定形尺寸）、之间的相对位置（标注出定位尺寸）及表面连接关系（画法注意事项），从而有分析有步骤地画图、标注尺寸及识读视图，这种分析问题、画图、识图、标注尺寸的方法称为形体分析法。

二、组合体的组合形式

1. 叠加型

　　（1）叠合：由简单形体叠合（一般以平面相接触的形式）而成，如图3-1（a）所示的螺栓毛坯，可看成由六棱柱、圆柱叠加而成。

　　（2）相贯：由简单形体（一般指两曲面体）相交而成，如图3-1（b）所示，其表面会产生相贯线。

　　（3）相切：由简单形体相切而成，如图3-1（c）所示，有轮廓线与曲面的切点。

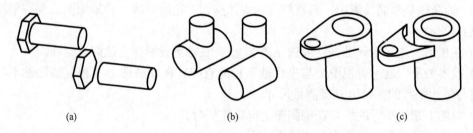

(a)　　　　　　　　　　(b)　　　　　　　　　　(c)

图3-1　叠合型组合体

(a) 叠合；(b) 相贯；(c) 相切

2. 切割型

　　（1）简单切割：由简单形体被切去某些简单基本体形成，如图3-2（a）所示。

　　（2）截交（切口）：其表面要产生截交线，如图3-2（b）所示。

　　（3）穿孔（相贯）：其表面要产生相贯线，如图3-2（b）、（c）所示。

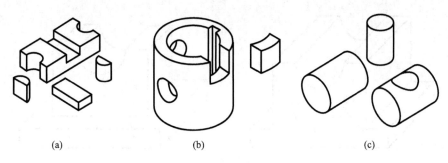

(a)　　　　　　　　　(b)　　　　　　　　　(c)

图 3-2　切割型组合体

(a) 简单切割；(b) 截交（切口）；(c) 穿孔（相贯）

3. 综合型

这类组合体的形成往往是既有"叠加"，又有"切割"的综合形式，可能以其中一种组合形式为主，同时伴随有另一种组合形式。如图 3-3 所示轴承座即是以"叠加"为主并伴随有"切割"的组合体。

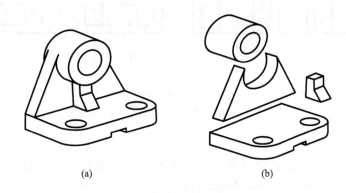

(a)　　　　　　　　　　　　　(b)

图 3-3　综合型组合体

(a) 组合体；(b) 组合体形体分析

三、形体表面的连接关系——组合体视图画法注意事项

组合体各组成部分的表面之间有的是平齐的，有的是不平齐的，有的是相交的，有的又是相切的。因此，在画组合体的视图时，必须注意其组合形式和各组成部分表面间连接关系的画法，才能做到不多画线或漏画线。在读图时，也必须注意这些关系的画法，才能够想清楚整体的结构形状。下面分别举例说明各种情况下，相邻形体表面连接处的交线特征及其画法。

1. 表面平齐

当两个简单形体的邻接表面平齐时，邻接表面不应该有分界线（见图 3-4），其画法如图 3-6（a）所示。

2. 表面不平齐

当两个简单形体的邻接表面不平齐时，邻接表面应该有分界线（见图 3-5），其画法如图 3-6（b）所示。

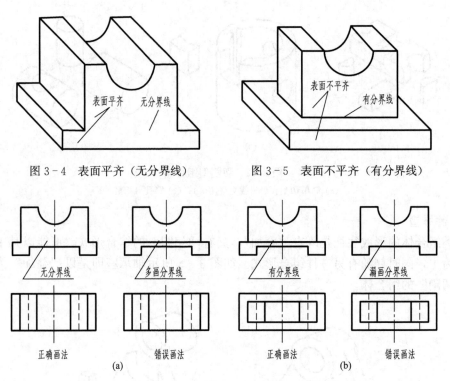

图 3-4　表面平齐（无分界线）　　　　图 3-5　表面不平齐（有分界线）

图 3-6　表面连接画法

（a）表面平齐时的画法；（b）表面不平齐时的画法

3. 相切

当两个简单形体的邻接表面相切时，由于相切是两表面的光滑过渡，没有交线，如图 3-7（a）所示，因此相切处不应该画线，如图 3-7（b）所示。

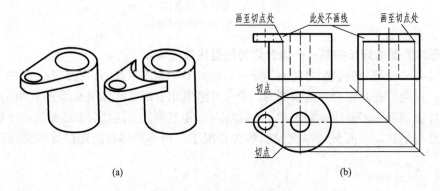

（a）　　　　　　　　　　　　　　　（b）

图 3-7　相切的特点及画法

（a）表面相切；（b）相切处的画法

4. 相交

当两个简单形体的邻接表面相交时（见图 3-8），相交处应画出交线。如图 3-9、图 3-10 所示交线由平面与圆柱面相交产生，可称为截交线；图 3-11 所示交线则由两圆柱面相交产生，称为相贯线。无论截交线还是相贯线，均为两简单形体表面的分界线。

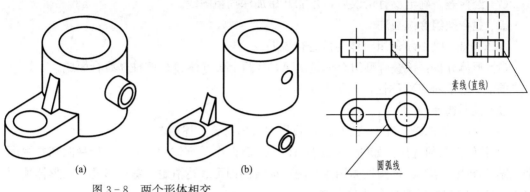

图 3-8　两个形体相交

（a）组合体形体；（b）组合体形体分析

图 3-9　相交的特点及画法（一）

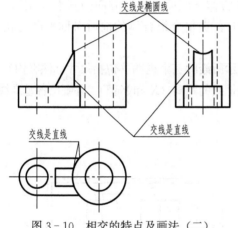

图 3-10　相交的特点及画法（二）

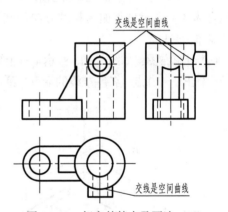

图 3-11　相交的特点及画法（三）

第二节　组合体三视图的画法步骤

一、概述

根据实物或立体图画组合体的三视图时，应按下述方法和步骤进行。

（1）形体分析：分析其组合形式，弄清其表面连接关系及有无对称性。

（2）视图选择。

1）主视图的选择：主视图是表达组合体的一组视图中最主要的视图。主视图应能较多地反映形体的结构形状特征，反映各组成部分的相对位置关系，兼顾其他视图的清晰，同时还应考虑组合体的安放位置要稳定且便于工作或加工。

2）其他视图的选择：所选视图应能配合主视图将组合体各组成部分的结构形状表达完整、清晰。在表达完整、清晰的前提下，视图的数量应越少越好。

（3）选比例、定图幅、画图框线及标题栏。

（4）选基准。

（5）计算布图。

（6）依次画各基本体的三视图，且三个视图要配合着画。

（7）经检查，确定没有错误后，才能开始加深描粗图线。

二、叠合型组合体画法

现以图 3-12 所示的组合体为例进行说明。

（1）形体分析：该叠合型组合体是由 A、B 两个长方体和 C 圆柱体叠合而成。

前后、左右都有对称性，上下不对称。

（2）视图选择。

1）主视图的选择：图 3-12 所示的投影方向即符合上述要求。

2）其他视图的选择：如图 3-12 所示，A、B 两个长方体用主视图、俯视图和左视图三个视图才能表达清楚，C 圆柱体用主视图一面视图即可表达清楚。综合考虑，该形体须用主视图、俯视图和左视图三个视图来表达。

（3）选比例、定图幅、画图框线及标题栏。

（4）选基准：如图 3-12 所示形体，选 A 长方体下底面为高度方向的基准（GJ），选整个组合体的左右对称平面为长度方向的基准（CJ），选整个组合体的前后对称平面为宽度方向的基准（KJ）。

（5）计算布图：如图 3-13 所示，三个矩形表示所绘的三个视图（包括尺寸标注在内）的范围。计算出 1~10 点（各基准线的端点）到上下图框线的距离（X 和 Y 值），并画出各基准线。

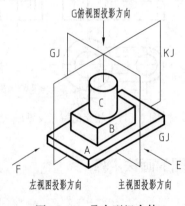

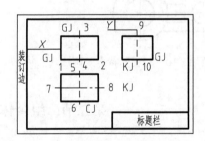

图 3-12　叠合型组合体　　　　　　图 3-13　计算布图

（6）依次画各基本体的三视图，且三个视图要配合着画（图框略画），如图 3-14 所示。

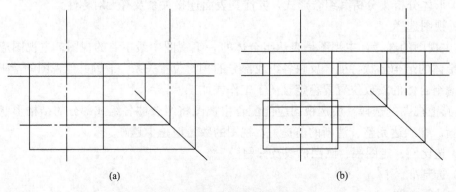

(a)　　　　　　　　　　　　　(b)

图 3-14　叠合型组合体画法（一）

(a) 先画下面的长方体 A；(b) 画长方体 B

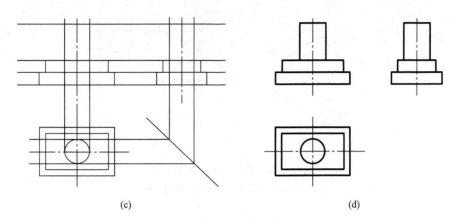

(c)   (d)

图 3-14 叠合型组合体画法（二）

(c) 画圆柱体 C；(d) 加深加粗图线

三、切割型组合体画法

（1）形体分析：如图 3-15 所示的切割型组合体是用三个截平面切割长方体而成。前后有对称性，左右、上下不对称。

（2）视图选择：选择见图 3-15 中所示方向。

（3）选比例、定图幅、画图框线及标题栏。

（4）选基准：如图 3-15 所示形体，选长方体下底面为高度方向的基准（GJ），选长方体的右表面为长度方向的基准（CJ），选长方体的后表面为宽度方向的基准（KJ）。

（5）计算布图：计算出各基准线到各边框线的距离，画出各基准线。

（6）归类画完整的基本体。该切割型组合体的原形为一长方体，所以先画出长方体的三视图（图框略画），如图 3-16 所示。

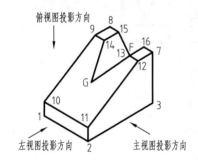

图 3-15 切割型组合体

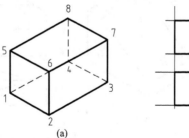
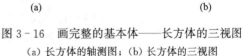

(a)   (b)

图 3-16 画完整的基本体——长方体的三视图

(a) 长方体的轴测图；(b) 长方体的三视图

（7）分析第一个切平面的位置和投影特性，找出第一个切平面与长方体表面的交线。如图 3-17 所示，9、10、11、12 为截断面，该平面是一个正垂面。

（8）分析第二个和第三个切平面的位置和投影特性，找出第二个和第三个切平面与长方体表面的交线，如图 3-18 所示（图中各点未标注全）。

（9）找出三个切平面之间的交线，弄清楚切去的部分，画出完整的三视图，如图 3-19 所示。

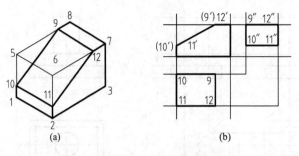

图 3 - 17　用正垂面切割基本体

（a）切割后的轴测图；（b）切割后的三视图

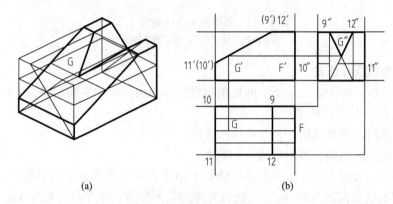

图 3 - 18　用两侧垂面切割基本体

（a）用两侧垂面切割后的轴测图；（b）用两侧垂面切割后的三视图

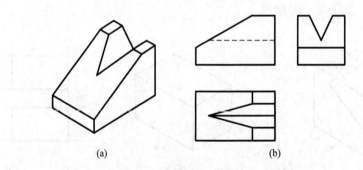

图 3 - 19　切割型组合体的三视图

（a）切割后的轴测图；（b）切割后的三视图

四、综合型组合体画法

（1）**形体分析**：如图 3 - 20（a）所示的支架，可以分解为圆筒、支撑板、肋板和底板四个基本组成部分，而底板上又切割出凹槽，并钻有两个圆孔，如图 3 - 20（b）所示。底板、肋板和支撑板之间的组合形式为叠加；支承板的左右两侧面和圆筒外表面相切；肋板和圆筒属于相交，其相贯线为圆弧和直线；肋板和底板、支撑板之间的组合形式为叠加。形体左右有对称性。

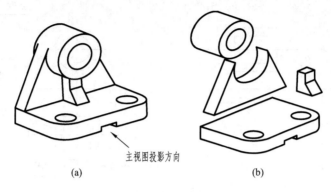

图 3-20 支架

(a) 支架轴测图；(b) 支架形体分析

（2）视图选择。

1）主视图的选择：见图 3-20（a），从箭头方向看去所得视图可满足主视图选择的基本要求。

2）视图数量的确定：支架的主视图按箭头方向确定后，还要画出俯视图，表达底板的形状和两孔的中心位置，并用左视图表达肋板的形状。因此，要完整表达出该支架的形状，必须画出主、俯、左视图三个视图。

（3）选比例、定图幅、画图框线及标题栏：视图确定以后，便要根据组合体的大小和复杂程度，选定作图比例和图幅。应注意，所选的幅面要比绘制视图所需的面积大一些，以便标注尺寸和画标题栏。

（4）选基准：选下底面为高度方向的基准，选左右对称平面为长度方向的基准，选支撑板的后表面为宽度方向的基准。

（5）计算布图：布图时，应将视图匀称地布置在幅面上，视图间的空档应保证能注全所需的尺寸。

（6）绘制底稿：支架的画图步骤如图 3-21（a）～（e）所示。

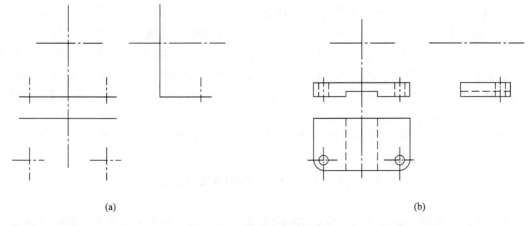

图 3-21 支架的画图步骤（一）

(a) 画基准线；(b) 画底板的三视图

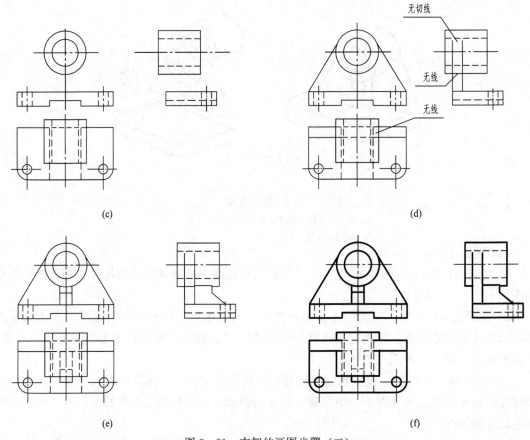

图 3 - 21　支架的画图步骤（二）

（c）画圆筒的三视图；（d）画支撑板的三视图；（e）画肋板的三视图；（f）检查描深

为了迅速而正确地画出组合体的三视图，画底稿时应注意以下两点：

1）画图的先后顺序，一般应从形状特征明显的视图入手。先画主要部分，后画次要部分；先画看得见的部分，后画看不见的部分；先画圆或圆弧，后画直线。

2）画图时，形体的每一组成部分，最好是三个视图配合着画。也就是说，不要先把一个视图画完再画另一个视图。这样，不但可以提高绘图速度，还能避免多线、漏线。

（7）检查描深。底稿完成后，应进行认真检查：在三视图中依次核对各组成部分的投影对应关系正确与否；分析清楚相邻两形体衔接处的画法有无错误，是否多线、漏线；以实物或轴测图与三视图对照，确认无误后，画尺寸界线和尺寸线；经检查无误，擦去多余的线；描粗加深图线，如图 3 - 21（f）所示。

（8）画箭头、注写尺寸数字、填写标题栏的内容，清洁图面，完成全图。

第三节　组合体三视图的尺寸注法

组合体的三视图只能表达组合体的结构和形状，而要表达它的真实大小和各组成部分之间的相对位置，则不但需要注出尺寸，而且必须注得完整、清晰，并符合国家标准尺寸注法的规定。

第一章讲述了标注尺寸的基本规则、标注尺寸的基本要素、标注尺寸的基本方法，第二章讲述了基本体的尺寸注法。本章讲述组合体视图的尺寸标注。

一、组合体视图中的尺寸种类

组合体视图上的尺寸可分为定形尺寸、定位尺寸、总体尺寸三种。

1. 定形尺寸

确定组合体各组成部分的长、宽、高三个方向形状的尺寸称为定形尺寸。

如图 3-22（a）所示，圆筒的定形尺寸由 $\phi130$、$\phi210$ 和长度 210 确定。支撑板、底板、肋板的定形尺寸如图 3-22（b）～（d）所示。

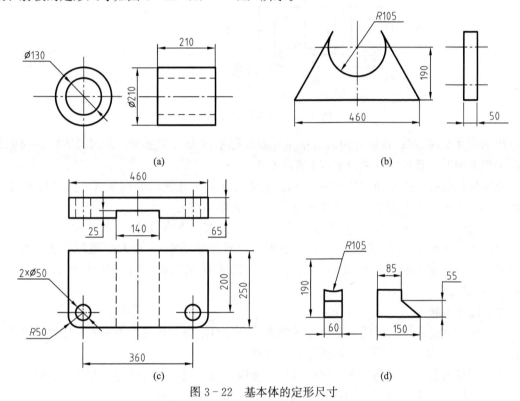

图 3-22 基本体的定形尺寸

（a）圆筒的定形尺寸；（b）支撑板的定形尺寸；（c）底板的定形尺寸；（d）肋板的定形尺寸

图 3-22（b）中，支撑板的高度定形尺寸由 460、190（图 3-23 中的 255）、$\phi210$（$R105$）以及支撑板与圆筒的相切关系确定。

图 3-22（d）中，肋板的宽度定形尺寸 85 和 150 可直接注出，也可由其最前面线的定位尺寸确定，如图 3-23 俯视图中的 50 和左视图中的 38；其高度定形尺寸由宽度 60 以及肋板与圆筒的相交关系确定。

2. 定位尺寸

确定组合体各组成部分相对位置的尺寸称为定位尺寸。

为了确定组合体各组成部分相对位置，应注出其 X（长）、Y（宽）、Z（高）三个方向的位置尺寸。定位尺寸应从尺寸基准注起。

图 3-23 中所示圆筒的定位尺寸，高度方向以底板底面为尺寸基准，由圆筒中心与底面的相对位置 255 确定；宽度方向以底板和支撑板的后表面为尺寸基准，由圆筒对支撑板后表

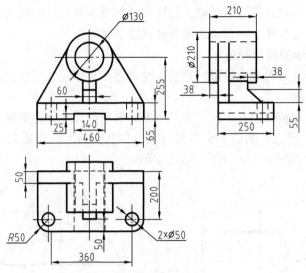

图 3-23　支架的尺寸标注

面突出的尺寸 38 确定；长度方向以轴承座左右对称平面为尺寸基准，由圆筒的轴线与底板对称平面的相对位置尺寸 0 来确定（0 省略不注）。

支撑板和肋板高度方向定位尺寸为 65；宽度方向与下底板后表面平齐，定位尺寸为 0；长度方向与底板对称平面重合，定位尺寸为 0（0 省略不注）。

3. 总体尺寸——确定组合体外形大小的总长、总宽、总高尺寸

如图 3-23 所示，460 即总长（也是底板的定形长度尺寸），总宽由底板宽 250 加圆筒对支撑板后表面突出的尺寸 38 确定，总高尺寸为圆筒中心定位高 255 加圆筒外圆直径 $\phi210$ 的一半来确定。

二、尺寸基准

尺寸基准就是标注尺寸或测量尺寸的起点。一般可选择形体的对称平面、底面、重要的端面、回转体的轴线以及圆的中心线作为尺寸基准。

因为形体有长、宽、高三个方向的尺寸，所以在长、宽、高三个方向都应至少有一个尺寸基准，有时在一个方向还可能有几个辅助基准，如表 3-1 所示。

表 3-1　　　　　　　　　　　　尺 寸 基 准

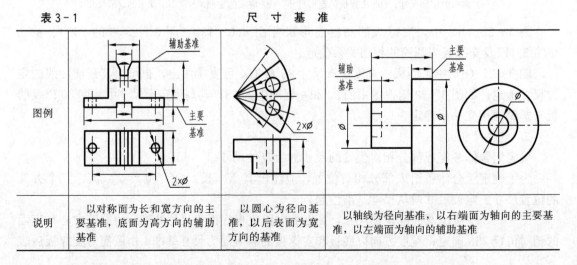

图例		
以对称面为长和宽方向的主要基准，底面为高方向的辅助基准	以圆心为径向基准，以后表面为宽方向的基准	以轴线为径向基准，以右端面为轴向的主要基准，以左端面为轴向的辅助基准

三、标注尺寸的基本要求

为了使所标注的尺寸清晰，除严格遵守机械制图国家标准的规定外，还应注意以下几个方面：

1. 完整

所标注的尺寸应数量齐全，不遗漏，不重复。

2. 准确

所标注的尺寸符合国家标准尺寸注法的规定，尺寸数字准确。

3. 清晰

所标注的尺寸要达到清晰的要求，应注意以下几点：

（1）就近标注；

（2）位置宽敞；

（3）特征明显；

（4）相对集中；

（5）减少交叉；

（6）排列整齐；

（7）注意对称；

（8）避虚就实。

如图 3-23 所示支架的尺寸标注中，底板上两圆孔的定形尺寸 $\phi50$ 和定位尺寸 200、360 都集中在俯视图上，这样看图比较方便。

圆筒的外径 $\phi210$ 注在左视图上是为了表达它的形体特征（注在主视图上也可以），而孔径 $\phi130$ 注在主视图上是为了避免在虚线上标注尺寸。

对称标注如图 3-23 所示底板中的长 140 和 360。

底板中的 $2\times\phi50$ 和 $R50$ 引出在视图外面标注是为了避免内部拥挤、影响清晰。

4. 合理

所标注的尺寸要便于测量，便于加工。

四、标注尺寸的基本形式

1. 串联式（链式）

同一方向的尺寸，前一个尺寸的终点是下一个尺寸起点的标注方式，如图 3-24（a）所示（ AutoCAD 中称为连续标注）。

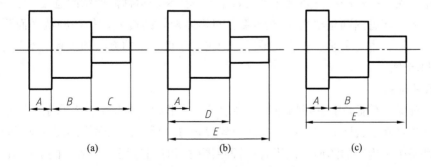

图 3-24　标注尺寸的基本形式
（a）串联式；（b）并联式；（c）混联式

2. 并联式（坐标式）

同一方向的尺寸，都从同一个基准开始标注的方式，见图 3 - 23 中的 65 和 255 及图 3 - 24（b）（AutoCAD 中称为基线标注）。

3. 混联式（综合式）

同一方向的尺寸标注形式既有串联式，也有并联式，是两种形式的综合，较常用，如图 3 - 24（c）所示。

五、标注组合体尺寸的方法和步骤

标注组合体尺寸应先进行形体分析，选择基准，如图 3 - 25、图 3 - 26 所示；然后注出各基本形体的定形尺寸，如图 3 - 22 所示；注定位尺寸，如图 3 - 26 所示；再注总体尺寸；最后按标注尺寸的基本要求进行调整、校核，注意合并重复的尺寸，尺寸位置合适、排列整齐，完成尺寸标注，如图 3 - 23 所示。

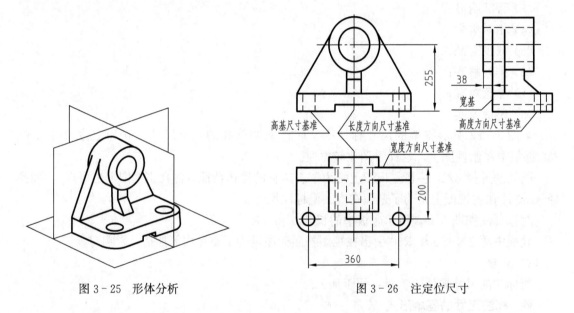

图 3 - 25　形体分析　　　　　　　　　　　　　图 3 - 26　注定位尺寸

第四节　组合体三视图的识读

画图是运用正投影法将空间物体画成若干个视图来表达物体形状的过程，是一种从空间到平面的过程。而看图则是根据视图想象空间物体形状的过程，是一种从平面到空间的过程。要学会看图，主要是通过多识读图样，但也要遵循一定的方法和步骤。本节主要介绍看图的方法和步骤。

一、看图须知

（1）一面视图不能确定空间物体唯一确定的结构形状，须几个视图联系起来看。

当空间物体在三投影面体系中的空间位置设定好以后，其三面投影图（画图过程——投影进去）都是唯一确定的图形。而当看一面视图时（看图过程——从平面上拉出来），它所反映的空间物体可以是多种多样的，如图 3 - 27 所示。有时甚至联合起来看两面视图时，仍不能确定空间物体唯一确定的结构形状。这时必须再将第三面视图联合起来看，最后才能确定空间物体唯一确定的结构形状，如图 3-28 所示。

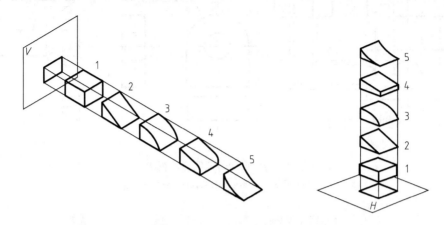

图 3-27　一面视图不能确定空间物体唯一确定的结构形状

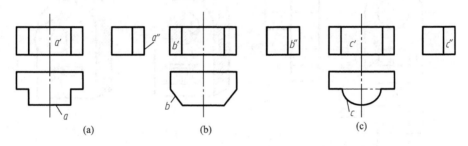

图 3-28　几个主、左视图相同的物体
(a) 形体一；(b) 形体二；(c) 形体三

如图 3-28 所示，主、左视图完全相同，仅看主、左视图，仍无法确定空间物体的结构形状，只有再结合其俯视图，才能知道它们所反映的空间物体唯一确定的结构形状。因此，我们看图时必须把几个视图都要联系起来看。

（2）明确视图中线框和图线的含义。

1）视图中每个封闭的线框表示的是物体上一个完整的平面或曲面。

2）视图中的每条线表示的可以是物体上的一条线（两个面的交线或曲面的转向轮廓线的投影）或是面的积聚性投影。

图 3-28 中 a 线表示的是物体上的一个正平面的积聚性投影，同时也表示的是物体上的一条侧垂线的真实性投影；c' 表示的是物体上的一个圆柱面的正面投影，c'' 表示的是物体上的该圆柱面的侧面投影。

（3）要抓住特征部分。

特征部分是指物体的形状特征和物体的各基本组成部分间的相对位置特征。图 3-29 所示为形状特征明显的例子，图 3-30 所示为相对位置特征明显的例子。

仅看如图 3-30（a）所示主视图，内部的方、圆两图形表达的是凸台还是穿孔 ［见图 3-30（b）、(c)］，是不能确定的。当主视图与特征明显的视图结合起来看时，就可以确定是凸台还是穿孔了，也就可以想象出整体形状来了。

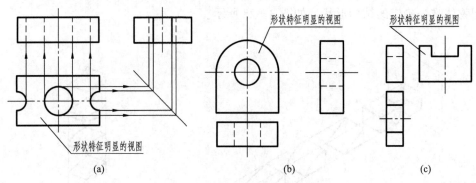

图 3-29　形状特征明显的视图
(a) 视图一；(b) 视图二；(c) 视图三

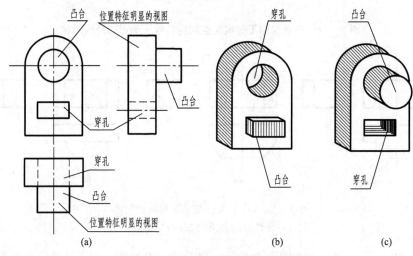

图 3-30　相对位置特征明显的视图
(a) 三视图；(b) 形体一；(c) 形体二

二、看图的基本方法和步骤

（一）形体分析法

1. 划出线框各组成部分

看组合体视图的主要方法是形体分析法。首先在组合体三视图中划出线框，将组合体按叠加型分解为Ⅰ、Ⅱ、Ⅲ三个基本组成部分，如图 3-31 所示。

2. 分块想象识形体

按投影规律将第Ⅰ部分的三个视图联系起来看，想象出其形状，如图 3-32 所示。

按投影规律将第Ⅱ、Ⅲ部分的三个视图联系起来看，想象出它们的形状，如图 3-33 和图 3-34 所示。

3. 弄清位置想整体

将想象出来的各基本组成部分按给定的相对位置组合成一个完整的组合体，即为所求，如图 3-35 所示。

（二）线面分析法（线面分析攻难关）

用线面分析法看图，就是通过分析物体上的点、线、面投影特性，确定它们的空间位置

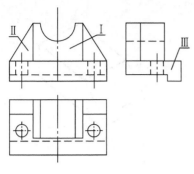

图 3 - 31 划出线框分解

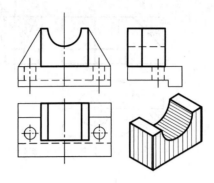

图 3 - 32 想象出第Ⅰ部分的形状

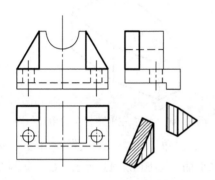

图 3 - 33 想象出第Ⅱ部分的形状

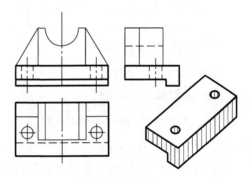

图 3 - 34 想象出第Ⅲ部分的形状

和形状，进而想象出物体的形状。此法也常用于识读组合体视图。

1. 形体分析

按前述"划出线框分部分"，图 3 - 36 所示形体的三视图，主视图上有三个实线框，左视图上有四个实线框，俯视图上有四个实线框，均无明显的叠加特征。按各视图最大实线框看，基本都是矩形，所以它的原形是一个长方体，经切割形成现在的形体（压块）。

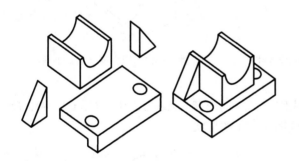

图 3 - 35 想象完整的组合体

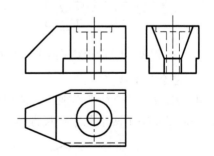

图 3 - 36 压块的三视图

2. 抓住特征分清面

按投影关系划出 A 平面的三个投影图 a、a′、a″。a′具有积聚性，是其特征。可知 A 面为正垂面，将长方体左上角切去，如图 3 - 37 和图 3 - 38 所示。

按投影关系划出 B 平面的三个投影图 b、b′、b″。b 具有积聚性，是其特征。可知 B 面为铅垂面，将长方体左前角（左后角）切去，如图 3 - 39 和图 3 - 40 所示。

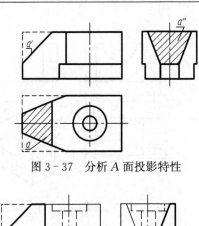

图 3- 37　分析 A 面投影特性

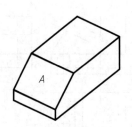

图 3- 38　切去左上角

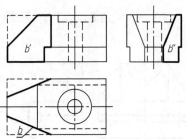

图 3- 39　分析 B 面投影特性

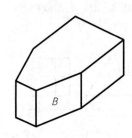

图 3- 40　切去左前角（左后角）

按投影关系划出 C 和 D 平面的三个投影图 c、c'、c'' 和 d、d'、d''。c''、c 和 d'、d'' 具有积聚性，是其特征。可知 C 面为正平面，D 面为水平面，如图 3- 41 所示。C、D 两截平面把长方体前下角（后下角）切去，如图 3- 41 和图 3- 42 所示。

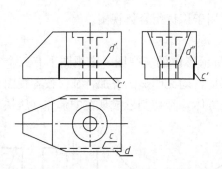

图 3- 41　分析 C 平面和 D 平面投影特性

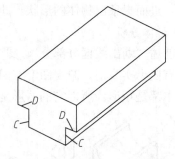

图 3- 42　切去前（后）下角

3. 综合想整体

A、B、B1 三个截平面把长方体切成图 3- 43 的形状，A、B、B1、C、C1、D、D1 七个截平面以及钻了两个孔才将长方体切成图 3- 44 的形状。

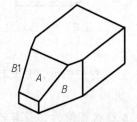

图 3- 43　切去三部分后的形体

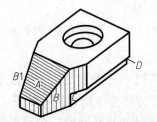

图 3- 44　全部切割后的形体

三、看图练习的方法

（1）看三视图积木造型。

（2）看三视图画轴测图，如图 3-45 所示。

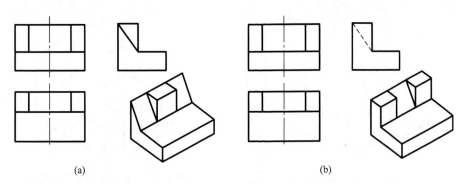

图 3-45　看三视图画轴测图

(a) 形体一的三视图及轴测图；(b) 形体二的三视图及轴测图

1）用切割法作组合体的正等轴测图。

作图步骤：

① 在投影图上定出原点和坐标轴，见图 3-46。

② 画轴测轴并用坐标法根据尺寸 a、b、h 画出主要轮廓的正等轴测图（长方体的轴测图），见图 3-47。

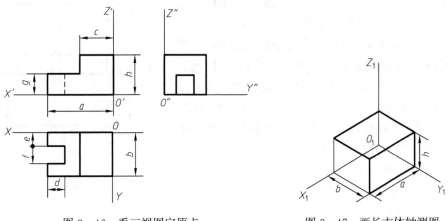

图 3-46　看三视图定原点　　　　图 3-47　画长方体轴测图

③ 在长方体上沿 O_1X_1 轴方向量取 c，沿 O_1Z_1 轴方向量取 g，通过作图切去左上角的长方体，见图 3-48。

④ 在左下角沿 O_1X_1 轴方向量取 d，沿 Y_1 方向量取 e 和 f，通过作图切去另一块长方体，擦去多余图线并加深即得形体的正等轴测图，见图 3-49。

2）作支架的正等轴测图（综合法）。先进行形体分析。如图 3-50 所示的支架由上、下两块板叠加而成。上面一块竖板可以看成由圆柱体和三棱柱组合而成，顶部是圆柱面，三棱柱的两侧面与圆柱面相切，中间有一个圆柱体的穿孔。下面是一块带圆角的长方形底板，底板上有两个圆柱体通孔。

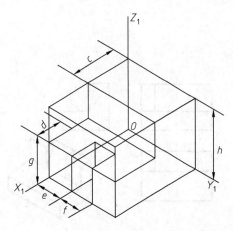

图 3-48 切去左上

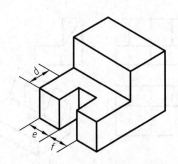

图 3-49 组合体的正等轴测图

因支架左右对称，取后底边的中点为原点，确定其坐标轴，如图 3-50 所示。

因为该支架既有叠加又有切割，所以用综合法作支架的正等轴测图。作图过程如图 3-51 所示。

作图步骤：

① 作轴测轴，先画底板（长方体）的正等轴测图，然后画竖板棱线与底板上表面的交点（线）1_1、2_1、3_1、4_1，再确定竖板后表面孔口的圆心 a_1，由 a_1 定出前表面孔口的圆心 b_1，用四心法画出竖板顶部圆柱和圆孔的正等轴测图（近似椭圆），见图 3-51 （a）。

由 L_2、L_3 确定底板上表面上两个圆柱孔的圆心，作出这两个孔的正等轴测图（近似椭圆），见图 3-51 （a）。

② 由 1_1、2_1、3_1 诸点作大圆的切线，再作出竖板右上方圆弧轮廓线的公切线，完成竖板的正等测图。用图 2-51 所示方法作左前、右前两个圆角，作右前圆角上下圆弧的公切线，见图 3-51 （b）。

③ 擦去作图线和不可见的轮廓线，加深描粗图线，即得支架正等轴测图，见图 3-51 （c）。

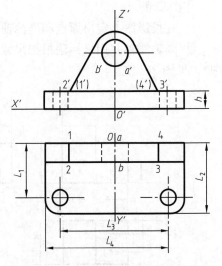

图 3-50 定出原点和坐标轴位置

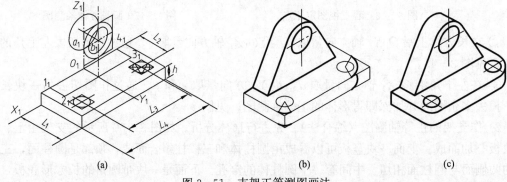

(a)　　　　　　　　(b)　　　　　　　　(c)

图 3-51 支架正等测图画法

（3）看两面视图补画第三面视图（知二求三）。

1）用交点法画图。

在视图上标出所有的交点来（本图未标全），按规律画出高平齐、宽相等的线，根据规律在左视图上交点处标出相应点的标记，如图 3-52 所示。

2）形体分析法。对所给的两面视图进行形体分析后，然后连线，可得图 3-53 和图 3-54两个解，即分别为图 3-45（a）、（b）中所画的两个轴测图所示的形体。

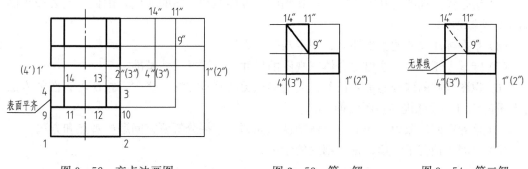

图 3-52 交点法画图　　　　图 3-53 第一解　　　　图 3-54 第二解

（4）补画视图中的漏线。各视图中的"交点"在其他视图中都应该有与之对应的要素。A、B 两平面有交线 1，C、D 两平面有交线 2，E、D 两平面有交线 3。过各视图中的交点处补画出漏画的高平齐、长对正的线，如图 3-55 和图 3-56 所示。再根据形体分析、线面分析画出漏线，如图 3-57 所示。

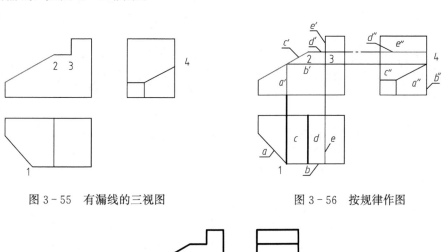

图 3-55 有漏线的三视图　　　　图 3-56 按规律作图

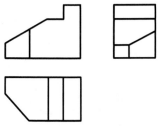

图 3-57 补画出漏线的三视图

本 章 小 结

　　(1) 本章讲述了组合体、组合体的分类、形体分析法 、组合体三视图的画图步骤、组合体三视图的尺寸标注及组合体三视图的识读方法和步骤。

　　(2) 形体分析是画图、尺寸标注和识图的基本方法，因此必须熟练掌握并能应用。

　　(3) 组合体三视图的画图步骤影响到画图的准确性和绘图的速度，因此一定要按正确的画图步骤来绘图。

　　(4) 掌握标注尺寸的基本知识、规定与基本方法。

　　(5) 能基本正确地标注出组合体三视图的尺寸，会选择尺寸基准。

　　(6) 识图是制图课程的重要任务，应明确识图的基本方法和步骤，按练习识图的方法进行大量的练习，才能提高识图的能力。

　　(7) 培养空间想象力、局部与全体地认识问题，掌握分析研究问题的观点和方法。

　　(8) 培养不怕苦不怕烦、耐心细致的学风。

第四章　图　样　画　法

为将复杂机件的结构形状表达得完整、正确、清晰，便于绘图与识图，GB/T 4458.1—2002《机械制图　图样画法　视图》、GB/T 4458.6—2002《机械制图　图样画法　剖视图和断面图》和 GB/T 17451—1998《技术制图　图样画法　视图》、GB/T 17452—1998《技术制图　图样画法　剖视图和断面图》、GB/T 17453—2005《技术制图　图样画法　剖面区域的表示法》、GB/T 16675.1—2012《技术制图　简化表示法　第1部分：图样画法》等规定了多种机件的表达方法——视图、剖视图、断面图、局部放大图及简化画法等，供绘制图样时选用。本章介绍其中常用的一些机件的表示法。

第一节　视　　图

根据有关标准和规定，用正投影法画出的图形称为视图。视图画法是从外部看机件，可见的轮廓线画成粗实线，不可见的轮廓线一般不画，必要时画成虚线。GB/T 17451—1998和 GB/T 4458.1—2002 规定视图分为基本视图、向视图、局部视图、斜视图四种。

一、基本视图

机件向基本投影面投影所得的图形称为基本视图。

如图 4-1 所示，设置六个基本投影面，用正投影法分别向六个投影面作正投影，得到六个基本视图，它们的名称分别为主视图、俯视图、左视图、右视图、仰视图和后视图。六个基本视图应画在同一平面内，以主视图为基准，将其他视图依次展开摊平，展开的方法如图 4-2 所示。

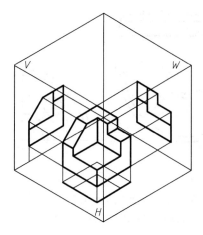

图 4-1　设置基本投影面

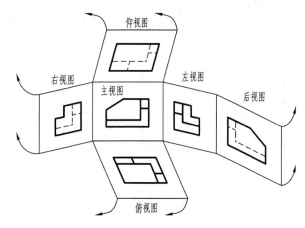

图 4-2　展开摊平

展开后各视图的位置如图 4-3 所示。六面基本视图按此位置配置，无需标注图名，仍符合三等对应规律。

二、向视图

在自由配置的位置画出的视图称为向视图。一般在主视图的附近用箭头指明投射方向，并标注一大写字母，向视图上应注上相同的字母，如图 4-4 所示。

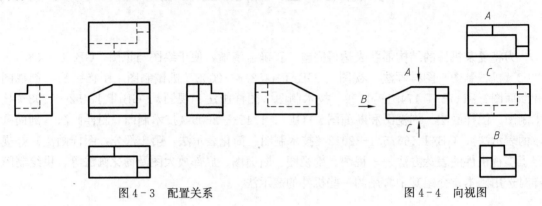

图 4-3　配置关系　　　　　　　　　　图 4-4　向视图

三、局部视图

1. 定义

将物体的某一部分向基本投影面投射所得的视图，称为局部视图。

2. 画法

局部视图的断裂边界线用波浪线表示，如图 4-5（c）所示。当局部视图所表示的结构是完整的，且外轮廓线又呈封闭时可省去波浪线，如图 4-5（b）所示。

对称零件的视图可只画 1/2 或 1/4，并在对称中心线的两端画出对称符号（两条与对称中心线垂直的平行细实线），如图 4-6 所示。

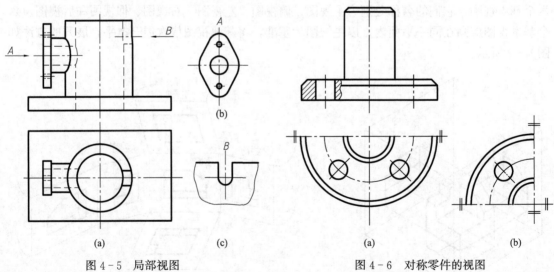

图 4-5　局部视图　　　　　　　　　　图 4-6　对称零件的视图
(a) 基本视图；(b) 局部视图（一）；(c) 局部视图（二）　　(a) 视图可只画 1/2；(b) 视图可只画 1/4

3. 配置与标注

向视图的配置有三种方法：

（1）按基本视图的配置形式配置，如图 4-5（b）所示。中间无其他图形隔开时，可省略标注（不注写 *A*）。

（2）按向视图的配置形式配置，如图 4-5（c）所示。此时须标注箭头与字母。

（3）按第三角画法配置，要求用细点画线将两图连接起来，如图 4-7 所示。

四、斜视图

1. 定义

将机件上的倾斜部位向不平行于基本投影面的投影面投射所得的视图称为斜视图，见图 4-8 和图 4-9。

2. 画法与标注

（1）新设置的投影面 H_1 须与机件倾斜部位的主要表面平行，与原有的一个投影面垂直而代替了另一个投影面。如图 4-8（c）直观图所示，用 H_1 代替了 H 投影面。

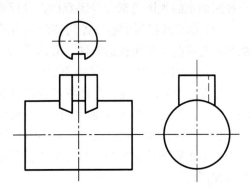

图 4-7　按第三角画法配置的向视图

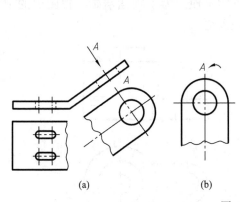
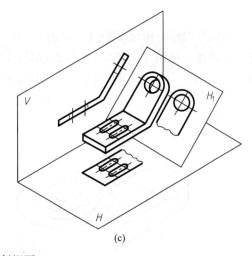

（a）　　　　　（b）　　　　　　　　　　（c）

图 4-8　斜视图

（a）斜视图；（b）斜视图（旋转）；（c）直观图

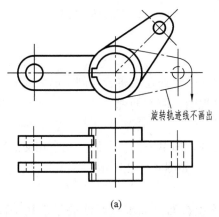

旋转轨迹线不画出

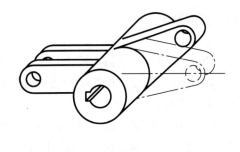

（a）　　　　　　　　　　　　　　（b）

图 4-9　旋转画出的斜视图

（a）斜视图；（b）轴测图

（2）仅将物体上的倾斜部位向新投影面投射，所得视图仍是一个局部视图，与原有的一个投影面上的视图仍符合投影规律，且反映倾斜部位的真实形状。

（3）所得斜视图的断裂处用波浪线表示，上方应标注出视图名称"×（字母）"，在相应视图附近有箭头指明投射方向，并水平书写相同的字母，如图 4-8（a）所示。

（4）斜视图一般按投影关系配置，如图 4-8（a）中的 A 向视图，必要时也可配置在其他适当位置。为看图方便，允许将斜视图旋转放正，但应在视图上方标注"×⌒"，如图 4-8（b）所示。箭头的方向与旋转方向应一致且指向字母。

（5）将倾斜部位假想旋转后画出的斜视图。假想将物体上的倾斜部位绕回转轴旋转到平行于基本投影面的位置时，再向基本投影面投射，所得的视图也称为斜视图（旧标准中称为旋转视图）。

如图 4-9 所示的这种斜视图中不需进行标注，也不需画出旋转轨迹线。

第二节　剖　视　图

当机件内部结构较复杂时（见图 4-10），如仍按视图画法画图，看不见的内部结构轮廓线画成虚线（见图 4-11），就会造成绘图与识图的不便。为了视图清晰，视图中的虚线（见图 4-11）应尽量改画为粗实线，即应改用剖视画法。

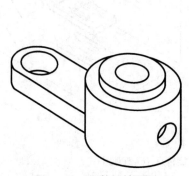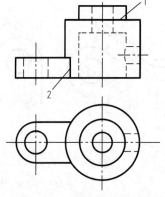

图 4-10　机件的轴测图　　　　　　　　图 4-11　机件的二视图

一、基本概念

1. 定义

假想用剖切面（用平面也可能用柱面）剖开机件，将处在观察者与剖切面之间的部分移去，而将剩余部分向投影面投射所得的图形称为剖视图，简称剖视。

2. 剖切面的种类

剖切面有圆柱面和平面。常用的剖切平面有三种，即单一剖切平面、几个相交的剖切平面（交线垂直于某一投影面）、几个平行的剖切平面，如图 4-12 所示。

3. 剖视图画法及标注

（1）剖切平面应该垂直于某一投影面，并在该投影面上以细点画线表示剖切平面的位置，称为剖切线。指示剖切平面起、迄和转折位置（用短粗实线表示）、投射方向（用箭头表示）的符号称为剖切符号。用大写字母注写在剖切符号附近，表示其代号，以相同的字母

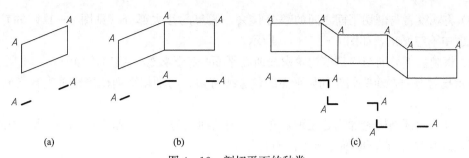

图 4-12　剖切平面的种类

(a) 单一剖切平面；(b) 几个相交的剖切平面；(c) 几个平行的剖切平面

注写在剖视图上方，用以表示剖视图的名称。

以上三要素的组合标注如图 4-13 所示。

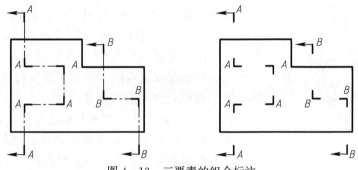

图 4-13　三要素的组合标注

(2) 剖切平面应该通过内部结构轮廓线（虚线）所在的平面将机件剖开。图 4-11 所示的主视图上有虚线，且处于同一平面上时，可选用单一剖切平面 A 通过内部结构轮廓线所在的平面，将机件全部剖切开，如图 4-14 所示。该剖切平面一定要平行于某一投影面（现平行于 V 面），也一定垂直于另两个基本投影面（现垂直于 W 面和 H 面）。该剖切平面在所垂直的投影面上的投影积聚成线，在其中的某一个投影面上，如在 H 面俯视图图形外用两粗短画表示剖切位置，并注上代号，如图 4-15 所示。

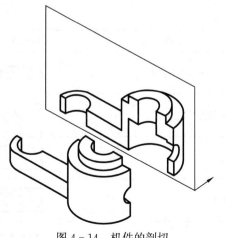

图 4-14　机件的剖切

图 4-15　剖切位置的标注

(a) 主视图；(b) 俯视图

（3）将观察者与剖切平面之间的部分移去，假想的移去部分（见图 4 - 14）的轮廓线，在剖视图中不应画出，如图 4 - 15（a）所示。

（4）将剩余部分向与内部结构轮廓线所在平面平行的投影面投射，如图 4 - 14 所示。用箭头表示投射方向，箭头画在剖切平面的位置线旁边，与剖切平面位置线垂直且指向 V 面，如图 4 - 15 所示。

（5）这时内部结构轮廓线处在剩余部分的最前面，为可见（见图 4 - 16），也就能画成粗实线了（虚改实）。在剖断面上画上剖面符号。

图形中上方注写图名 "×-×"（×表示与代号相同的字母），如图 4 - 15 所示。

注意：

（1）剖切平面以后可见的轮廓线不可漏画（粗实线），如图 4 - 15 中的 1、2 线和 3、4 线。

（2）剖视图中一般不画虚线，如图 4 - 15 所示。如果其他视图未表达清楚需要表达的结构，在既能保证视图清晰又可减少视图数量的前提下，允许画出必要的虚线。

（3）当剖视图按投影关系配置，中间没有其他图形隔开时，允许省略箭头；如果剖切平面与机件对称平面重合，则剖切位置的标注也可省略。

（4）作剖视图时，剖切机件是假想的过程，因此当一个视图画成剖视图时，其他视图仍按完整机件画图，如图 4 - 15（b）所示。俯视图中的虚线可以保留。

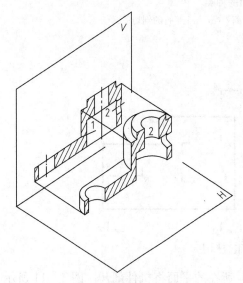

图 4 - 16　将剩余部分向 V 面投影

二、剖面符号

剖面符号见表 4 - 1（摘自 GB/T 4457.5—2013《机械制图　剖面区域的表示法》和 GB/T 17453—2005）。

表 4 - 1　　　　　　　　　　　　　剖　面　符　号

材料类别	剖面符号	材料类别	剖面符号
金属材料（已有规定剖面符号者除外）		木质胶合板（不分层数）	
线圈绕组元件		基础周围的泥土	
转子、电枢、变压器和电抗器等叠钢片		混凝土	
非金属材料（已有规定剖面符号者除外）		钢筋混凝土	
型砂、填砂、粉末冶金、砂轮、陶瓷刀片、硬质合金刀片等		砖	

续表

材料类别	剖面符号	材料类别	剖面符号
玻璃		格网（筛网、过滤网等）	
木材纵剖面		液体	
木材横剖面			

（1）当不需在剖面区域中表示物体的材料类别时，剖面符号用通用的剖面线表示。

（2）同一物体的各个剖面区域，其剖面线的方向及间隔应一致。

（3）通用的剖面线是与图形的主要轮廓线［见图 4-17（a）］或剖面区域的对称线［见图 4-17（b）］成 45°角且间隔相等、向左或向右均可的平行细实线。

（4）在图 4-18 所示的主视图中，由于物体倾斜部分的轮廓与水平线成 45°角，剖面线应画成与水平线成 30°或 60°角的平行线。其倾斜的方向仍与其他图形的剖面线一致。

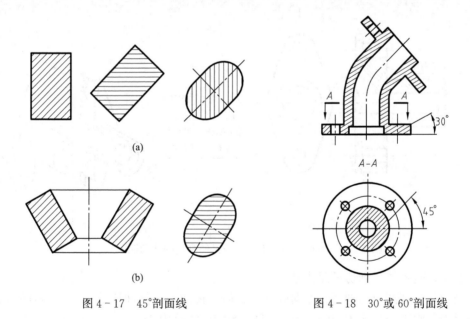

图 4-17　45°剖面线　　　　　　　　　图 4-18　30°或 60°剖面线

三、剖视的种类

按选用的剖切平面的不同及剖切位置的不同，剖视图可分为全剖视图、半剖视图和局部剖视图。

（一）全剖视图

用剖切平面完全地剖开机件所得的剖视图称为全剖视图。

1. 用单一剖切平面剖开机件画出的全剖视图

（1）应用范围。这种画法适用于内部结构较复杂而外部结构形状较简单，且其内部结构轮廓线处于同一平面上的机件，被剖切移去部分的外部结构轮廓线可由其他视图予以说明。

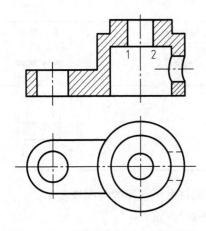

图 4-19 用单一剖切平面剖开机件
画出的全剖视图（一）

（2）画法及标注内容。如图 4-19 所示主视图是用单一剖切平面通过机件的前后对称平面位置将机件剖切后画出的全剖视图。剖切符号、箭头和图名省略标注。剖切平面以后的可见轮廓线（见图 4-19 中的 1、2 线）不可漏画。

图 4-20 所示压盖的主视图为全剖视图，注意不要漏画线。其剖切位置在左视图上表示。

剖切平面与机件对称平面重合，则剖切位置、投射方向的箭头、代号及图名的标注都可省略。

图 4-18 所示俯视图是用单一剖切平面通过主视图上 A-A 所表示的位置将机件剖切后，移去上边的部分，将剩余的下部向 H 面投影画出的全剖视图。因剖切位置不是通过机件的上下对称平面位置，所以必须标注出剖切平面的位置，两视图之间无其他视图隔开，故不需画

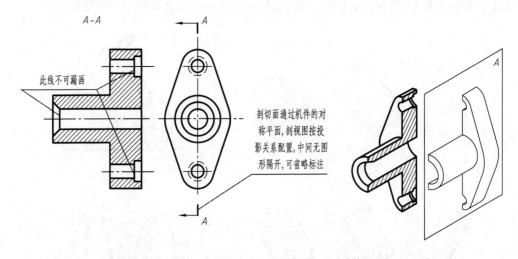

图 4-20 用单一剖切平面剖开机件画出的全剖视图（二）

向下的箭头，也不需写剖切平面代号。

主视图与俯视图上的剖面线方向应一致。但主视图上的剖面线改为 30°，是因为上部轮廓线与底面（水平线）成 45°角；而俯视图上的剖面线仍为 45°。

2. 用几个相交剖切平面剖开机件画出的全剖视图

（1）应用范围。这种画法适用于内部结构要素不在同一平面内，但具有同一回转中心又需要表达内部结构形状的机件，如图 4-21 所示。

（2）画法。图 4-21（a）所示形体由两大部分组成，右半部分的对称平面与 V 面平行，左半部分的对称平面与 V 面倾斜，两个对称平面相交且都与 H 面垂直。因此，不能用单一剖切平面同时将两大部分一起剖开，现在选用两个相交剖切平面剖开机件，并假想将左半部分旋转到与 V 面平行的位置（如图中双点画线所示）后，再向 V 面投射，即可得全剖视图。

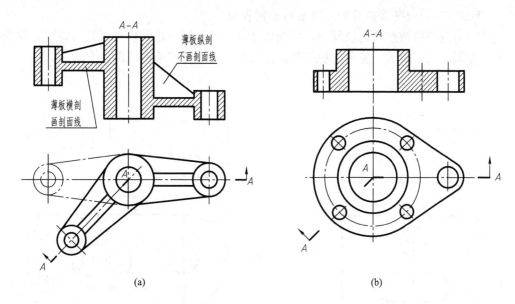

图 4-21 用几个相交剖切平面剖开机件画出的全剖视图

(a) 旋转绘制的全剖视图（一）；(b) 旋转绘制的全剖视图（二）

图 4-21（b）所示形体，其三种内部结构不在同一平面内，因此也选用两个相交剖切平面剖开机件的内部结构，并假想将左下孔旋转到与右孔处于同一平面且平行于 V 面的位置，再向 V 面投射，展开画图即可得到全剖视图。

旋转轨迹线不画（此处只说明应旋转到此位置再向 V 面投影）。剖切符号、代号 A 和图名 A-A 均应注出。按投影关系配置，中间又没有其他图形隔开时，可省略箭头。转折处的字母写不下时也可不写。

3. 用几个平行剖切平面剖开机件画出的全剖视图

（1）应用范围。这种画法适用于外形简单，内部结构要素的对称中心线处在几个平行的平面内，又需要表达内部结构形状的机件。

（2）画法及标注内容。图 4-22 所示两圆孔为同一结构，剖开一处即可；两个半圆头孔为另一种结构。两种结构不在同一平面内，因此采用几个平行剖切平面剖开机件，剖切符号、代号 A 和图名 A-A 均应注出。

几个平行的剖切平面应看做是一个剖切平面，转折处不应画交线。按投影关系配置，中间又没有其他图形隔开时，可省略箭头。转折处的字母写不下时也可不写。剖切时应注意不要出现不完整的结构图形。

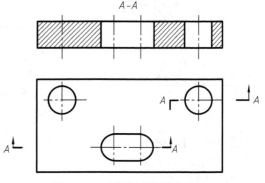

图 4-22 用两个平行剖切平面剖开机件画出的全剖视图

允许出现不完整要素的特例，如图 4-23 所示。

4. 用组合的剖切平面剖开机件画出的全剖视图

当机件的内部结构形状比较复杂，用前面所介绍的剖切方法都不能表达清楚时，就采用复合剖，如图 4-24 所示。复合剖视图的画法与标注方法是前面画法的复合运用。

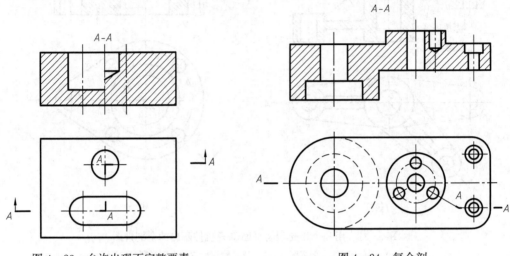

图 4-23 允许出现不完整要素　　　　　　图 4-24 复合剖

5. 用不平行于任何基本投影面的剖切平面剖开机件画出的全剖视图

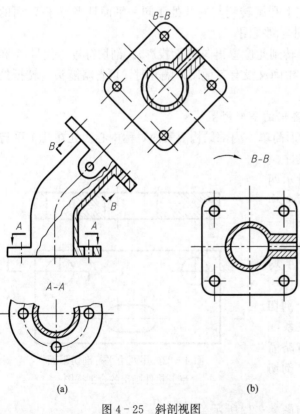

图 4-25 斜剖视图

(a) 按投影关系的配置位置画；(b) 按向视图的位置画

采用这种画法画剖视图，在不致引起误解时，允许将图形旋转，标注形式为 "×-× ⌒" 或 "⌒ × -×"（随视图旋转方向而定），如图 4-25（b）所示。

(1) 应用范围。机件上倾斜部位的内部结构形状在基本视图上都不能反映实形，又不能旋转绘制时，可选择这种画法。

(2) 画法。用一个平行于倾斜部位且垂直于某一基本投影面的剖切平面剖开机件，并向平行于该剖切平面的新设置的投影面投影，即得反映实形的全剖视图。

如图 4-25 所示，主视图上的倾斜部位在俯视图上不能反映实形。现新设置一个投影面 H_1，该投影面平行于倾斜部位且垂直于 V 面，以 H_1 投影面代替了原有的 H 投影面。V 面与 H_1 面之间仍保持长对正的规律，如图 4-25（a）所示；也可将剖视图移到适当位置，还允许将图形旋转，如图 4－25（b）所示。

（3）标注。这种全剖视图需要标注，如图 4－25 所示。字母一律水平书写，与倾斜部分的方向无关。

（二）半剖视图

1. 定义

当机件具有对称平面时，向垂直于对称平面的投影面投射所得的图形，以对称中心线为界，一半画成剖视图（表达内部结构形状），另一半画成视图（表达外部结构形状），这种剖视图称为半剖视图。

2. 应用范围

机件的形状对称或基本对称，其内、外形都较复杂，又不适宜用前述剖切方法表达时，可采用半剖视图；机件的形状对称但外形较简单时，宜采用全剖视图。

3. 画法与标注

图 4－26 和图 4－27 所示的机件，内、外形都较复杂，需剖视。在图 4－28 中，其主视图左右对称，如采用全剖视图，其前表面上的圆柱形凸台无法在主视图上表达清楚，需增加其他的视图来表达，不方便，即可采用半剖视图的画法。剖切平面通过前后对称平面位置，可省略标注。俯视图左右对称、前后接近对称，上部有圆柱形凸台，也不宜用全剖视图而采用半剖视图的画法。剖切平面通过圆柱形凸台的中心线，上下不对称，所以必须在主视图上标注出剖切平面的位置。按投影关系配置的视图，中间无其他图形隔开，所以不需注画箭头。左视图上的虚线省略不画，是因为其内形在主视图、俯视图上已表达清楚。

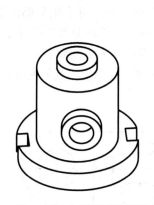 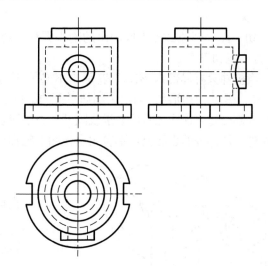

图 4－26 机件的轴测图   图 4－27 机件的三视图

画半剖视图时，应特别注意：

（1）半个视图与半个剖视图在对称平面位置处以细点画线为分界线，不可画成其他图线。

（2）半个视图重点表达外形，其内形的虚线不画；半个剖视图重点表达内形，其移去的外形的轮廓线不画。

（3）当机件的形状对称但外形较简单时，宜采用全剖视图，如图 4－29 所示。

（4）在对称平面位置处正好有可见的轮廓线时（应画成粗实线，与点画线重合），不宜采用半剖视图，而采用局部剖视图。

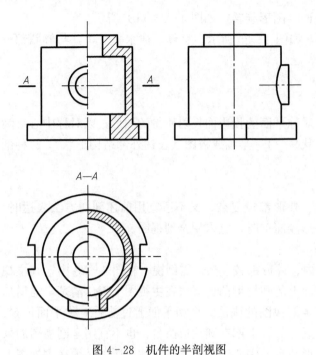

图 4 - 28 机件的半剖视图

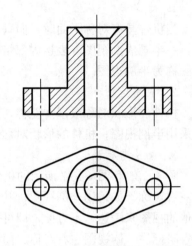

图 4 - 29 宜采用全剖视图的对称机件

（三）局部剖视图

1. 定义

用剖切平面局部地剖开机件画出的剖视图称为局部剖视图。

2. 应用范围及画法

（1）当机件只有局部内形需要表示，不必或不宜采用全剖视时，可采用局部剖视表达，如图 4 - 30、图 4 - 31 所示。当单一剖切平面的剖切位置明显时，局部剖视图的标注可以省略，只是在剖开部分与原视图之间用波浪线隔开，波浪线表示机件断裂处的边界线的投影，波浪线应画在机件实体部分的表面上，不应超出视图的轮廓线，也不能与视图上的其他图线重合。

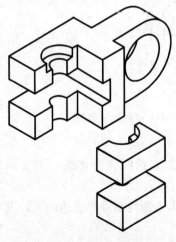

图 4 - 30 机件的局部剖切

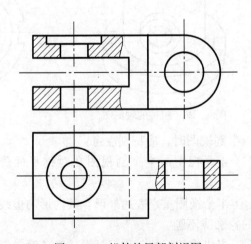

图 4 - 31 机件的局部剖视图

（2）机件对称，对称中心线与机件的轮廓线正好又重合，不宜采用半剖视图时，可采用局部剖视表达，其剖切范围可根据实际需要确定，如图4-32所示。

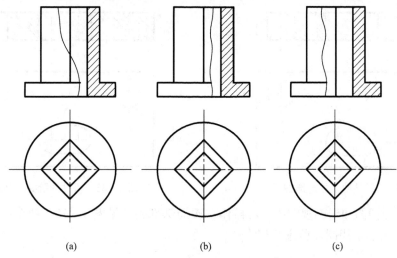

图4-32 对称机件的局部剖视图
（a）内外兼顾；（b）内形不全；（c）外形不全

（3）当机件不对称，既需要表达内部结构形状，又要表达外部结构形状时，不宜采用半剖视图，可采用局部剖视表达，如图4-33所示。

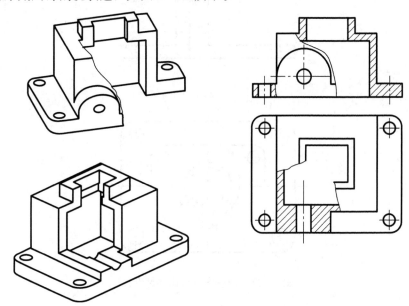

图4-33 不对称机件的局部剖视图

（4）在一个视图中，可以根据实际需要作多处局部剖视，如图4-34所示。

（5）适宜采用全剖视的机件，就不要在一个视图上采用几个局部剖视，以免视图显得支离破碎，不便识读，如图4-35所示。

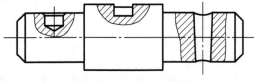

图4-34 多处局部剖视

这时就应采用如图 4 - 36 所示的画法。

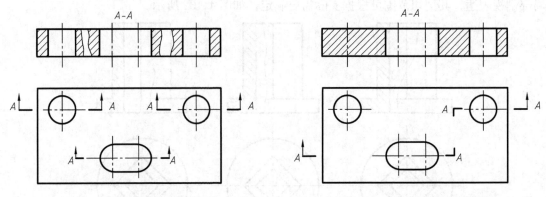

图 4 - 35　机件的多处局部剖视图　　　　　图 4 - 36　机件的阶梯全剖视图

（6）在全剖视图和半剖视图中，可再作一次局部剖视，见图 4 - 37。两个剖断面的剖面线方向相同，间隔也相同，但应互相错开。

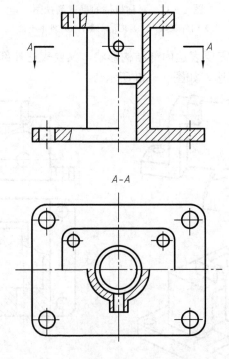

图 4 - 37　剖视图中再作局部剖视

第三节　断　面　图

一、基本概念

1. 定义

假想用剖切平面将机件的某处切断，仅画出断面的图形，称为断面图，简称断面，如

图 4 - 38（c）、（e）、（f）所示。

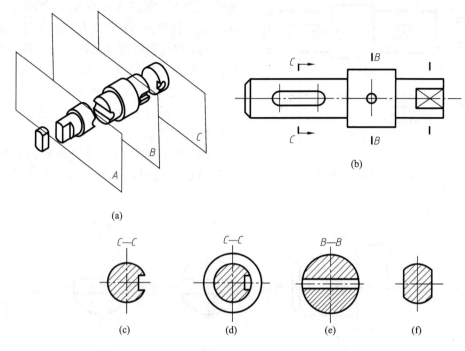

图 4 - 38 断面图

（a）机件剖切；（b）机件的主视图；（c）断面；（d）剖视；（e）移出断面图；（f）移出断面图

2. 与剖视图的异同

断面图和剖视图都要假想用剖切平面将机件剖开，移去观察者与剖切平面之间的部分，断面图是将剩余部分中的断面向投影面投影，仅仅画出断面的形状，是面的投影，如图 4 - 38（c）所示；而剖视图是将断面及断面以后体的可见部分全部画出来，是体的投影，如图 4 - 38（d）所示。断面图和剖视图上需要标注的内容（剖切平面的位置、代号、投影方向、剖面符号、图名）相同，省略标注时有所不同，如图 4 - 38（b）、（c）、（e）、（f）所示。

3. 应用范围

断面图主要用于表达机件上的小孔、键槽、肋板、轮辐等局部结构以及型材的断面形状。

二、断面图的种类

断面图分为移出断面图和重合断面图两种。

1. 移出断面图

画在视图轮廓线以外适当位置的断面图称为移出断面图。

画移出断面图时应注意以下几点：

（1）先在需要画断面图的机件的视图上画出剖切符号或剖切平面的轨迹线。断面图左右对称时不画箭头，如图 4 - 38（e）、（f）所示；断面图左右不对称时应画箭头，如图 4 - 39（d）所示。按投影关系配置时［见图 4 - 38（c）］，无论对称不对称都可省略箭头，如图 4 - 38（b）中的箭头可省略。

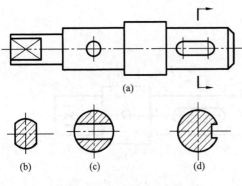

（2）移出断面图应优先选择画在剖切符号的延长线上，如图 4 - 38（f）和图 4 - 39 所示。这时视图上不需要注写剖面代号和图名。

（3）移出断面图也可画在剖切符号延长线以外的位置上，如图 4 - 38（e）所示。这时视图上需要注写剖面代号和图名 $B\text{-}B$。

（4）断面图上一般应画上剖面线，其轮廓线用粗实线绘制。

（5）当剖切平面通过由回转面形成的孔或凹坑的轴线时，这些结构按剖视绘制，如图 4 - 40（c）所示。

图 4 - 39　移出断面图

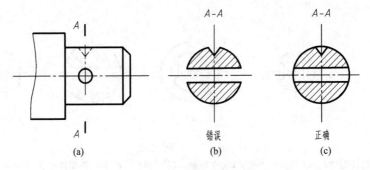

图 4 - 40　回转体的断面图

（6）当剖切平面通过非圆通孔结构时，图形分成两部分，如图 4 - 41（b）所示，这些结构也按剖视绘制，如图 4 - 41（c）所示，画成封闭的图形。

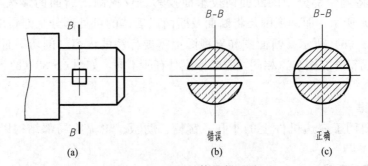

图 4 - 41　非回转体的断面图

（7）由两个或多个相交的剖切平面剖切得到的移出断面图，中间一般应断开画。为反映断面实形，剖切平面一般应与被剖部分的轮廓线垂直，如图 4 - 42 所示。剖切平面的轨迹线用细点画线绘制，断裂处用波浪线绘制。

（8）移出断面图图形对称也可画在视图的中断处，不必标注，如图 4 - 43 所示。

（9）移出断面图也可按图 4 - 44 所示来绘制，配置在剖切线的延长线上，不必标注。

2. 重合断面图

断面图形配置在剖切平面轨迹线处，并与视图重合，称为重合断面图，如图 4 - 45 所示。

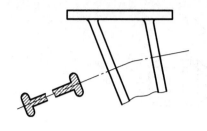

图 4 - 42 两个相交平面
剖切得出的移出断面图

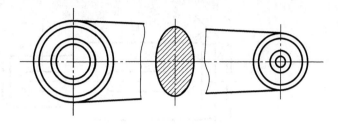

图 4 - 43 画在中断处的移出断面图

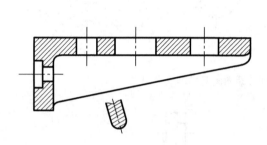

图 4 - 44 移出断面图

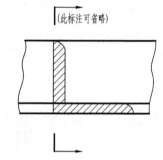

图 4 - 45 重合断面图

重合断面的轮廓线用细实线绘制。当视图中的轮廓线与重合断面图的图形重叠时，视图中的轮廓线仍应连续画出，不可间断，不对称的重合断面图应标注剖切符号和箭头（但可省略标注），如图 4 - 45 所示。对称的重合断面图不必标注。

第四节 局 部 放 大 图

将机件的部分结构用大于原图形所采用的比例另外画出的图形，称为局部放大图。

画局部放大图时应注意以下几点：

（1）局部放大图可画成视图、剖视图或断面图，而且与被放大部位的原表达方式无关，如图 4 - 46 所示。

（2）局部放大图应尽量配置在被放大部位的附近。

（3）绘制局部放大图时，除螺纹牙型、齿轮和链轮的齿型外，应按图 4 - 46 和图 4 - 47 所示用细实线圈出被放大的部位。

（4）当同一机件上有几个被放大的部分时，必须用罗马数字依次表明被放大的部位，并在局部放大图的上方标注出相应的罗马数字和所采用的比例，如图 4 - 46 所示。

（5）同一机件上不同部位的局部放大图，当图形相同或对称时，只需画出一个，如图 4 - 47 所示。

（6）当机件上被放大的部分只有一个时，在局部放大图的上方只需注明所采用的比例，如图 4 - 48 所示。

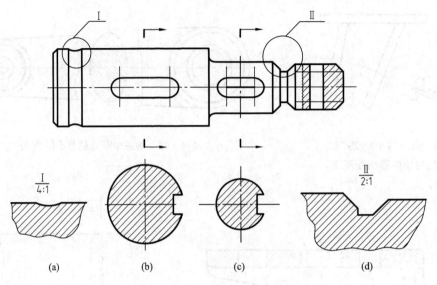

图 4-46　机件的断面图与局部放大图

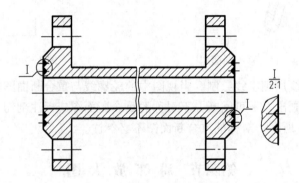

图 4-47　视图对称时的局部放大图

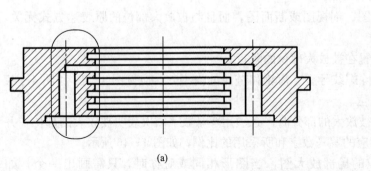

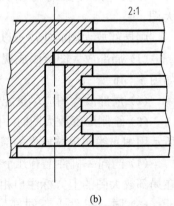

图 4-48　只有一处放大的局部放大图

(a) 主视图；(b) 视图对称时的局部放大图

第五节 简 化 画 法

为便于识读和绘图，在保证不致引起误解和不会产生理解的多意性的前提下，GB/T 16675.1—2012、GB/T 4458.1—2002 对机件的一些常见结构规定了简化画法，这里介绍其中最常见的几种。

1. 相同结构的简化画法

若干直径相同且成规律分布的孔，可仅画出一个或几个，其余只需用细点画线或"十"表示其中心位置并注明总数量，如图 4-49 所示。

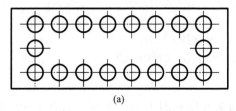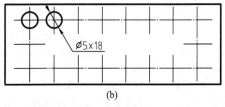

(a) (b)

图 4-49 相同结构要素的简化画法

（a）简化前的视图；（b）简化后的视图

2. 较长机件的断开画法

较长的机件（轴、杆、型材、连杆等）沿长度方向的形状一致或按一定规律变化时，可断开后缩短绘制，如图 4-50 所示。

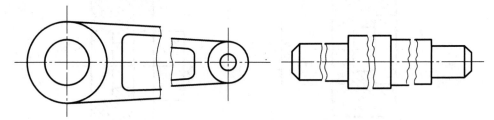

图 4-50 较长机件的断开缩短画法

3. 对称结构的局部视图

机件上对称结构的局部视图，可按图 4-51 所示的方法绘制。

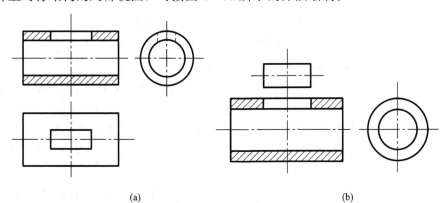

(a) (b)

图 4-51 对称结构的局部视图

（a）简化前的视图；（b）简化后的视图

4. 回转体零件上平面的表示法

当回转体零件上的平面在图形中不能充分表达时，可用两条相交的细实线表示这些平面，如图 4-52 所示。

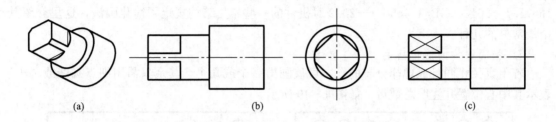

图 4-52　回转体零件上平面的表示法

(a) 机件的轴测图；(b) 简化前的视图；(c) 简化后的视图

5. 零件图上圆角的简化画法

除确属需要表示的某些结构圆角外，其他圆角在零件图中均可不画，但必须注明尺寸，或在技术要求中加以说明，如图 4-53 所示。

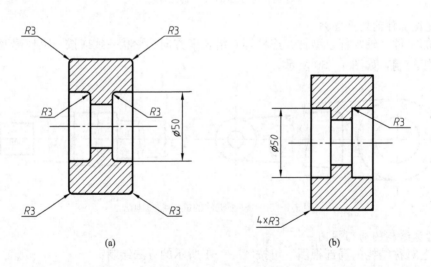

图 4-53　零件图上圆角的简化画法

(a) 简化前的视图；(b) 简化后的视图

6. 肋、轮辐、薄壁等结构剖切时的简化画法

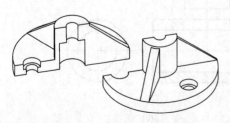

图 4-54　带肋板机件的剖切

对于机件上的肋、轮辐及薄壁等，如按纵向剖切，如图 4-54 所示，这些结构都不画剖面符号，而是用粗实线将它与其邻接部分分开，如图 4-55 所示；被横向剖切时，应画上剖面符号，如图 4-56 所示。

不在剖切平面上的肋板、孔应旋转到平行于 V 面的位置再向 V 面投影，肋板对称画出，孔只剖一个即可，对称部位只画点画线，如图 4-55 所示。

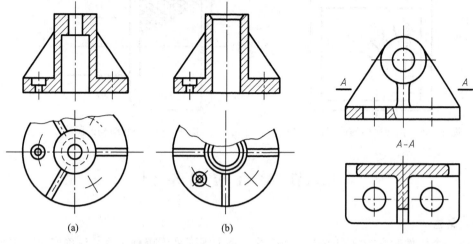

图 4-55　肋板纵剖的简化画法
(a) 肋板、孔均布；(b) 肋板、孔对称

图 4-56　肋板横剖的画法

7.　省略剖面符号

在不致引起误解的情况下，图形中的剖面符号可以省略，如图 4-57 所示。

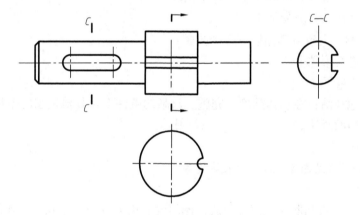

图 4-57　省略剖面符号

8.　运动件的画法

在装配图中，运动零件的变动和极限状态用细双点画线（NO.05.1 线型）表示，如图 4-58 所示。

9.　透明件的画法

透明材料制成的零件应按不透明绘制。在装配图中，供观察用的透明材料后的零件按可见轮廓线绘制，如图 4-59 所示。

10.　网状结构

滚花、槽沟等网状结构应用粗实线（NO.01.2）完全或部分地表示其组合情况，如图 4-60 所示。

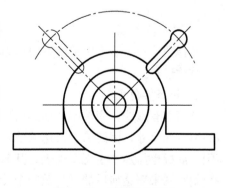

图 4-58　运动件的画法

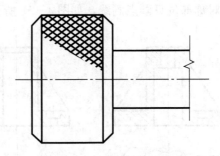

图 4-59　供观察用的透明件的画法　　　　图 4-60　网状结构的画法

第六节　综合应用举例

一、概述

表达一个机件时先想好准备用几个视图，每个视图采用哪种画法，以确定表达方案。一个机件的表达方案可能有若干个，有时还很难说清其中哪一个方案最好。但是我们可以本着以下几点去考虑确定表达方案：

(1) 应准确、完整、清晰地表达机件的内、外结构形状，不能有任何错误。

(2) 视图数量应最少，画图简便，容易识读。

(3) 便于标注尺寸，方便加工。

确定表达方案，大致应遵循以下几个步骤：

(1) 对机件进行形体分析。

(2) 选择好主视图。

(3) 选择其他视图；在表达准确、完整、清晰的条件下，其他视图的数量力求最少。

(4) 采用恰当的画法。

二、应用举例

(一) 确定支架（见图 4-61）的表达方案

1. 形体分析

支架由圆筒、底板和肋板三部分组成。倾斜的底板上有四个通孔，支架前后对称。圆筒用一个非圆视图即可表达清楚；肋板至少需用两个视图来表达；底板也需用两个视图来表达。

2. 选择主视图

选择图 4-61 箭头所示的方向作为主视图的投射方向，它能反映支架的三个组成部分的外部结构形状。

3. 选择其他视图

圆筒上有虚线，用局剖表达其内形，不需另加视图说明。肋板需加一个视图来表达其前后的形状和尺寸，因圆筒已表达清楚，故肋板不宜用左视图和俯视图，那就采用一个移出断面图。底板也需加一个视图来表达其前后的形状和尺寸，也不宜用左视图和俯视图，故采用一个斜视图来表达前后的形状及四个孔的分布情况。为表明其上四个孔的高度，在主视图上加一局部剖，左边的孔不剖，只画点画线。

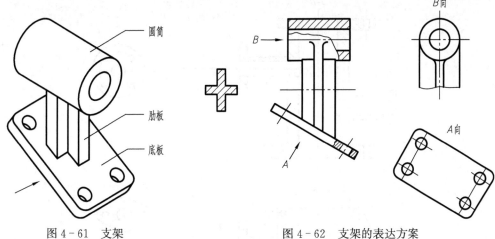

图 4-61 支架

图 4-62 支架的表达方案

　　支架的表达方案见图 4-62，但图 4-62 中的 B 向视图只是说明了圆筒的圆形结构，其实加注直径尺寸以后，该图完全不需要，故可省略不画。

　　（二）确定阀体（见图 4-63）的表达方案

　　第一表达方案：首先能想到用视图的画法，可以用主视图、俯视图、斜视图和局部视图四个图来表达，如图 4-64 所示。但图中虚线过多，且左前支管在主视图上是类似性投影，不便画图，此方案不妥。继续考虑，主视图采用"旋转剖"（两相交剖切平面剖开机件），形成第二表达方案，如图 4-65 所示。

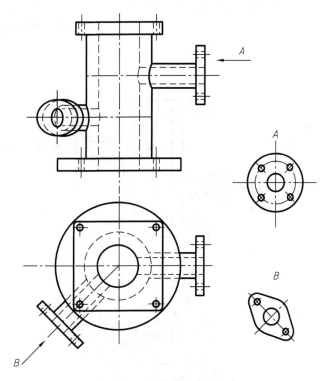

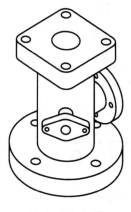

图 4-63 阀体

图 4-64 阀体第一表达方案

　　第二表达方案：主视图上的虚线改画为粗实线了，左前支管旋转后向 V 面投射，作图也简便了，但俯视图上的虚线还没解决。再继续考虑，俯视图采用"阶梯剖"（用两平行剖切平面剖开机件），形成第三表达方案，如图 4-66 所示。

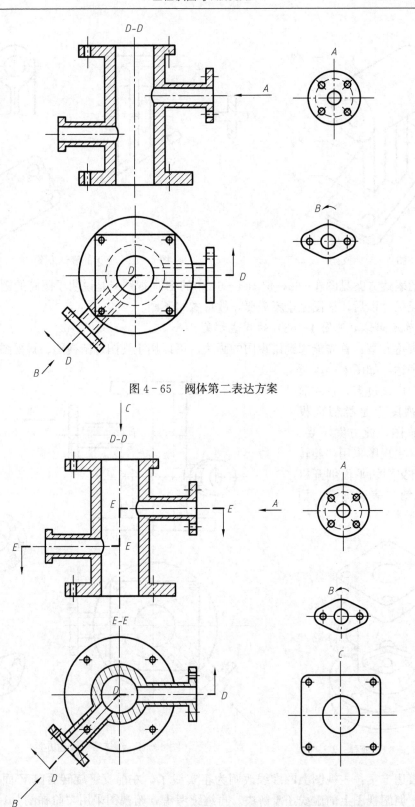

图 4 - 65　　阀体第二表达方案

图 4 - 66　　阀体第三表达方案

　　第三表达方案：俯视图采用"阶梯剖"后，上部法兰盘真形没表达清楚，需增加一个 C 向局部视图。A 向视图还可简画为一多半。B 向视图可旋转画。

　　在此基础上，还可将 A 向视图和 B 向视图画成 A-A 剖视图和 B-B 剖视图，于是形成第四表达方案，如图 4-67 所示。

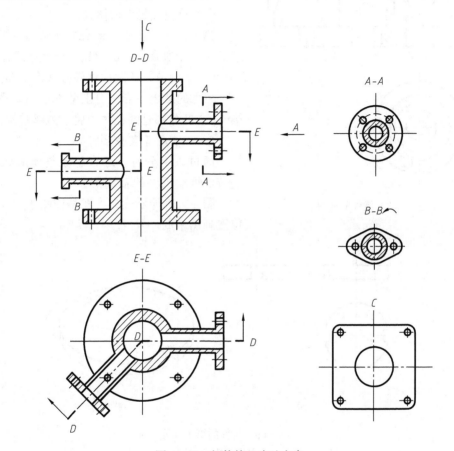

图 4-67　阀体第四表达方案

　　现在我们制定了四个表达方案，经过比较选出的最佳方案是第四表达方案。

　　制定方案的过程是一个由浅入深、不断发现问题、不断解决问题的过程，要想制定出最佳方案，必须熟悉各种画法。

　　三、识读练习

　　看懂图 4-68 所示机件的视图，想象出它的形状。

　　1. 进行视图分析

　　在这一组视图里，采用了三个基本视图。其中主视图和俯视图都采用了半剖。主视图是通过前后对称平面位置剖开的，所以在俯视图或左视图上不用画剖切符号。俯视图是通过主视图上所标注的水平面位置剖开的，上下不对称，所以在主视图上需标注出剖切符号。左视图采用了简化画法，内部结构的虚线省略不画。

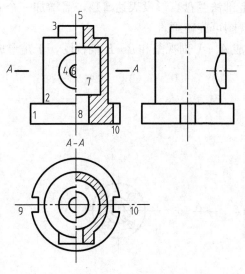

图 4-68　机件的视图

2. 进行形体分析

（1）按投影规律，划出线框分部分，可得 10 个基本组成部分，如图 4-68、图 4-72 和图 4-73 中的数字所示。

（2）分块细想识形体。

第 1 部分：图 4-69（a）所示的三视图，表示的是一个如图 4-69（b）所示的带方形切口（第 9、10 部分）的圆柱体底板（第 1 部分）。

机件的第 2、3 部分分别见图 4-70、图 4-71。第 5～8 部分都是圆柱体，属于内部结构。

3. 综合想象整体形状

通过以上分析，综合想象整体形状，如图 4-72 所示机件的轴测图。

图 4-68 所示表达方案是按图 4-73 的剖切位置画出来的。

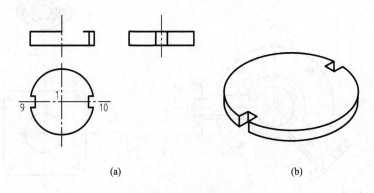

（a）　　　　　　　　　　　　　（b）

图 4-69　机件的第 1 部分
(a) 三视图；(b) 轴测图

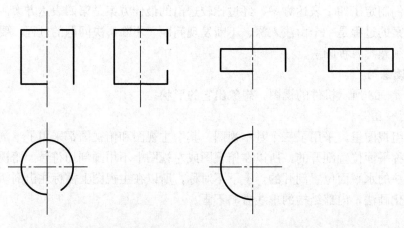

图 4-70　机件的第 2 部分　　　　图 4-71　机件的第 3 部分

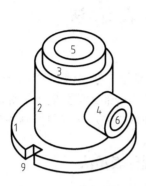

图 4－72 机件的轴测图　　　　　图 4－73 机件的剖切

本 章 小 结

（1）本章讲述了视图、剖视、断面、局部放大图和简化画法等国家标准规定的画法。

（2）能说出基本视图、辅助视图的形成、画法及标记。

（3）能说出剖视的概念、种类、画法、标记及各种剖视的应用条件。

（4）能画出各种剖视图并进行标记。

（5）能说出断面的种类、画法及标记，能画出断面图并进行标记。

（6）能说出讲述过的几种简化画法及标记。

（7）培养空间想象力和局部与全体的认识问题、分析研究问题的观点方法，培养不怕苦不怕烦、耐心细致的学风。

（8）在三视图的基础上扩展为六个基本视图和三种辅助视图，要理解它们的概念和作用。

（9）剖视图的基本概念，重点放在"剖"字上。理解为什么要剖、用什么剖、在什么部位剖。全剖视图主要用于表达外形简单的机件的内形。半剖视图用于表达对称机件和基本对称机件的内外形状。局部剖视图使用较灵活，形体结构特征不同，采用的画法也不同。要多看实例并做练习题，联系视图的种类和作用，逐步学会综合运用表达方法的本领。

（10）视图、剖视图和断面图的标注较为烦琐，首先了解标注的意义和标注的全部内容，再考虑省略标注的规定。

（11）其他表达方法的规定比较多，教材上只能介绍部分内容，可多看几遍图例，留下初步印象，遇到画图需要时，再去查阅详细的规定。

总之，本章的主要任务是在过去几章的基础上，进一步发展空间想象力，扩展表达手段，要结合实例多看、多画、多想，掌握每一种方法的特点和作用。

第五章　常用零件表示法

螺纹紧固件（螺钉、螺栓、螺柱、螺母、垫圈）、齿轮、键、销、弹簧和轴承等零件称为常用零件。国家标准对这些零件的结构形状和尺寸规格全部或部分实行了标准化。按标准化生产的零件称之为标准件。本章将介绍这些标准件的规定表示法（包括画法和标注法）。

第一节　螺纹及螺纹紧固件表示法

螺纹是零件上常见的一种结构，主要用于紧固连接零件、连接管路及传递运动和动力。GB/T 4459.1—1995《机械制图—螺纹及螺纹紧固件表示法》规定了螺纹的画法和标注法。

一、螺纹的基本知识

1. 螺纹的形成与加工

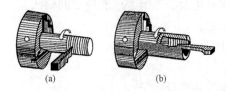

图 5-1　内外螺纹的形成
(a) 外螺纹；(b) 内螺纹

把圆柱体或圆锥体工件夹持在车床上绕轴作等速圆周运动，使刀尖与工件表面接触并切入工件一定的深度，沿着轴线作等速直线运动（见图 5-1），即可车制成具有相同断面的连续凸起和凹槽，这种结构称为螺纹。其中凸起部分称为牙，其结构形状称为牙型，其顶端称为牙顶，凹槽部分的底部称为牙底，如图 5-2 所示。

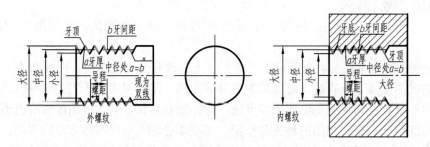

图 5-2　螺纹的要素及名称代号
a—牙的厚度；b—牙间距

螺纹可分为外螺纹和内螺纹。其中，在圆柱或圆锥外表面上加工的螺纹称为外螺纹，如图 5-1 (a) 所示；在圆柱或圆锥内表面上加工的螺纹称为内螺纹，如图 5-1 (b) 所示。

2. 螺纹的要素

螺纹的牙型、直径、螺距、线数和旋向构成了螺纹的五要素。

(1) 螺纹直径。螺纹的各种直径和代号如图 5-2 所示。

螺纹大径——和外螺纹牙顶或内螺纹牙底相重合的假想圆柱或圆锥面的直径，内、外螺纹的大径分别用 D 和 d 表示。

　　螺纹小径——和外螺纹牙底或内螺纹牙顶相重合的假想圆柱或圆锥面的直径，内、外螺纹的小径分别用 D_1 和 d_1 表示。

　　螺纹中径——在螺纹大径与小径之间，且母线通过牙型上沟槽和凸起宽度相等处的假想圆柱或圆锥面的直径，内、外螺纹的中径分别用 D_2 和 d_2 表示。

　　公称直径——螺纹的规格尺寸，是螺纹、螺纹紧固件绘制和识图的重要尺寸。对于普通螺纹、梯形螺纹和锯齿形螺纹，公称直径一般是指螺纹大径的基本尺寸。在普通螺纹标准中，这一直径又称为基本大径。对于管螺纹，公称直径则近似等于管子的孔径，且单位为 in（英寸），根据螺纹标准查表即可确定螺纹的大径、小径等规格尺寸。

　　（2）螺纹牙型——沿螺纹轴线剖切所获得的螺纹剖面的形状，常见的牙型有三角形、梯形和锯齿形。其螺纹类别、特征代号、国标编号及牙型见表 5 - 1。

　　（3）螺纹线数。

　　螺纹线数——螺纹的螺旋线条数，用 n 表示。

　　单线螺纹——沿一条螺旋线形成的螺纹。

　　多线螺纹——沿两条或两条以上并在轴向等距分布的螺旋线形成的螺纹。

　　（4）螺距和导程。

　　螺距——在中径线上，相邻两牙对应点的轴向距离，用 P 表示。

　　导程——在中径线上，同一螺旋线的相邻两牙对应点的轴向距离，用 Ph 表示。

　　螺纹的线数、螺距和导程之间的关系如图 5 - 3 所示。

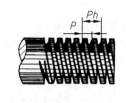

牙顶　牙底　　牙

图 5 - 3　螺纹的线数、螺距和导程

　　结论：单线螺纹，其导程 Ph＝螺距 P；多线螺纹，其导程 Ph＝螺距 P×线数 n。

　　（5）螺纹的旋向——旋进时螺纹的旋转方向，分为右旋和左旋两种。顺时针方向旋进的螺纹称为右旋螺纹，逆时针旋进的螺纹称为左旋螺纹，如图 5 - 4 所示。

　　螺纹直径、牙型、螺距三项要素都符合国标规定的螺纹称为标准螺纹；牙型符合国标规定，其他要素都不符合国标规定的螺纹称为特殊螺纹；只要牙型不符合国家标准规定的螺纹就称为非标准螺纹。

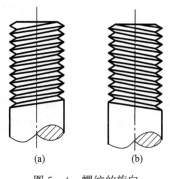

（a）　　　　（b）

图 5 - 4　螺纹的旋向
（a）右旋；（b）左旋

二、螺纹的画法

1. 外螺纹的画法

　　外螺纹一般按不剖绘制，如图 5 - 5 所示。需要剖切时，其画法如图 5 - 6 所示。

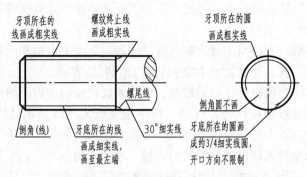

图 5-5 外螺纹不剖切时的画法

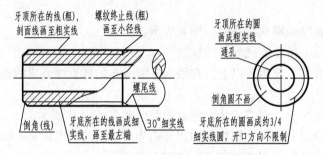

图 5-6 外螺纹剖切时的画法

2. 内螺纹的画法

内螺纹通常采用剖视绘制，如图 5-7（a）所示。不可见螺纹的所有图线均用虚线绘制，如图 5-7（b）所示。

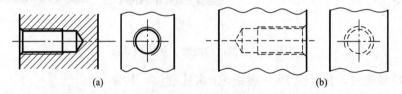

图 5-7 内螺纹的画法

（a）剖切时的画法；（b）不剖切时的画法

注意：绘制不穿通的螺孔时，一般应将钻孔深度与螺纹深度分别绘制，且孔底部的圆锥孔的锥角必须画成 120°，如图 5-7 所示。

3. 内、外螺纹的连接画法

以剖视图表示内、外螺纹的连接时，其旋合部分应按外螺纹的画法绘制，其余部分仍按各自的画法表示，其五要素还必须相等，表现为表示螺纹大径、小径的粗实线和细实线必须分别对齐，且内螺纹的小径与螺杆的倒角无关，如图 5-8 所示。

三、螺纹的标记

螺纹的牙型是用两条图线特殊地表示出来的，螺纹的牙型及各部分的尺寸和精度要求无法在这种图形上一一标注。为此，国家标准规定了用螺纹的标记表示螺纹的设计要求。表 5-1 列出了常用标准螺纹的标记规定。

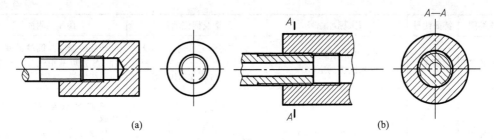

图 5-8 内、外螺纹的连接画法

（a）不剖时的连接画法；（b）剖视图时的连接画法

表 5-1　　　　　　　　　　　　　　　　标准螺纹的类别与标记

螺纹类别	特征代号	国家标准编号	牙型及标记示例	用途及附注
普通螺纹	M	GB/T 197—2003《普通螺纹　公差》	M8×1—LH M8 M16×Ph6P2—5g6g—L 螺纹副标记示例： M20—6H/5g6g M6	连接零件。 粗牙不注螺距，左旋时尾加"—LH"；中等公差精度（如6H、6g）不注公差带代号；中等旋合长度不注 N（下同）；多线时注出 Ph（导程）、P（螺距）
梯形螺纹	Tr	GB/T 5796.4—2005《梯形螺纹　第4部分：公差》	Tr40×7—7H Tr40×14（P7）LH—7e 螺纹副标记示例： Tr36×6—7H/7e	双向传递运动和动力
锯齿形螺纹	B	GB/T 13576.1～4—2008《锯齿形（3°、30°）螺纹》	B40×7—7a B40×14（P7）LH—8c—L 螺纹副标记示例： B40×7—7A/7e	单向传递动力
小螺纹	S	GB/T 15054.4—1994《小螺纹　公差》	S0.8—4H5 S1.2LH5H3 螺纹副标记示例： S0.9LH—4H5/5h3	标记中末位的5和3为顶径公差等级，顶径公差带位置仅一种，故只注等级，不注位置
米制螺纹	ZM	GB/T 1415—2008《米制密封螺纹》	ZM10 ZM10×1 GB/T 1415 ZM10—S	
			螺纹副标记示例： ZM10/ZM10	圆锥内螺纹与圆锥外螺纹配合

续表

螺纹类别		特征代号	国家标准编号	牙型及标记示例	用途及附注
米制螺纹		ZM	GB/T 1415—2008《米制密封螺纹》	螺纹副标记示例: ZM10×1 GB/T 1415/ZM10—S	圆柱内螺纹与圆柱外螺纹配合,S为短基距代号,标准基距不注代号
55°非密封管螺纹		G	GB/T 7307—2001《55°非密封管螺纹》	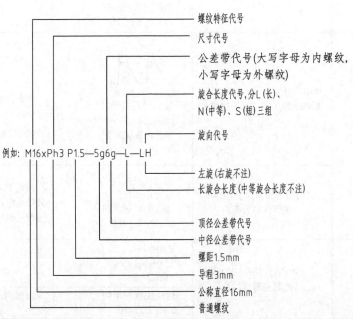 55° G11/2A G1/2—LH	连接非螺纹密封的低压管路。 外螺纹公差等级分A级和B级两种;内螺纹公差等级只要一种。表示螺纹副时,仅需标注外螺纹的标记
55°密封管螺纹	圆柱内螺纹	Rp	GB/T 7306.1—2000《55°密封管螺纹 第1部分:圆柱内螺纹与圆锥外螺纹》 GB/T 7306.2—2000《55°密封管螺纹 第2部分:圆锥内螺纹与圆锥外螺纹》	R13 R23/4 Rc11/2—LH Rp1/2 螺纹副标记示例: Rc/R23/4 Rp/R13	连接螺纹密封的中、高压管路。 R1:表示与圆柱内螺纹相配合的圆锥外螺纹。 R2:表示与圆锥内螺纹相配合的圆锥外螺纹。 内外螺纹均只有一种公差带,故省略不注,表示螺纹副时,尺寸代号只注写一次
	圆锥内螺纹	Rc			
	圆锥外螺纹	R (R1、R2)			
60°密封管螺纹(内、外)	圆柱内螺纹	NPSC	GB/T 12716—2011《60°密封管螺纹》	60° NPSC3/4 NPT6	连接螺纹。 密封的中、高压管路左旋时尾加"—LH"
	圆锥管螺纹	NPT			

1. 普通螺纹的标记

普通螺纹的完整标记由螺纹特征代号、尺寸代号、公差带代号、旋合长度代号和旋向代号组成。

例如: M16×Ph3 P1.5—5g6g—L—LH

- 螺纹特征代号
- 尺寸代号
- 公差带代号(大写字母为内螺纹,小写字母为外螺纹)
- 旋合长度代号,分L(长)、N(中等)、S(短)三组
- 旋向代号
- 左旋(右旋不注)
- 长旋合长度(中等旋合长度不注)
- 顶径公差带代号
- 中径公差带代号
- 螺距1.5mm
- 导程3mm
- 公称直径16mm
- 普通螺纹

　　遇到以下情况，其标记可以简化：

　　（1）单线螺纹的尺寸代号为"公称直径×螺距"，此时可不必注写"Ph"和"P"字样。

　　（2）普通螺纹又分为粗牙和细牙两种。粗牙普通螺纹的螺距只有一个，细牙普通螺纹的螺距有好几个。如 M10 的粗牙普通螺纹，螺距只有 1.5 一种，细牙的螺距有 1.25、1、0.75、（0.5）四种。粗牙普通螺纹不注螺距，细牙普通螺纹必须注螺距（见附表 1）。

　　（3）中径公差带代号与顶径公差带代号相同时，只注写一个公差带代号。

　　（4）最常用的中等公差精度螺纹（公称直径≤1.4mm 的 5H、6h 和公称直径≥1.6mm 的 6H、6g）不标注公差带代号。

　　（5）当需要表明螺纹线数时，应包括线数的说明，如 M16×Ph3P1.5。

　　例如，公称直径为 8mm，细牙，螺距为 1mm，中径公差带代号与顶径公差带代号均为 6H 的单线右旋普通螺纹，其标记为 M8×1；当该螺纹为粗牙（$P=1.25$mm）时，则标记为 M8。

　　普通螺纹的上述简化标记规定同样适用于内、外螺纹配合（螺纹副）的标记。

　　例如，公称直径为 8mm 的粗牙普通螺纹，内螺纹公差带代号为 6H，外螺纹公差带代号为 6g，则其螺纹副标记可简化为 M8；当内、外螺纹的公差带代号并非同为中等公差精度时，则应同时注出公差带代号，并用斜线隔开两代号，如 M20—6H/5g。

　　2. 管螺纹的标记

　　参见表 5-1 中的示例和附注。前五种螺纹是米制螺纹，公称直径单位为 mm。后三种螺纹来源于英制，在向米制转化时，其数字（如 3/4、1/2）被保留了下来，去掉了表示 in（英寸）的两撇，但没将其数值换算成 mm。所以管螺纹中的尺寸代号只是一个无单位的、定性地表征螺纹大小的尺寸代号。

　　3. 螺纹副的标记

　　五个要素都相同的相互旋合的内、外螺纹组成一螺纹副，其标记表示为：将内、外螺纹公差带代号用斜线分开，内螺纹的公差带代号写在斜线的左边，外螺纹的公差带代号写在斜线的右边。

　　标注公称直径以 mm 为单位的螺纹，即普通螺纹、梯形螺纹和锯齿形螺纹等，其标记必须直接标注在螺纹大径的尺寸线上或尺寸线的引出线上。

　　标注管螺纹时，采用指引线的形式，即其标记一律标注在引出线上，而该引出线必须由管螺纹的螺纹大径或管螺纹的对称中心线引出。

　　四、螺纹标记的标注

　　根据螺纹的标记，按照规定形式进行标注。标准螺纹的标注示例见表 5-2。

表 5-2　　　　　　　　　　　　　　　　　**螺纹的标记的标注**

螺纹类别	标记示例	标注图例	标记说明
普通螺纹	M16—5g6g	M16—5g6g	普通粗牙外螺纹 省略标注螺距尺寸 省略标注右旋代号 省略标注旋合长度代号"N" 中、顶径公差带不相同，分别标注 5g 和 6g

续表

螺纹类别	标记示例	标注图例	标记说明
普通螺纹	M12×1.5LH—6H	M12×1.5LH—6H	普通细牙内螺纹 螺距为 1.5mm 标注左旋代号 LH 省略标注旋合长度代号"N" 中、顶径公差带相同，只标注一个代号 6H
梯形螺纹	Tr48×7—6H—L	Tr48×7—6H—L	梯形单线内螺纹 螺距为 7mm 中径公差带代号为 6H 旋合长度代号为 L
梯形螺纹	Tr48×14（P7）—6e	M48×14(P7)—6e	梯形双线外螺纹 螺距为 7mm 导程为 14mm 中径公差带代号为 6e 旋合长度代号为"N"
锯齿形螺纹	B40×7—7c	M40×7—7c	锯齿形外螺纹 螺距为 7mm 旋合长度代号为"N" 中径公差带代号为 6c
管螺纹	G1/2A—LH	G1/2A—LH	非螺纹密封的外管螺纹 中径的公差等级为 A 级 旋向为左旋，符号为 LH
管螺纹	Rc1/2	Rc1/2	用螺纹密封的圆锥内螺纹 旋向为右旋
螺纹副	M16×1.5LH—6H/7g	M16×1.5LH—6H/7g	内螺纹：M16×1.5LH—6H 外螺纹：M16×1.5LH—7g

五、螺纹紧固件的表示法

专门用于连接的带有螺纹的零件即为螺纹紧固件，如螺栓、螺钉、螺柱、螺母和垫圈等就是常用的螺纹紧固件，国家标准对其画法和标记进行了统一规定，根据各种螺纹紧固件的标记，就能从相应的国家标准中查出其有关的结构形式和尺寸数字。

1. 标记

螺纹紧固件的完整的标记形式如下：

从左向右依次表示为：标准编号、螺纹规格或公称尺寸、其他直径或特征（必要时）、公称长度（必要时）、螺纹长度或杆长、产品类型（必要时）、性能等级或硬度或材料、产品等级（必要时）、扳拧形式（必要时）、表面处理（必要时）。

一般情况下，主要标注名称、标准编号、规格尺寸。常用的螺纹紧固件的标记见表 5-3。

表 5-3　　　　　　　　　　**常用的螺纹紧固件的标记和简图**

名　称		标记示例及说明	简图示例
螺栓		螺栓 GB/T 5782—2000　M12×45 A 级六角头螺栓 螺纹规格 d=M12，公称长度 L=45mm	
双头螺柱		螺柱 GB/T 898—2000　M12×40 B 型双头螺柱 螺纹规格 d=M12，公称长度 L=40mm	
螺钉	连接螺钉	螺钉 GB/T 65—2000　M10×45 开槽圆柱头螺钉 螺纹规格 d=M10，公称长度 L=45mm	
	紧定螺钉	螺钉 GB/T 71—2000　M5×20 开槽锥端紧定螺钉 螺纹规格 d=M5，公称长度 L=20mm	
螺母		螺母 GB/T 6170—2000　M12 A 级 I 型六角头螺母 螺纹规格 D=M12	
垫圈	平垫圈	垫圈 GB/T 97.1—2000　12 A 级平垫圈 公称尺寸（螺纹规格，即与之配套使用的螺纹的公称尺寸）d=12mm	
	弹簧垫圈	垫圈 GB/T 93—2000　12 标准型弹簧垫圈 公称尺寸（螺纹大径）d=12mm	

2. 画法

绘制螺纹紧固件的方法有查表法和比例法。

查表法：根据螺纹紧固件的标记从相应的国标中查出与其有关的结构形状和具体尺寸进行绘图。

比例法：以螺纹紧固件上螺纹的公称尺寸为基准，其余部分结构尺寸按与公称尺寸成一定比例关系进行绘图。在实际绘图中，通常采用比例法绘图。六角头螺栓、六角螺母和垫圈的比例画法见表 5 - 4。

表 5 - 4　　　　　　　　　　　　六角头螺栓、六角螺母和平垫圈的比例画法

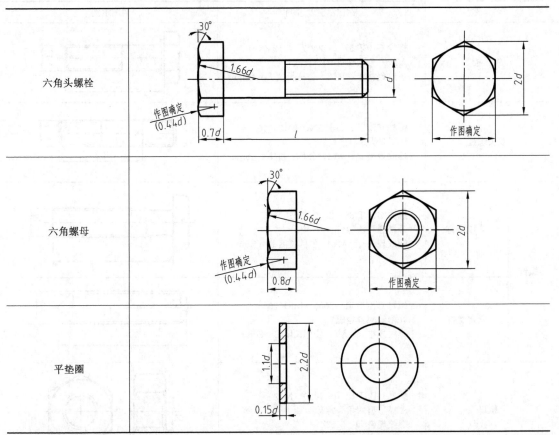

注　d 为螺栓直径。

注意：不可以按比例绘图计算的尺寸作为螺纹紧固件的尺寸进行标注。

3. 六角头的画法

（1）如图 5 - 9 所示，从左视图上各交点、切点向主视图作高平齐的线，得 A、C、O、G 点。从 A 点作 AB 线，AB 线与 AG 线成 30°。过 B 点作 HE 的平行线，得 D、F 点。C 点为双曲线的最高点，D 点和 B 点为双曲线的最低点。

（2）如图 5 - 10 所示，过 D、C、B 三点作圆弧。同法，对称作出下面的小圆弧。小圆弧的半径 r 约等于 $0.44d$（$0.4427d$）。

（3）如图 5 - 11 所示，过 D、O、F 三点作大圆弧，大圆弧的半径 R 约等于 $1.66d$（$1.6547d$）。

（4）如图 5-12 所示，先从主视图上量取 GB，在俯视图上得 B 点，再用三点法作圆弧。圆弧的半径 R_1 约等于 $1.25d$。

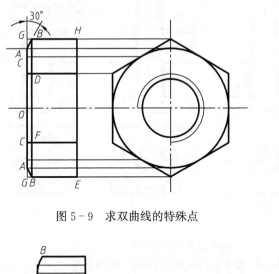

图 5-9　求双曲线的特殊点

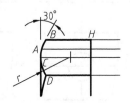

图 5-10　画小圆弧

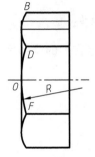

图 5-11　画大圆弧

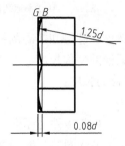

图 5-12　俯视图

六、螺纹紧固件的连接图画法

螺纹紧固件连接的基本形式有螺栓连接、双头螺柱连接和螺钉连接。

1. 绘制螺纹紧固件连接图的基本规定

（1）两零件的接触面只能绘制一条线，而不接触面必须绘制两条线。

（2）相邻两金属零件的剖面线应该不同（方向相反或间隔不等），而同一零件在同一图样的各个视图中的剖面线方向和间隔必须一致。

（3）在剖视图中，当剖切平面通过螺杆的轴线时，螺纹紧固件（螺栓、螺柱、螺钉、螺母和垫圈等）均按不剖绘制。

（4）螺纹紧固件的工艺结构（倒角、凸肩、退刀槽和缩颈等）均可以省略不画。

（5）不穿通的螺纹孔可以按其有效螺纹部分的深度绘制，不必绘制其钻孔深度。

2. 螺栓连接图的画法

螺栓连接常用的紧固件有螺栓、螺母和垫圈。其连接方式是将螺栓杆通过被连接两零件的通孔，套垫圈，拧紧螺母从而连接两零件。

在工程上，螺栓连接主要用于两被连接件都不太厚、便于加工成通孔且连接力要求较大的情况。

螺栓连接的绘图步骤（见图 5-13）如下：

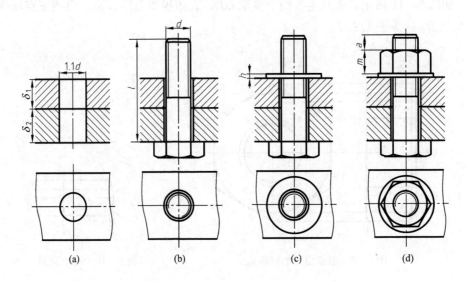

图 5-13　螺栓连接的绘图步骤

(a) 画通孔；(b) 穿螺栓；(c) 套垫圈；(d) 拧螺母

(1) 根据螺栓、螺母和垫圈的标记，查阅相应国家标准确定它们的全部尺寸。

(2) 确定螺栓的公称长度。

1) 估算螺栓的长度：

$$L \geqslant \delta_1 + \delta_2 + h + m + a$$

式中　　δ_1、δ_2——被连接件的厚度；

　　　　h——平垫圈的厚度，查阅附表 9 确定；

　　　　m——螺母的厚度，查阅附表 5 确定；

　　　　a——螺栓末端超出螺母的长度，一般其值为 (0.3～0.5) d。

2) 根据螺栓长度的估算值，查阅螺栓标准（见附表 4），在其公称长度系列中选取一个与之相近的标准值。

(3) 已知图 5-13 (a) 所示的被连接件的通孔 ($d_0 \approx 1.1d$)，将螺栓杆穿过该通孔，如图 5-13 (b) 所示。

(4) 套上垫圈，如图 5-13 (c) 所示。

(5) 拧紧螺母，如图 5-13 (d) 所示。螺栓、垫圈、螺母均按不剖绘制。

3. 双头螺柱连接图画法

双头螺柱连接常用的紧固件有双头螺柱、垫圈和螺母。其连接方式是将双头螺柱的旋入端（b_m 端）旋入一被连接零件不穿通的螺孔，而将其紧固端（b 端）通过另一被连接零件的通孔，套上垫圈，拧紧螺母从而连接两零件。

在工程上，双头螺柱连接常用在被连接零件之一较厚、不允许加工成通孔，且要求连接力较大的场合。

双头螺柱连接的绘图步骤（见图 5-14）如下：

(1) 根据双头螺柱、螺母和垫圈的标记，查阅相应国家标准确定它们的全部尺寸。

(2) 确定双头螺柱的公称长度。

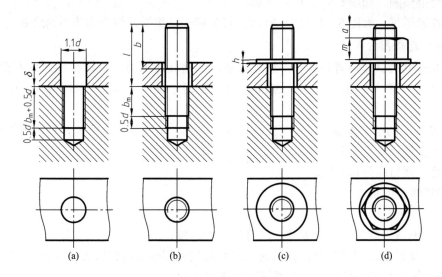

图 5-14　双头螺柱连接的绘图步骤
(a) 画通孔和螺孔；(b) 旋入双头螺柱；(c) 套垫圈；(d) 拧螺母

1）估算双头螺柱的长度：

$$L \geqslant \delta + h + m + a$$

式中　δ——制成通孔的被连接零件（较薄件）的厚度；

　　　h——垫圈的厚度，查阅附表确定；

　　　m——螺母的厚度，查阅附表确定；

　　　a——双头螺柱末端超出螺母的长度，一般其值为 $(0.3 \sim 0.5)d$。

2）根据双头螺柱长度的估算值，查阅双头螺柱标准（见附表6），在其公称长度系列中选取一个与之相近的标准值。

（3）在较薄的被连接零件上加工通孔（$d_0 \approx 1.1d$），在较厚的被连接零件上加工不穿通的螺孔，一般钻孔深度应比螺孔深度约多 $0.5d$，如图 5-13（a）所示。

（4）将双头螺柱的旋入机体端（b_m 端）全部旋入一被连接零件（厚件）的螺孔内。绘图表现为旋入机体端的螺纹终止线必须与此连接件的上端面平齐，如图 5-14（b）所示。

旋入机体端的长度 b_m 值的选取与被旋入零件的材料有关，应当根据带螺孔零件的材料选择双头螺柱旋入机体端的长度，见表 5-5。

表 5-5　　　　　　　　　双头螺柱的旋入端长度 b_m 的参考值

被旋入零件的材料	旋入端长度 b_m	国家标准编号
钢、青铜	$b_m = 1d$	GB/T 897—1988《双头螺柱 $b_m = 1d$》
铸　铁	$b_m = 1.25d$	GB/T 898—1988《双头螺柱 $b_m = 1.25d$》
铸铁、铝合金	$b_m = 1.5d$	GB/T 899—1988《双头螺柱 $b_m = 1.5d$》
铝合金	$b_m = 2d$	GB/T 900—1988《双头螺柱 $b_m = 2d$》

（5）紧固端（b 端）通过另一被连接零件（薄件）的通孔，紧固端（b 端）的螺纹终止线画在通孔的中部，如图 5-14（b）所示。

（6）套上垫圈，如图 5-14（c）所示。

（7）拧紧螺母，如图 5-14（d）所示。双头螺柱、垫圈、螺母均按不剖绘制。

4. 螺钉连接图的画法

螺钉的连接方式是将螺钉穿过一被连接零件的通孔旋入另一被连接零件的不穿通螺孔，从而拧紧连接两零件。在工程上，螺钉连接一般用于受力不大、不常拆卸的零件之间的连接。

螺钉连接图的绘图步骤。以开槽圆柱头螺钉为例，如图 5-15 所示，具体步骤如下：

（1）根据设计确定螺钉的名称、标准编号和规格尺寸。

（2）确定螺钉的公称长度。

1）估算螺钉的长度：

$$L \approx \delta + b_{\mathrm{m}}$$

式中　δ——制成通孔的被连接零件（较薄件）的厚度；

b_{m}——螺钉旋入端的长度，其值的选取与被旋入零件的材料有关（见表 5-6）。

2）根据螺钉长度的估算值，查阅螺钉标准（见附表 7），在其公称长度系列中选取一个与之相近的标准值。

（3）在较薄的被连接零件上加工通孔（$d_0 \approx 1.1d$）；在较厚的被连接零件上加工不穿通的螺孔，一般钻孔深度应比螺孔深度约多 $0.5d$，如图 5-15（a）所示。

（4）旋入、拧紧螺钉。按比例绘图。螺钉的螺纹终止线应高于螺纹孔的端面，如图 5-15（b）所示。

5. 紧定螺钉的连接方法

在工程上，螺钉一般用于固定两零件的相对位置，防止零件产生相对运动。其画法如图 5-16 所示。

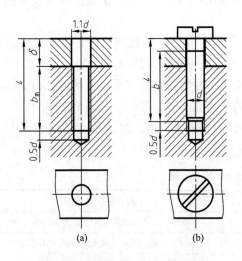

图 5-15　螺钉连接图的绘图步骤
（a）画通孔和螺孔；（b）旋入螺钉

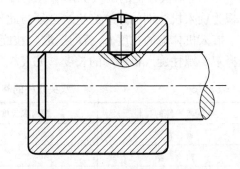

图 5-16　紧定螺钉的连接画法

七、简化画法

1. 螺纹紧固件的简化画法

在装配图中，常用螺栓、螺钉的头部和螺母等可以采用简化画法。部分简化画法示例见表 5-6。

表 5-6　　　　　　　　　**螺栓、螺钉的头部和螺母简化画法示例**

名称	简化画法
六角头螺栓	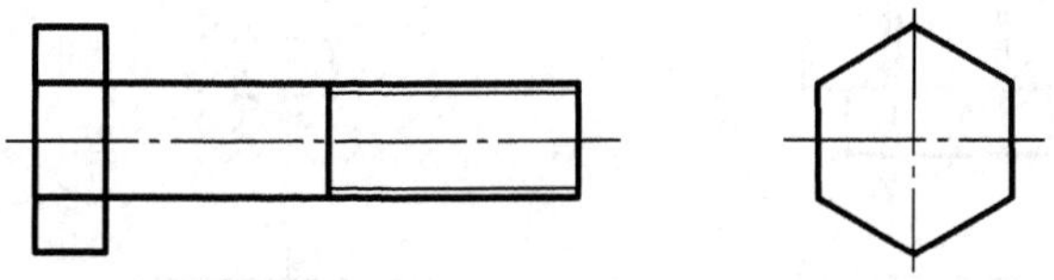
方头螺栓	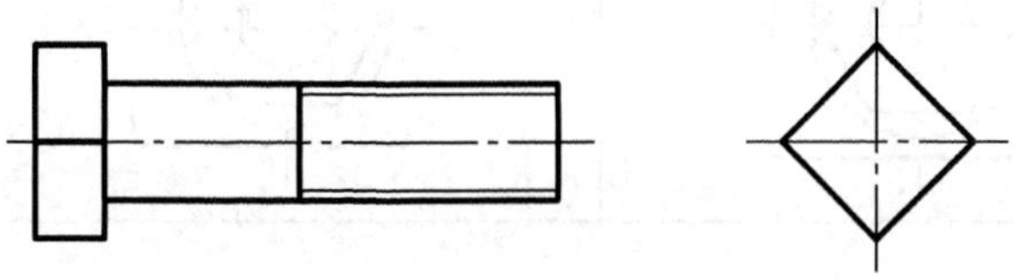
开槽圆柱头螺钉	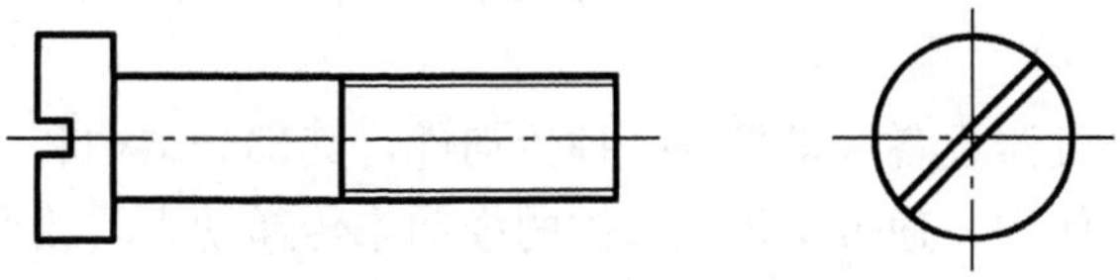
沉头开槽螺钉	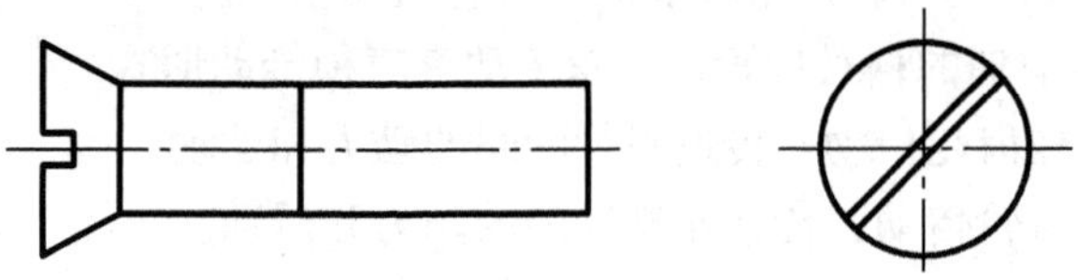
六角螺母	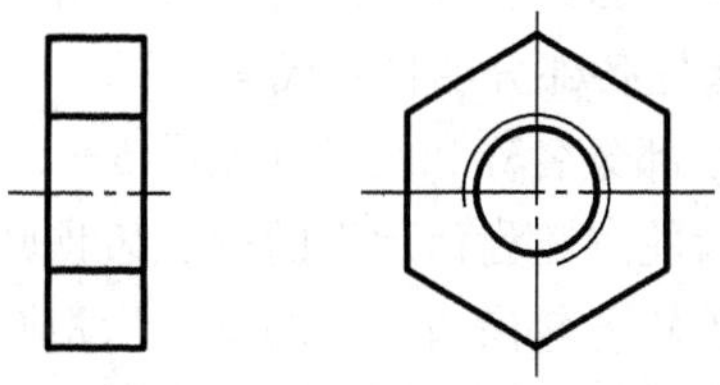

2. 螺纹紧固件连接的简化画法

在装配图中，螺纹紧固件连接允许按简化画法绘制，即螺纹紧固件的工艺结构（如倒角、凸肩、缩颈和退刀槽等）均可省略不画；不穿通的螺纹孔可以不画出其钻孔深度，只按有效螺纹部分的深度（不包括螺尾）绘制，见表 5-7。

表 5-7	螺纹紧固件连接的简化画法示例	
螺栓连接	双头螺柱连接	螺钉连接

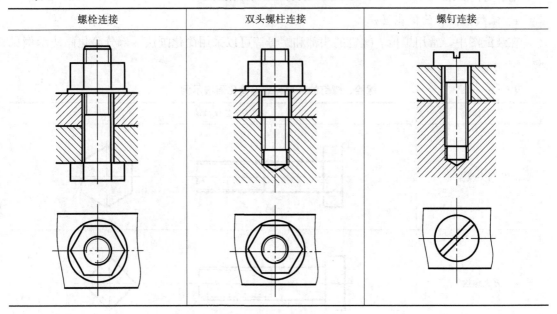

第二节 齿 轮 表 示 法

齿轮是机器设备中常见的一种传动件，其部分结构和尺寸已经标准化。在工作时，齿轮通常是成对使用，通过两齿轮齿侧的推动来传递动力，改变转动速度和运动方向。

齿轮按用途可以分为圆柱齿轮、锥齿轮和蜗轮蜗杆。圆柱齿轮按轮齿齿线方向可以分为直齿圆柱齿轮、斜齿圆柱齿轮和人字齿圆柱齿轮。

根据传动轴的相对位置，齿轮传动有三种传动形式：

（1）圆柱齿轮传动：传递平行轴间的动力和运动。

（2）锥齿轮传动：传递相交轴间的动力和运动。

（3）蜗轮蜗杆传动：传递交叉轴间的动力和运动。

本节将介绍标准直齿圆柱齿轮的各部分名称、尺寸关系和规定画法。

一、直齿圆柱齿轮各部分名称和代号

直齿圆柱齿轮各部分名称和代号（见图 5-17）如下：

齿顶圆：通过齿轮各轮齿齿顶端的圆。齿顶圆直径用 d_a 表示。

齿根圆：通过齿轮各轮齿齿根部的圆。齿根圆直径用 d_f 表示。

分度圆：位于齿顶圆和齿根圆之间、齿厚 s 与齿槽宽 e 相等的假想圆。分度圆是分度和确定轮齿尺寸的基准圆，其直径用 d 表示。

齿厚：在分度圆上，每个轮齿两侧齿廓之间的弧长。齿厚用 s 表示。

齿槽宽：在分度圆上，两相邻轮齿齿廓之间的弧长。齿槽宽用 e 表示。

齿根高：分度圆与齿根圆的径向距离。齿根高用 h_f 表示。

齿顶高：分度圆与齿顶圆的径向距离。齿顶高用 h_a 表示。

齿高：齿顶圆与齿根圆的径向距离。齿高用 h 表示，$h = h_a + h_f$。

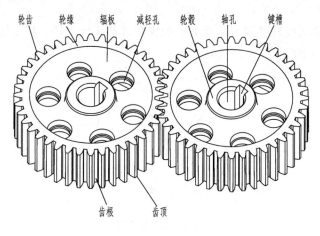

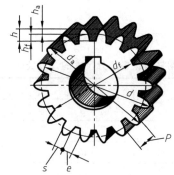

图 5-17 直齿圆柱齿轮各部分名称和代号

齿距：在分度圆上，相邻轮齿同侧轮廓的对应点的弧长。齿距用 P 表示，$P=s+e$。

二、基本参数

1. 齿数

齿数是指齿轮上轮齿的个数，用 Z 表示。

2. 模数

$$分度圆周长=\pi \times d=Z \times P$$

$$d=\frac{P}{\pi} \times Z$$

式中：$\dfrac{P}{\pi}$ 即称为齿轮的模数（mm），用 m 表示，$d=m \times Z$。

模数是齿轮设计计算和制造的重要参数，国家标准对模数进行了统一规定，标准模数系列见表 5-8。

表 5-8   **齿 轮 标 准 模 数 系 列**

第一系列	0.1、0.2、0.25、0.3、0.4、0.5、0.6、0.8、1、1.25、1.5、2、2.5、3、4、5、6、8、10、12、16、20、25、32、40、50
第二系列	0.35、0.7、0.9、1.75、2.25、2.75、（3.25）、3.5、（3.75）、4.5、5.5、（6.5）、7、9、（11）、14、18、22、28、36、45

注   优先选用第一系列，尽可能不选用括号内的模数值。

3. 压力角

啮合点的齿廓公法线和其瞬时运动方向的夹角，称为压力角，用 α 表示。标准渐开线齿廓的齿轮的压力角为20°，见图5-18。

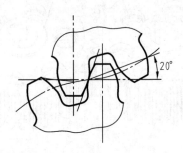

图5-18 压力角

三、尺寸关系

标准直齿圆柱齿轮各部分尺寸的计算公式见表5-9。

表5-9 标准直齿圆柱齿轮各部分尺寸的计算公式

基本参数	名称	代号	尺寸计算公式
模数 m 齿数 Z 压力角20°	分度圆直径	d	$d = m \times Z$
	齿顶圆直径	d_a	$d_a = m \times (Z+2)$
	齿根圆直径	d_f	$d_f = m \times (Z-2.5)$
	齿顶高	h_a	$h_a = m$
	齿根高	h_f	$h_f = 1.25m$
	齿高	h	$h = h_a + h_f = 2.25m$
	啮合两齿轮的中心距	a	$a = \dfrac{d_1 + d_2}{2} = \dfrac{m(Z_1 + Z_2)}{2}$

四、齿轮的规定画法（GB/T 4459.2—2003《机械制图 齿轮表示法》）

1. 单个圆柱齿轮的画法

（1）齿轮的齿顶圆和齿顶线用粗实线绘制，如图5-19所示。

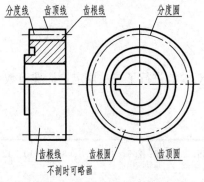

图5-19 单个齿轮的画法

（2）齿轮的分度圆和分度线用细点画线绘制。

（3）齿轮的齿根圆和齿根线用细实线绘制，也可省略不画；在剖视图中，齿根线用粗实线绘制。

（4）在齿轮的剖视图中，剖切平面通过齿轮的轴线时，轮齿一律按不剖绘制，即轮齿部分不画剖面线，如图5-19所示。

（5）当需要表示齿线的特征时，可用三条与齿线方向一致的细实线表示（见图5-20），直齿则不需表示（见图5-19）。

（6）当需要表明齿形时，可以在图形中用粗实线画出一个或二个齿，或用适当比例的局部放大图表示，如图5-20、图5-21所示。

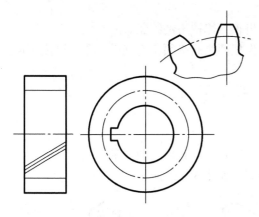
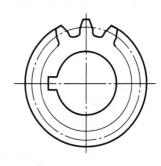

图 5 - 20　表明齿形和齿线的齿轮画法　　　　　图 5 - 21　表明齿形的圆柱齿轮画法

2. 圆柱齿轮啮合的画法

齿轮是成对使用的，啮合两齿轮的模数和压力角必须相等，而且在啮合两齿轮的连心线上存在一对线速度相等、相切的圆，此相切的两圆称为节圆。对于正确安装的标准齿轮，分度圆与节圆重合，节圆直径用 d 表示。

（1）在垂直于齿轮轴线的投影面（表现为圆的视图）中，两齿轮的分度圆（用细点画线绘制）相切，如图 5 - 22 所示；在啮合区的齿顶圆仍用粗实线绘制，如图 5 - 22（a）所示，也可以采用省略画法，如图 5 - 22（b）所示。

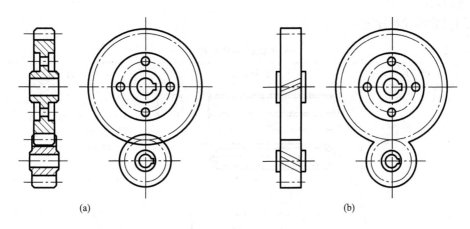

(a)　　　　　　　　　　　　　　　　　(b)

图 5 - 22　齿轮外啮合的画法
(a) 外啮合时的剖视画法；(b) 外啮合时的不剖视画法

（2）在平行于齿轮轴线的投影面（表现为非圆的视图）中，常绘制成剖视图。

在啮合区，两分度线重合，用细点画线绘制：剖切平面通过一个齿轮的轮齿轴线，用粗实线绘制该轮齿的齿顶线和齿根线；而另一齿轮的轮齿中齿顶线被遮挡用细虚线绘制，也可以省略不画，齿根线可见，画成粗实线。其绘制方法概括为"三实一虚一点画"，如图 5 - 22（a）所示。

在平行于齿轮轴线的投影面（表现为非圆的视图）中，当需要按不剖绘制时，在啮合区的齿顶线可以不必绘制，分度线用粗实线绘制；在非啮合区仍按单个齿轮的画法画。具体画法如图 5-22（b）所示。

当剖切平面不通过两啮合齿轮的轴线时，齿轮一律按不剖绘制。

注意：一个齿轮的齿顶圆与另一个齿轮的齿根圆之间必须留有间隙，不能画成相切。

第三节　键　表　示　法

一、键

键用于连接轴和轴上传动件（如齿轮、带轮等）以达到传递扭矩的作用。

常用的键有普通平键、半圆键、钩头楔键等，如图 5-23 所示。

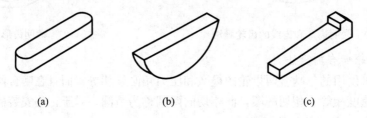

| (a) | (b) | (c) |

图 5-23　键

(a) 普通平键；(b) 半圆键；(c) 钩头楔键

键是标准件。键的结构和尺寸可以根据轴径在相应的国家标准中查阅。普通平键的结构和尺寸见附表 11。

常用键的形式和标记见表 5-10。

表 5-10　　　　　　　　　　　　常用键的形式和标记

名称	标准编号	结构简图	标记示例
普通平键	GB/T 1096—2003 《普通型　平键》	40　7　8	键 8×40（GB/T 1096—2003）圆头普通平键（A 型）$b=8mm$、$h=7mm$、$l=40mm$
半圆键	GB/T 1099.1—2003 《普通型　半圆键》	$d25$　6	键 6×25（GB/T 1099.1—2003）半圆键 $b=6mm$、$d=25mm$
钩头楔键	GB/T 1565—2003 《钩头型　楔键》	40　8	键 8×40（GB/T 1565—2003）钩头楔键 $b=8mm$、$l=40mm$

二、键连接

普通平键连接的绘图步骤（见图 5 - 24）如下：

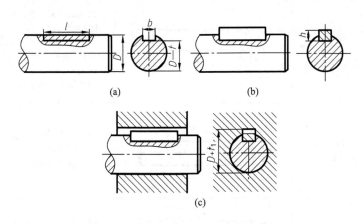

图 5 - 24　普通平键连接的绘图步骤
(a) 绘制带键槽的轴；(b) 加入键；(c) 完成键连接图

（1）绘制带键槽的轴，假定轴直径为 50mm，如图 5 - 24（a）所示。

（2）根据轴的直径确定键和键槽的尺寸。采用 GB/T 1095—2003《平键　键槽的剖面尺寸》，查附表 11，键的尺寸为 16mm×10mm，长度为 45～180mm，轴上键槽深度为 6.0mm，轮毂上键槽深度为 4.3mm。键的高度为 10mm，两键槽的深度之和为 10.3mm。

（3）将键放入轴的键槽内，如图 5 - 24（b）所示。

（4）将键和轴套进带键槽的轮孔中，键的上表面与轮毂上键槽底面之间有 0.3mm 的间距。如图 5 - 24（c）所示。

绘图时应注意：

（1）键连接的视图常采用局部剖视图和断面图。

（2）在剖视图中，当剖切平面沿键纵向剖切时，键作不剖处理，即不画剖面线。

（3）键的两侧面与键槽的两侧面紧密接触，为配合面（工作面），连接图上应绘制成一条线。键的上、下面为非工作面。键的下表面与轴上键槽底面接触，连接图上也应绘制成一条线。键的上表面与轮毂上键槽底面之间有间隙，连接图上应绘制成两条线。

第四节　销 的 表 示 法

一、销

销主要用于零件的连接、定位和锁定。

常用的销有圆柱销、圆锥销和开口销。其结构和尺寸可以在相应的标准中查阅，见附表。

常用销的形式和标记见表 5 - 11。

表 5 - 11 常用销的形式和标记

名称	标准编号	结构简图	标记示例
圆柱销	GB/T 119.1—2000 《圆柱销 不淬硬钢和奥氏体不锈钢》	20° c 30 c ⌀6	销 6m6×30—A1（GB/T 119.1—2000）圆柱销 公称直径 $d=6$mm、公称长度 $l=30$mm、公差为 m6、材料为 A1 组奥氏体不锈钢 公差带有 4 种：m6、h8、h11、U8
圆锥销	GB/T 117—2000 《圆锥销》	1:50 ⌀6 30	销 6×30（GB/T 117—2000）A 型圆锥销 公称直径 $d=6$mm、公称长度 $l=30$mm
开口销	GB/T 91—2000 《开口销》	45 ⌀5	销 5×50（GB/T 91—2000）开口销 公称规格为 5mm、公称长度 $l=50$mm

二、销连接

圆柱销连接的画法如图 5 - 25（a）所示。圆锥销连接的画法如图 5 - 25（b）所示。

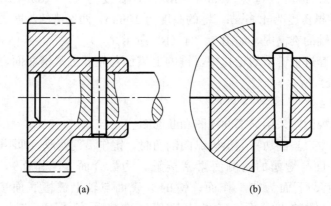

(a) (b)

图 5 - 25 销连接的画法

（a）圆柱销连接；（b）圆锥销连接

绘图时应注意：

（1）在剖视图中，当剖切平面沿销轴线剖切时，销作不剖处理，即不画剖面线。

（2）销连接后，销与销孔没有间隙，连接图上应绘制成一条线。

第五节 弹 簧 表 示 法

弹簧主要用于调节动力、缓冲减振、承受冲击、储存能量、夹紧、测力和控制机件的运动部位等。

弹簧的种类很多，有螺旋弹簧、板弹簧和涡卷弹簧等。最常用的是螺旋弹簧，而螺旋弹簧又分为扭转弹簧、拉伸弹簧和压缩弹簧，如图 5-26 所示。本节主要介绍圆柱螺旋压缩弹簧的画法。

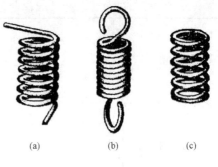

图 5-26　螺旋弹簧的种类
(a) 扭转弹簧；(b) 拉伸弹簧；(c) 压缩弹簧

一、圆柱螺旋弹簧的有关名称和相互尺寸关系

(1) 簧丝直径 d：制造弹簧的钢丝直径。

(2) 弹簧外径 D：弹簧的最大直径。

(3) 弹簧内径 D_1：弹簧的最小直径，$D_1 = D - 2d$。

(4) 弹簧中径 D_2：弹簧的平均直径，$D_2 = \dfrac{D+D_1}{2} = D_1 + d = D - d$。

(5) 节距 t：除两端的支撑圈外，螺旋弹簧相邻两圈截面中心线的轴向距离。

(6) 圈数。

1) 支撑圈数 n_z：为使压缩弹簧工作时受力均匀，保证中心轴线垂直于支撑面，在制造时将弹簧两端并紧且磨平。这种不起弹力作用，具有支撑作用的弹簧圈即为支撑圈。支撑圈有 1.5 圈、2 圈和 2.5 圈三种，大多数弹簧的支撑圈数 $n_z = 2.5$。

2) 有效圈数 n：保持节距相等（除支撑圈外）的圈数，是计算弹簧受力的主要依据。

3) 总圈数 n_1：支撑圈数与有效圈数的总和，即 $n_1 = n_z + n$。

(7) 自由高度 H_0：在没有外力作用（弹簧处于自由状态）时，弹簧的高度计算公式为

$$H_0 = nt + (n_z - 0.5)d$$

(8) 展开长度 L：弹簧钢丝展开的长度，即坯料的长度，计算公式为

$$L = n_1 \sqrt{(\pi D_2)^2 + t^2}$$

(9) 旋向：弹簧丝的螺旋方向，分为左旋和右旋两种。

二、标记

弹簧的完整标记由弹簧的名称、形式、尺寸、标准编号、材料牌号和表面处理几部分构成。

示例：簧丝直径为 6mm、弹簧中径为 26mm、自由高度为 72mm、自由高度和外径的精度为 2 级、碳素弹簧钢丝 B 级、表面镀锌处理、右旋的 YA 型的弹簧标记为：

YA6×26×72-2（GB/T 2889—1994）B 级—D—Z_N

三、圆柱螺旋弹簧的画法（GB/T 4459.4—2003《机械制图　弹簧表示法》）

(1) 在平行于螺旋弹簧轴线的投影面的视图中，其各圈的轮廓应绘制成直线。

(2) 螺旋弹簧均可画成右旋，对必须保证的旋向要求应在"技术要求"中注明。

(3) 有效圈数在 4 圈以上的螺旋弹簧中间部分可以省略，并允许适当缩短图形的长度。

圆柱螺旋压缩弹簧的视图、剖视图和示意图见表 5-12。

表 5-12　　　　　　　　圆柱螺旋压缩弹簧的视图、剖视图和示意图

视图	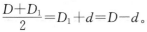

续表

剖视图	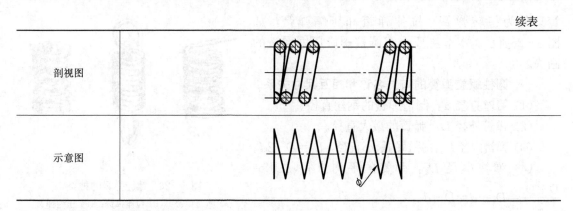
示意图	

根据规定，绘制圆柱螺旋压缩弹簧的步骤（见图 5-27）如下：

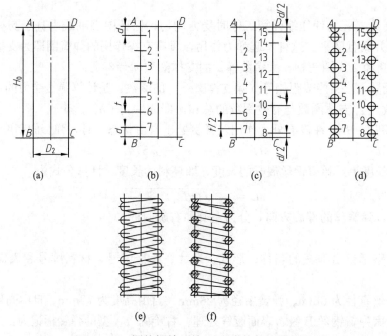

图 5-27 圆柱螺旋压缩（f）弹簧的绘图步骤

（1）按照圆柱螺旋压缩弹簧的标记，根据弹簧中径 D_2 和自由高度 H_0 绘制出矩形 $ABCD$，如图 5-27（a）所示。

（2）计算出有效圈数（以 $n=6$ 为例），在 AB 上（右旋弹簧）取 $A1=B7=d$ 得 1、7 两点，并在 1 点与 7 点之间进行六等分（即每等分长为节距 t），得 2、3、4、5、6 点，如图 5-27（b）所示。

（3）在 CD 上取 $C8=D15=\dfrac{d}{2}$ 得 8、15 两点，并过 6 和 7 的中点作水平线交 CD 于 9 点，同时从 9 点起根据节距 t 的长度在 CD 上分别取点 10、11、12、13、14，如图 5-27（c）所示。

（4）以 1～15 各点为圆心，以 d 为直径画圆，以 A、B 两点为圆心，以 d 为直径画半圆，如图 5-27（d）所示。

（5）按螺旋方向绘制各圆的切线，完成弹簧的绘制，图 5-27（e）所示即为弹簧的视图，图 5 - 27（f）即为弹簧的剖视图。

在装配图中，圆柱螺旋弹簧的画法如图 5 - 28 所示。

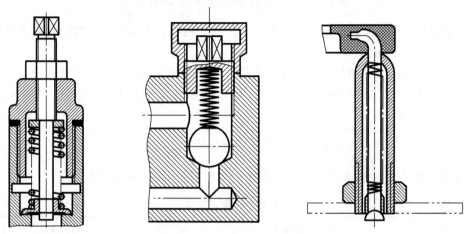

图 5 - 28　装配图中弹簧的画法

绘装配图时应注意：

（1）一般不必绘制出被弹簧遮挡的结构，而未遮挡部分（可见部分）必须从弹簧的外轮廓线或从弹簧钢丝剖面的中心线画起。

（2）当圆柱螺旋弹簧的型材直径或厚度不大于 2mm，或被切弹簧的直径不大于 2mm 且弹簧内部还有零件时，允许用示意图表示。

（3）当圆柱螺旋弹簧被剖切时，剖面直径或厚度不大于 2mm，也允许用涂黑表示。

第六节　滚动轴承表示法

滚动轴承是支承轴的部件，一般由外圈、内圈、滚动体和隔离圈四部分组成。滚动轴承是标准件，其结构形式和尺寸已全部标准化，由专门工厂生产，使用单位按要求选用。

一、滚动轴承的种类（GB/T 271—2008《滚动轴承　分类》）

（1）按滚动轴承承受载荷的方向或公称接触角的大小可分为：

1）向心轴承：主要承受径向载荷。

2）推力轴承：主要承受轴向载荷。

（2）按滚动轴承的滚动体的种类可分为：

1）球轴承：轴承的滚动体是球。

2）滚子轴承：轴承的滚动体是滚子。

（3）按滚动轴承的滚子的种类可分为圆柱滚子轴承、圆锥滚子轴承、调心滚子轴承和滚针轴承。

（4）按滚动轴承的滚动体的排列方式可分为单列轴承、双列轴承和多列轴承。

二、滚动轴承的代号

1. 代号组成

GB/T 272—1993《滚动轴承　代号方法》规定了滚动轴承及其部件代号的编制方法。

滚动轴承代号包括前置代号、基本代号和后置代号三个部分，三者的排列顺序是：

| 前置代号 | 基本代号 | 后置代号 |

（1）前置代号和后置代号是轴承的形状、尺寸、结构、公差等级和性能等各项指标发生改变时添加的补充代号。

（2）基本代号。在一般情况下，轴承代号只用基本代号表示。外形尺寸符合 GB 273.1、GB 273.2、GB 273.3、GB 3882 标准中任一轴承的基本代号包括轴承类型、尺寸系列代号和内径代号三部分，即

| 轴承类型 | 尺寸系列代号 | 内径代号 |

轴承类型代号用数字或字母表示，其类型与代号的对照见表 5-13。

表 5-13　　　　　　　　　　　　轴 承 类 型 代 号

轴承类型	轴承类型代号	轴承类型	轴承类型代号
双列角接触球轴承	0	深沟球轴承	6
调心球轴承	1	角接触球轴承	7
调心滚子轴承	2	推力圆柱滚子轴承	8
推力调心滚子轴承		单列圆柱滚子轴承	N
圆锥滚子轴承	3	双列或多列圆柱滚子轴承	NN
双列深沟球轴承	4	外球面球轴承	U
推力球轴承	5	四点接触球轴承	QJ

尺寸系列代号包括轴承宽（高）度系列代号和直径系列代号，用两位阿拉伯数字表示。推力轴承和向心轴承的尺寸系列代号见表 5-14。

表 5-14　　　　　　　　　　推力轴承和向心轴承的尺寸系列代号

直径代号	推力轴承的高度代号				向心轴承的宽度代号							
	1	2	7	9	0	1	2	3	4	5	6	8
	尺寸系列代号											
7	—	—	—	—	—	17	—	37	—	—	—	—
8	—	—	—	—	08	18	28	38	48	58	68	—
9	—	—	—	—	09	19	29	39	49	59	69	—
0	10	—	70	90	00	10	20	30	40	50	60	—
1	11	—	71	91	01	11	21	31	41	51	61	—
2	12	22	72	92	02	12	22	32	42	52	62	82
3	13	23	73	93	03	13	23	33	—	—	—	83
4	14	24	74	94	04	—	24	—	—	—	—	—
5	—	—	—	95	—	—	—	—	—	—	—	—

内径代号用数字表示。轴承公差内径的内径代号见表 5-15。

表 5－15 轴承公差内径的内径代号

公称内径（mm）	内径代号	备注
0.6～10（非整数）	用公称内径的大小（mm）直接表示	尺寸系列代号与内径代号之间用"/"分开
1～9（整数）	用公称内径的大小（mm）直接表示	直径系列为7、8、9的深沟球轴承和角接触球轴承，其尺寸系列代号与内径代号之间用"/"分开
10	00	
12	01	
15	02	
17	03	
20～480（22、28、32 除外）	用公称内径除以5的商数表示	商数是个位数时，在商数的左边添加"0"
22、28、32、≥500	用公称内径的大小（mm）直接表示	尺寸系列代号与内径代号之间用"/"分开

外形尺寸符合 GB 290、GB 4605、GB 5846 标准的滚针轴承基本代号包括轴承类型、表示轴承配合安装特征的尺寸。

2. 代号示例

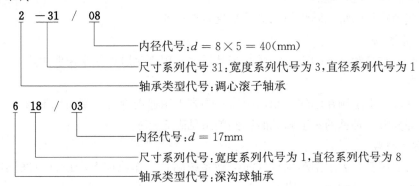

三、滚动轴承的画法

依据 GB/T 4459.7—1998 规定采用通用画法、特征画法和规定画法绘制规定轴承，并按给出的图示符号表示滚动轴承。

滚动轴承剖视图轮廓应根据其外径 D、内径 d 和宽度 B 等实际尺寸绘制，而轮廓内可以采用简化的比例关系绘制。

1. 通用画法

在剖视图中，当不需要确切地表示滚动轴承的外形轮廓、载荷和结构特征时，可采用通用画法绘制滚动轴承，即用矩形线框及位于线框中央正立的十字形符号表示，且十字线框不与矩形线框接触。

在剖视图中，若需要确切地表示滚动轴承的外形，则应绘制其剖面轮廓，并在轮廓中央画出正立的十字形符号，且十字线框不与矩形线框接触。

通用画法应绘制在轴的两侧。通用画法的比例关系见表 5－16。

表 5 - 16　　　　　　　　　　　　**通用画法的比例关系**

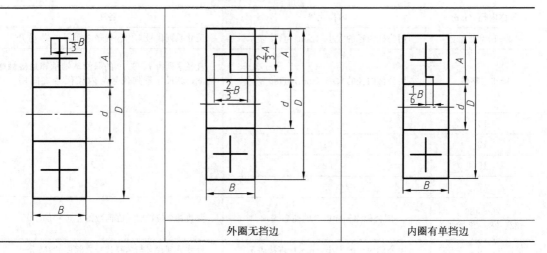

	外圈无挡边	内圈有单挡边

2. 特征画法

在剖视图中，当需要较形象地表示滚动轴承的结构特征时，可采用特征画法绘制滚动轴承，即在矩形线框内画出其结构要素符号的方法表示滚动轴承。

特征画法应绘制在轴的两侧。

部分滚动轴承的特征画法的比例关系见表 5 - 16。

3. 规定画法

必要时，在滚动轴承的产品图样、产品样本、用户手册和使用说明书中可采用规定画法绘制滚动轴承。

规定画法一般绘制在轴的一侧，而另一侧则采用通用画法绘制滚动轴承。

选列部分滚动轴承的规定画法的比例关系见表 5 - 16。

4. 图示符号

若只需要用符合表示滚动轴承（如传动系统图、工作原理图和设计方案图等），可以采用图示符号表示滚动轴承，见表 5 - 17。

表 5 - 17　　　　**部分滚动轴承的规定画法、特征画法的比例关系和图示符号**

轴承类型 国标编号	规定画法	特征画法	图示符号
深沟球轴承 GB/T 296—1994			

续表

轴承类型 国标编号	规定画法	特征画法	图示符号
双列调心球轴承 GB/T 281—1994	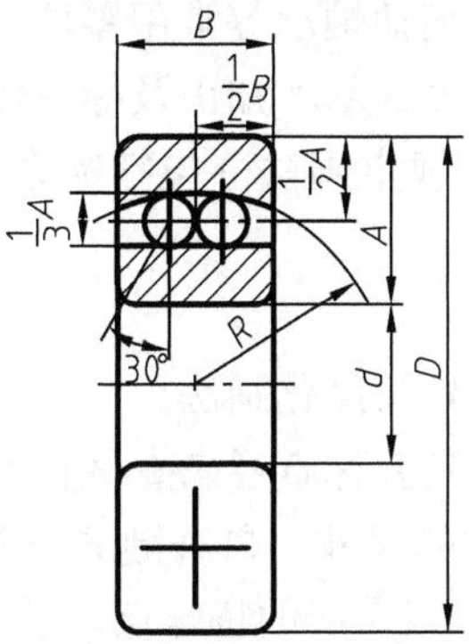	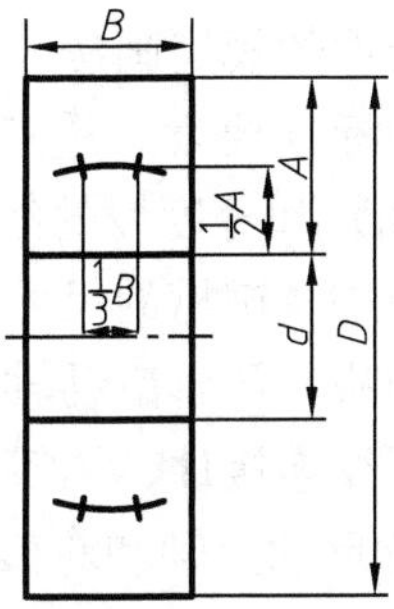	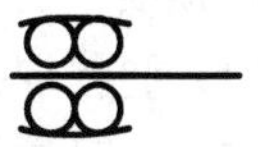
推力球轴承 GB/T 301—1995	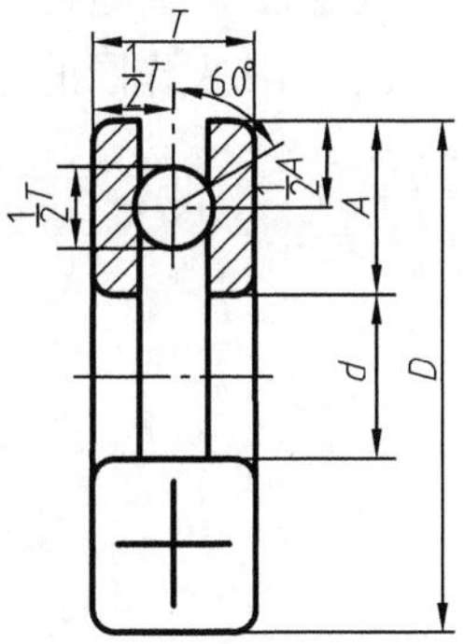	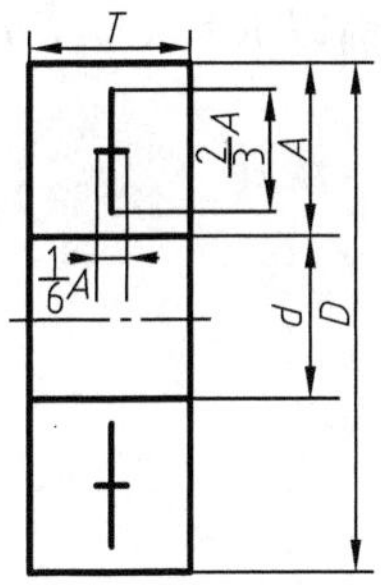	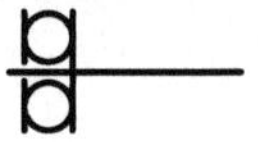
圆锥滚子轴承 GB 297—1994	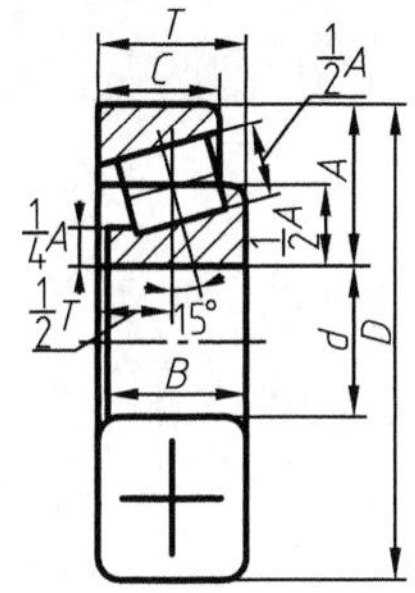	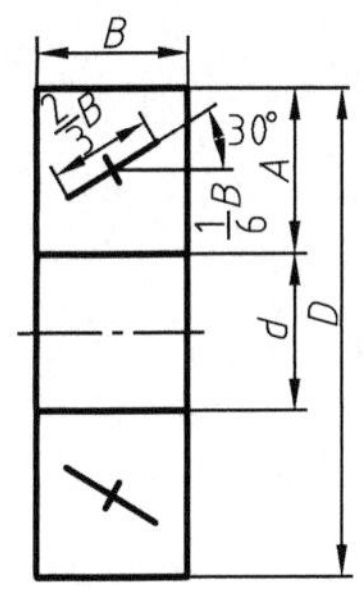	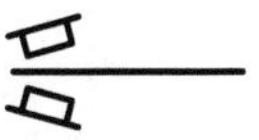
绘图说明	矩形线框或外形轮廓与滚动轴承的外形尺寸一致，并与所属图样比例一致 剖视图中，滚动体不画剖面线，各套圈的剖面线一致或可省略 剖视图中，轴承带有的其他零件或附件与套圈的剖面线应不一致，也允许省略	矩形线框或外形轮廓与滚动轴承的外形尺寸一致，并与所属图样比例一致 剖视图中，一律不画剖面符号（剖面线）	
	轮廓线、矩形线框、各种符号用粗实线绘制同一图样中，一般只采用一种画法		

本 章 小 结

（1）本章介绍了螺纹、齿轮、键、销、弹簧和滚动轴承等常用零件。

（2）了解螺纹及其连接件的规定画法，知道有关的基本知识及标记代号，会查表。

（3）齿轮的齿形部分为标准要素。重点学习其规定画法（包括啮合画法），要熟记齿顶圆、齿顶线、分度圆（节圆）和分度线的线型。

（4）重点掌握平键的画法及键槽的尺寸注法。

（5）了解弹簧的规定画法，了解滚动轴承的型号及简化画法。

（6）查表时要注意：螺纹连接件、销等是根据其公称直径来查其他尺寸的；常用键则是根据轴的直径来查键的公称尺寸及轴和轮毂上键槽的尺寸，再查键的公差带代号。

（7）增加了螺栓"六角头"的新画法。精确求作双曲线的特殊点，过三点画圆弧代替双曲线。为简便作图，也可以 $R \approx 1.66d$，$r \approx 0.44d$，$R_1 \approx 1.25d$ 来画圆弧，即使在 AutoCAD 里作图也足够准确，代替了以前以 $R \approx 1.5d$，$r \approx 0.5d$，$R_1 \approx 1d$ 来作图的方法。

第六章 零 件 图

表达零件结构形状、大小及技术要求的图样称为零件图。它是加工制造、检验零件的依据。一张完整的零件图，一般应当包括以下几项内容（见图6-1）：

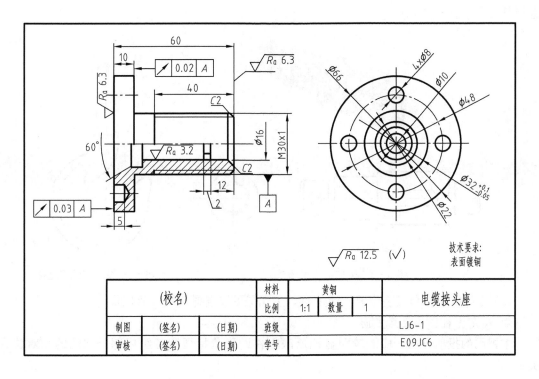

图6-1 电缆接头座零件图

(1) 一组图形：采用视图、剖视图、断面图等各种表达方法，将零件各部分结构形状完整而清晰地表达出来。

(2) 完整的尺寸：完整、准确、清晰、合理地标注零件的全部尺寸。

(3) 技术要求：用规定符号、代号或文字表达零件在制造、检验和使用时应达到的各项技术指标，如表面粗糙度、尺寸公差、形状和位置公差、热处理等。

(4) 标题栏：填写零件名称、材料、画图比例以及制图、审核人员的签字等内容。

第一节 零件图的视图选择

绘制零件图时，应分析零件的结构特点，选用适当的表达方法，完整、清晰、简练地表达出零件内外形状，这个过程就是零件表达方案的选择。读零件图时，同样要分析零件的表达方案。零件表达方案的选择主要从以下几方面考虑。

一、主视图的选择

主视图是一组图形的核心，在选择主视图时，一般应从两个方面综合考虑。

1. 确定零件的安放位置

(1) 加工位置。零件在加工时所处的位置称为加工位置。如轴、套、轮、盘等零件，大部分工序是在车床或磨床上进行的，因此这类零件的主视图应将其轴线水平放置，与零件加工位置一致，以便于加工时看图，如图 6-2 所示。

(2) 工作位置。零件在机器中的位置称为工作位置。如图 6-3 所示，吊钩的主视图即选择其工作位置。

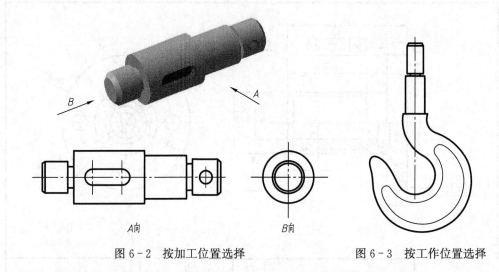

图 6-2　按加工位置选择　　　　　　　图 6-3　按工作位置选择

(3) 零件的工作和安装位置不清楚时，主视图可以选择自然安放位置。

2. 确定主视图的投射方向

主视图的投射方向，应能较明显地反映零件的形状特征和各组成部分之间的相对位置关系。

如图 6-2 所示的阶梯轴，图中箭头 A 作为主视图的投射方向，不仅能表达阶梯轴各段的形状、大小，而且能显示轴上的键槽和圆孔。若以箭头 B 作主视图的投射方向，画出的主视图只是不同直径的同心圆，显然不如 A 向清楚。

二、其他视图的选择

具体选择时，应注意以下几点：

(1) 用较少的视图反映主视图尚未表达清楚的结构形状，使每个视图各有其表达的重点。

(2) 零件的主要组成部分，应优先考虑选用基本视图以及在基本视图上作剖视。

(3) 尽量少用虚线来表达零件的结构形状，只有当不影响视图清晰又能减少视图数量时，才可以用少量虚线。

第二节　零件图的尺寸标注

零件图中的尺寸是零件加工和检验的重要依据，因此在零件图上标注尺寸必须做到正确、完整、清晰、合理，以满足设计、检验、装配和使用的要求。本节主要介绍合理标注尺寸中的几点基本要求。

一、尺寸基准

尺寸基准就是标注和测量尺寸的起点。

尺寸基准一般选择零件上的一些面和线。面基准常选择零件上较大的加工面、两零件的结合面、零件的对称平面、重要端面和轴肩等。线基准一般选择轴、孔的轴线及对称中心线等。

在选择基准时，既要考虑设计要求，又要考虑便于加工、测量。因此，根据基准的作用不同可分为设计基准和工艺基准两类。

1. 设计基准

设计时根据零件在机器中的位置、作用所选定的基准。如图 6-4 所示轴承座的底面为安装面，轴承孔的中心高 78 应根据这一平面来设计确定。因此，底面是高度方向的设计基准；阶梯轴要求各圆柱面同轴，保证其与相应孔的配合，所以轴线为径向尺寸的设计基准。

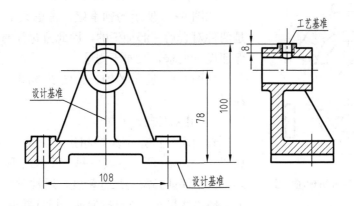

图 6-4 尺寸基准的选择

2. 工艺基准

根据零件加工和测量要求而选定的基准。如图 6-7 所示阶梯轴在车床上加工时，车刀每次的最终车削位置都是以右端面为基准来定位的，所以右端面是一个工艺基准。其轴线与车床主轴的轴线一致，轴线也是工艺基准。

当零件结构比较复杂时，同一方向上的尺寸基准可能不止一个，其中决定零件主要尺寸的基准称为主要基准（一般为设计基准）。为加工测量方便而附加的基准称为辅助基准（一般为工艺基准）。如图 6-4 所示，轴承座底面是高度方向的主要基准，也是设计基准，高度方向的重要尺寸 78 以它为基准注出；顶面上螺孔的深度尺寸 8 是以顶面为辅助基准注出的，以便于加工测量。辅助基准与主要基准间要有直接的联系尺寸，如图 6-4 中的 100。

二、合理标注尺寸应注意的几个问题

1. 重要尺寸应直接注出

凡属设计中的重要尺寸，都将直接影响零件的装配精度和使用性能，因此必须直接注出，如图 6-5 中的 78 和 108。

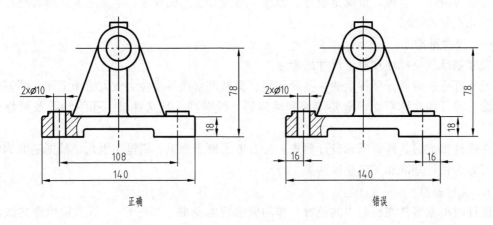

正确　　　　　　　　　　　　　　　错误

图 6-5　重要尺寸直接注出

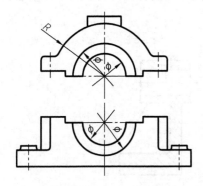

图 6-6　按加工方法标注尺寸

2. 标注尺寸应满足工艺要求

如图 6-6 所示的轴承座，考虑到上下轴衬上的半孔是两件对合后一起加工的，因此宜标注直径 ϕ。这样既能保证设计要求，又便于测量。

如图 6-7 所示的轴，为便于读图，应按加工顺序标注尺寸。

3. 避免封闭尺寸链

封闭尺寸链是由头尾相接，绕成一整圈的一组尺寸，如图 6-8（a）所示，其中每一个尺寸称为尺寸链中的一环。为了保证必需的尺寸精度，通常对尺寸精度要求最低的一环不注尺寸，这样既保证了设计要求，又可降低成本。

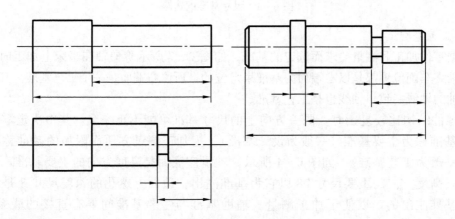

图 6-7　按加工顺序标注尺寸

4. 同一结构的尺寸集中标注

同一图形中，若干孔、槽等相同结构要素的尺寸要尽量集中标注在一个要素上并注出数量，如图 6-9 所示。

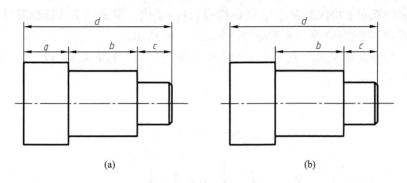

(a)   (b)

图 6-8 避免封闭尺寸链

(a) 封闭尺寸链（错误注法）；(b) 留开口环的尺寸标注（正确注法）

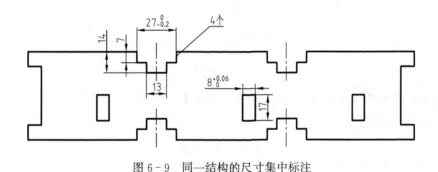

图 6-9 同一结构的尺寸集中标注

第三节 零件图上的技术要求

为了保证零件的使用性能，在机械图样中需要对零件的表面结构给出要求，一般称为技术要求，如材料、表面粗糙度、极限与配合、形位公差、表面镀（涂）覆及热处理等各种要求与说明。表面结构现行的国际标准有 GB/T 3505—2009《产品几何技术规范（GPS） 表面结构 轮廓法 术语、定义及表面结构参数》、GB/T 10610—2009《产品几何技术规范（GPS）表面结构 轮廓法 评定表面结构的规则和方法》、GB/T 1031—2009《产品几何技术规范（GPS） 表面结构 轮廓法 表面粗糙度参数及其数值》、GB/T 131—2006《产品几何技术规范（GPS） 技术产品文件中表面结构的表示法》，本节只介绍其中一小部分内容。

一、表面粗糙度

表面结构就是由粗糙度轮廓、波纹度轮廓和原始轮廓构成的零件表面特征。

零件表面的微观不平程度称为表面粗糙度。表面粗糙度对于零件的耐磨性、使用寿命等都有很大影响，是评定零件表面质量的重要技术指标之一。零件表面粗糙度要求越高（即表面粗糙度参数值越小），则其加工成本越高。因此，在满足零件表面使用要求的前提下，应合理地选用表面粗糙度参数值。

1. 评定表面粗糙度的参数

评定表面粗糙度的参数有轮廓的算术平均偏差 R_a、轮廓的最大高度 R_z，其中最常用的是轮廓的算术平均偏差 R_a。

（1）轮廓的算术平均偏差 R_a。它是在取样长度 L_r 内，纵坐标 Z（被测轮廓上的各点至基准线 X 的距离）绝对值的算术平均值，如图 6-10 所示。

（2）轮廓的最大高度 R_z。它是在一个取样长度内，最大轮廓峰高与最大轮廓谷深之和，如图 6-10 所示。

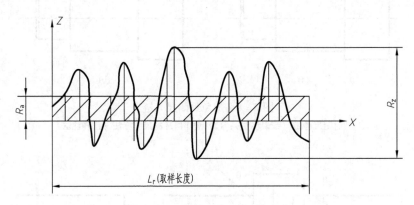

图 6-10　表面粗糙度示意图

2. 轮廓的算术平均偏差 R_a 和轮廓的最大高度 R_z 系列值

R_a 和 R_z 系列值见表 6-1。

表 6-1　　　　　　　　　　　　　　　R_a 和 R_z 系列值

R_a	R_z	R_a	R_z
0.012		6.3	6.3
0.025	0.025	12.5	12.5
0.05	0.05	25	25
0.1	0.1	50	50
0.2	0.2	100	100
0.4	0.4		200
0.8	0.8		400
1.6	1.6		800
3.2	3.2		1600

3. 标注表面结构的图形符号及含义

表面粗糙度符号名称、形式及含义见表 6-2。

表 6-2　　　　　　　　　　　　表面粗糙度符号名称、形式及含义

符号名称	符号形式	含义及说明
基本图形符号	√	未指定工艺方法的表面，基本图形符号仅用于简化代号标注，当通过一个注释解释时，可单独使用，没有补充说明时不能单独使用
扩展图形符号	▽	用去除材料的方法获得表面，如车、铣、刨、磨等机械加工的表面，仅当其含义是"被加工表面"时可单独使用
	◁	用不去除材料的方法获得表面，如铸、锻等，也可用于保持上道工序形成的表面，无论这种状况是通过去除材料还是不去除材料形成的

续表

符号名称	符号形式	含义及说明
完整图形符号		在基本图形符号或扩展图形符号的长边上加一横线,用于标注表面结构特征的补充信息
工件轮廓各表面图形符号		当在某个视图上组成封闭轮廓的各表面有相同的表面结构要求时,应在完整图形符号上加一圆圈,标注在图样中工件的封闭轮廓线上

4. 图形符号的画法与尺寸

表面粗糙度符号的画法与尺寸见图 6-11 和表 6-3。

图 6-11 表面粗糙度符号的画法与尺寸

表 6-3 表面粗糙度符号的尺寸

数字与字母的高度	2.5	3.5	5	7	10	14	20
H_1	3.5	5	7	10	14	20	28
H_2	7.5	10.5	15	21	30	42	60

注 H_2 取决于标注内容。

5. 表面结构的代号

标注表面结构参数时应使用完整图形符号,在完整图形符号中注写参数代号、极限值等要求后,即构成表面结构代号。表面结构代号示例见表 6-4。

表 6-4 表面结构代号示例

代号	含义及说明
R_a 1.6	表示去除材料,单向上极限,默认传输带,R 轮廓,粗糙度的算术平均偏差为 1.6,评定长度为 5 个取样长度(默认),"16%规则"(默认)
$R_{zmax}0.2$	表示不去除材料,单向上极限,默认传输带,R 轮廓,粗糙度最大高度的最大值为 0.2,评定长度为 5 个取样长度(默认),"最大规则"
$uR_{amax}3.2$ $LR_a 0.8$	表示不去除材料,双向上极限,两极限均使用默认传输带,R 轮廓,上限值为算术平均偏差 3.2,评定长度为 5 个取样长度(默认),"最大规则";取样长度(默认),"16%规则"(默认)
$-0.8/R_a 6.3$	表示去除材料,单向上极限,传输带根据 GB/T 6062,取样长度 0.8mm,R 轮廓,算术平均偏差极限值为 6.3,评定长度包含 3 个取样长度,"16%规则"(默认),加工方法为铣削,纹理垂直于视图所在的投影面

6. 表面结构要求在图样中的标注示例

表面结构要求在图样中的标注示例见表 6-5。

表 6-5　　　　　　　　**表面结构要求在图样中的标注示例**

说　明	示　　例
表面结构要求每一表面一般只标注一次，并尽可能注在相应的尺寸及其公差的同一视图上，表面结构的注写和读取方向与尺寸的注写和读取方向一致	
表面结构要求可标注在轮廓线或其延长线上，其符号应从材料外指向并接触表面。必要时表面结构符号也可用带箭头和黑点的指引线引出标注	
在不致引起误解时，表面结构要求可标注在给定的尺寸线上	
表面结构要求可标注在几何公差框格的上方	
如果在工件的多数表面有相同的表面结构要求，则其表面结构要求可统一标注在图样的标题栏附近，此时表面结构要求的代号后面应有以下两种情况：①在括号内给出无任何其他补充的基本符号（见图 a）；②在括号内给出不同的表面结构要求（见图 b）	

续表

说　明	示　例
当多个表面有相同的表面结构要求或图纸空间有限时，可以采用简化标注法：①用带字母的完整图形符号，以等式的形式，在图形或标题栏附近，对有相同表面结构要求的表面进行简化标注（见图 a）；②用基本图形符号或扩展图形符号，以等式的形式，给出对多个表面共同的表面结构要求（见图 b）	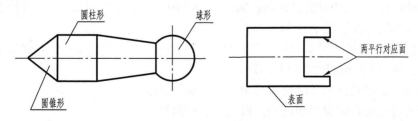

二、极限、公差与配合

现行标准为 GB/T 1800.1—2009《产品几何技术规范（GPS）极限与配合　第 1 部分：公差、偏差和配合的基础》、GB/T 1800.2—2009《产品几何技术规范（GPS）极限与配合　第 2 部分：标准公差等级和孔、轴极限偏差表》。

1. 互换性

在成批或大量生产中，要求在同一批零件中任取一个零件，无需修配即能顺利地进行装配，并达到规定的技术要求，这种性质称为零件的互换性。

2. 极限、公差

"轴"的定义：通常指工件的圆柱形外尺寸要素，也包括非圆柱形的外尺寸要素（由两平行平面或切面形成的被包容面）。

"孔"的定义：通常指工件的圆柱形内尺寸要素，也包括非圆柱形的内尺寸要素（由两平行平面或切面形成的被包容面）。

尺寸要素：由一定大小的线性尺寸或角度尺寸确定的几何形状，可以是圆柱形、球形、两平行对应面、圆锥形或楔形等，如图 6-12 所示。尺寸要素和尺寸有关。

图 6-12　尺寸要素

在生产中，由于加工设备、测量工具的精度及操作技术水平的高低等因素的影响，同一批零件不可能制造得完全相同。为了保证零件的互换性，必须对零件加工后的实际尺寸规定一个允许变动的范围，这就引出了极限、公差等有关规定。现以图 6-13 所示孔和轴的尺寸为例进行介绍。

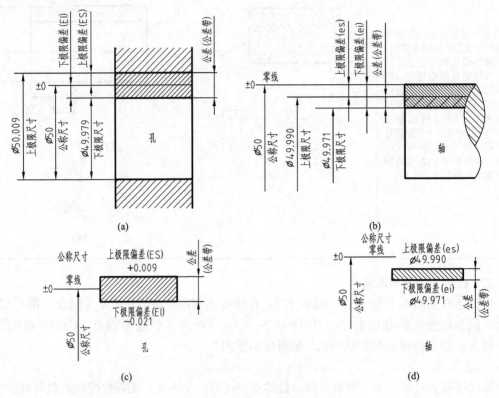

图 6-13　公差的概念图

(a) 孔的公差概念图；(b) 轴的公差概念图；(c) 孔的公差带图；(d) 轴的公差带图

(1) 公称尺寸：由图样规范确定的理想形状要素的尺寸（设计确定的尺寸）如图 6-13 中的 $\phi50$。

(2) 提取组成要素的局部尺寸：一切提取组成要素上对应点之间距离的统称，简称为提取要素的局部尺寸。可以理解为测量时，任意两相对点之间测得的尺寸。

(3) 极限尺寸：尺寸要素允许的尺寸的两个极端。极限尺寸分为上极限尺寸和下极限尺寸。

1) 上极限尺寸：尺寸要素允许的最大尺寸。如图 6-13 (a)、(b) 中，孔的上极限尺寸为 $\phi50.009$；轴的上极限尺寸为 $\phi49.990$。

2) 下极限尺寸：尺寸要素允许的最小尺寸。如图 6-13 (a)、(b) 中，孔的下极限尺寸为 $\phi49.979$；轴的下极限尺寸为 $\phi49.971$。

提取组成要素的局部尺寸应位于其中，也可达到极限。

下极限尺寸≤提取组成要素的局部尺寸≤上极限尺寸。

(4) 偏差：某一尺寸减去公称尺寸所得的代数差。极限偏差分为上极限偏差和下极限偏差：上极限偏差为上极限尺寸减去其公称尺寸所得的代数差，下极限偏差为下极限尺寸减去其公称尺寸所得的代数差。如图 6-13（a）、（b）中孔的上极限偏差（用 ES 表示）＝50.009－50＝＋0.009，下极限偏差（用 EI 表示）＝49.979－50＝－0.021；轴的上极限偏差（用 es 表示）＝49.990－50＝－0.010，下极限偏差（ei）＝49.971－50＝－0.029，上、下极限偏差可以是正值、负值或零。

（5）尺寸公差：允许零件尺寸和几何参数的变动量，即上极限尺寸与下极限尺寸之差的绝对值，也等于上极限偏差与下极限偏差之差的绝对值。尺寸公差简称公差，是一个没有符号的绝对值，公差不能为零。图 6-13（a）、（b）中，孔的公差＝50.009－49.979＝＋0.009－（－0.021）＝0.030；轴的公差＝49.990－49.971＝－0.010－（－0.029）＝0.019。

（6）零线：在极限与配合图解中（简称公差带图），表示公称尺寸的一条直线，以其为基准确定偏差和公差。

（7）公差带：在公差带图中，由代表上、下极限偏差或上、下极限尺寸的两条直线所限定的一个区域。它是由公差大小和其相对零线的位置（如基本偏差）来确定的，如图 6-13（c）、（d）所示。

（8）标准公差：国家标准规定的任一公差。用 IT 表示标准公差，阿拉伯数字表示公差等级。标准公差分为 20 个等级，即 IT01、IT0 、IT1～IT18。IT01 公差值最小，精度最高；IT18 公差值最大，精度最低。它的数值（见附表 16）由公称尺寸和公差等级所确定。如公称尺寸为 50，查表得 IT7＝0.030，IT6＝0.019。

（9）基本偏差：用来确定公差带相对零线位置的上极限偏差或下极限偏差。一般是指靠近零线的那个极限偏差，孔和轴各有 28 个基本偏差，它的代号用拉丁字母按其顺序表示（有 7 个是双字母），大写字母表示孔，小写字母表示轴，如图 6-14 所示。轴的基本偏差数值可查附表 17，孔的基本偏差数值可查附表 18。

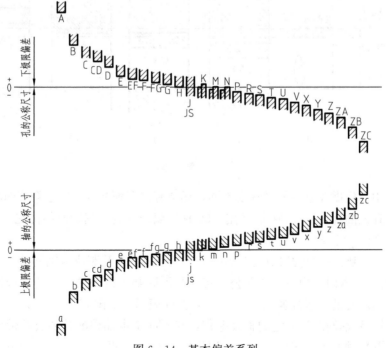

图 6-14　基本偏差系列

（10）公差带代号。孔、轴的公差带代号由基本偏差代号与标准公差等级数字组成。如 H6、F8、K7 表示孔的公差带代号；h6、f8、p7 表示轴的公差带代号。

3. 配合

配合是指公称尺寸相同且相互结合的孔和轴公差带之间的关系。

（1）配合种类。根据配合的松紧程度，国家标准将其分为三类：

1）间隙配合：具有间隙（包括最小间隙等于零）的配合。此时，孔的公差带在轴的公差带之上，如图 6-15（b）、（j）所示。此时，孔的实际尺寸略大于轴的实际尺寸。

2）过盈配合：具有过盈（包括最小过盈等于零）的配合。此时，轴的公差带在孔的公差带之上，如图 6-15（e）和（g）所示。此时，轴的实际尺寸略大于孔的实际尺寸。

3）过渡配合：可能具有间隙或过盈的配合，此时，孔的公差带与轴的公差带相互交叠，装配后可能产生间隙，也可能产生过盈，如图 6-15（c）、（d）、（h）和（i）所示。

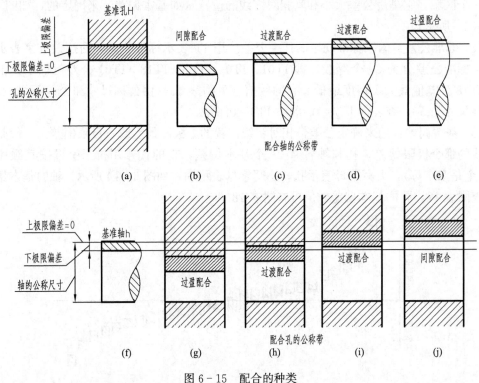

图 6-15 配合的种类

三类配合中，根据配合的松紧程度不同，还会有很多种配合。在这众多的配合中，国家标准规定了基孔制的优先（13 种）、常用（59 种）配合种类；基轴制的优先（13 种）、常用（47 种）配合种类。可查阅有关资料。

（2）配合基准制：孔和轴组成配合的制度，通常采用基孔制或基轴制。

1）基孔制：基本偏差为一定的孔公差带，与不同基本偏差的轴的公差带形成各种配合的一种制度。基准孔的下极限偏差为零，用代号 H 表示，如图 6-16（a）所示。

2）基轴制：基本偏差为一定的轴公差带，与不同基本偏差的孔的公差带形成各种配合的一种制度。基准轴的上极限偏差为零，用代号 h 表示，如图 6-16（b）所示。

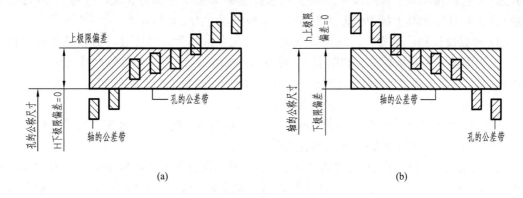

图 6‐16 配合的基准制

(a) 基孔制；(b) 基轴制

4. 极限与配合在图样上的标注

在零件加工时，除公称尺寸外，有时还需要知道其上极限尺寸、下极限尺寸、公差与配合的要求。在图样上除了注出公称尺寸外，还通过标注基本偏差代号和标准公差等级（或极限偏差）来反映其上极限尺寸、下极限尺寸、公差与配合等要求。

（1）装配图中的标注。在装配图上标注线性尺寸的配合代号时，必须在公称尺寸的后面用分数形式注出，分子为孔的公差带代号，分母为轴的公差带代号，如图 6‐17（a）所示。当与标准件相配时，可视标准件上的孔或轴为基准件，仅标注与其相配的配合件的公差带。

（2）在零件图上的标注。在零件图上线性尺寸公差标注共有三种形式：在公称尺寸后面只注公差带代号，如图 6‐17（b）所示；只注极限偏差，如图 6‐17（c）所示；代号和偏差兼注，如图 6‐17（d）所示。但在同一幅图中标注形式应统一。

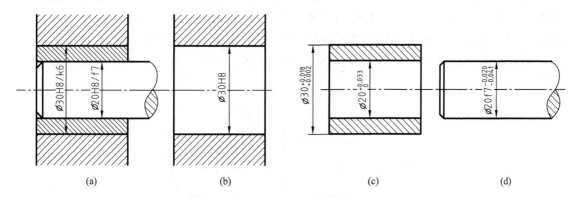

图 6‐17 公差与配合

（a）装配图中的标注；（b）只注公差带代号；（c）只注极限偏差；（d）代号和偏差兼注

5. 公差与配合的选择

以图 6‐17（c）、（d）所示的轴套与轴为例。

（1）选择基准制。选择轴套内孔（$\phi 20$）为基孔制，即可知其下极限偏差为基本偏差，其值为 0，也就得知其下极限尺寸为 20；再选择其标准公差等级为 8 级，查附表 16 得标准公差 0.033；计算出其上极限偏差为 0.033，上极限尺寸为 20.033。

（2）根据设计和使用要求，确定轴（ϕ20）的配合种类为间隙配合，选择基本偏差代号为 f，上极限偏差为基本偏差，查附表 17 得知为 −0.020，计算出上极限尺寸为 19.080；再选择其标准公差等级为 7 级，查附表 16 得标准公差 0.021；计算得知其下极限偏差为 −0.020−（0.021）= −0.041，下极限尺寸为 19.059。

反过来，根据图上的标注，也能知道轴与孔的基准制、极限尺寸和配合种类等内容。以图 6-17（a）、（b）所示的轴套外圆与孔为例。

（3）根据图 6-17（a）上标注的 ϕ30H8/k6，可知孔的公差带代号 ϕ30H8，其含义：特征代号为圆直径，公称尺寸为 30，基孔制，基本偏差为下偏差，其值为 0，标准公差等级为 8 级，查表可知为 0.033，计算得知其上极限偏差为 0.033，下极限尺寸为 30，上极限尺寸为 30.033；轴（轴套外圆）的公差带代号 ϕ30k6，其含义：特征代号为圆直径，公称尺寸为 30，配合轴，基本偏差代号 k，是过渡配合，其基本偏差为下极限偏差，查表可知为 0.002，标准公差等级为 6 级，查表可知为 0.018，计算得知其上极限偏差为 0.018，下极限尺寸为 30.002，上极限尺寸为 30.018。最大过盈量为 30.018−30=0.018，最大间隙量为 30.033−30.002=0.031。

三、形位公差（形状和位置公差）（GB/T 1182—2008《产品几何技术规范（GPS）　几何公差　形状、方向、位置和跳动公差标注》）

在零件加工制造过程中，除了要对零件的尺寸公差加以控制外，还要对几何要素的形状和位置公差加以控制。形状公差就是零件实际要素的形状对其理想形状所允许的变动量；位置公差就是零件实际要素的位置对理想位置所允许的变动量。形状公差和位置公差简称形位公差。

1. 形位公差的要素（几何要素）

形位公差的要素是工件上的特定部位，如点、线或面。这些要素可以是组成要素（如圆柱体的外表面），也可以是导出要素（如中心线或中心面），如图 6-18 所示。形位公差的要素按结构特征可以分为轮廓要素和中心要素；按存在状态可以分为实际要素和理想要素；按所处地位可以分为被测要素和基准要素；按功能关系可以分为单一要素和关联要素。

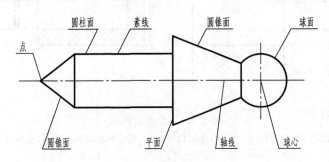

图 6-18　形位公差要素

2. 形位公差的几何特征、符号

形位公差的几何特征及符号见表 6-6。

表 6-6　　　　　　　　　　　　　　形位公差的几何特征及符号

公差类型	几何特征	符号	有无基准要求	公差类型	几何特征	符号	有无基准要求
形状公差	直线度	——	无	位置公差	位置度	⊕	有或无
	平面度	▱	无		同心度（用于中心点）	◎	有
	圆度	○	无				
	圆柱度	⌀	无		同轴度（用于轴线）	◉	有
	线轮廓度	⌒	无				
	面轮廓度	⌓	无				
方向公差	平行度	∥	有		对称度	═	有
	垂直度	⊥	有		线轮廓度	⌒	有
	倾斜度	∠	有		面轮廓度	⌓	有
	线轮廓度	⌒	有	跳动公差	圆跳动	↗	有
	面轮廓度	⌓	有		全跳动	↗↗	有

　　3. 公差框格

　　用框格标注形位公差时，公差要求注写在划分成两格或多格的矩形框格内。各框格所注的内容见图 6-19。用指引线连接被测要素和公差框格。指引线引自框格的任意一侧，终端带箭头，见图 6-19。

　　特征项目符号、形位公差框格及指引线、形位公差数值和其他有关符号、基准符号等如图 6-19 所示。

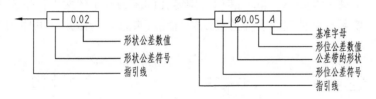

图 6-19　公差框格

　　形位公差特征符号大小与框格中的字体同高。形位公差框格用细实线绘制，应水平或垂直放置。框格内的字高与图样中的尺寸数字等高，框格高度为字高的 2 倍，长度可根据需要画出。

　　公差值是以线性尺寸单位表示的量值，是单一要素对其理想要素允许的变动量。公差带是指被测要素的区域。根据公差的几何特征及标注形式，公差带的主要形式有：一个圆内的区域；两同心圆之间的区域；两等距线或两平行直线之间的区域；一个圆柱面内的区域；两等距面或两平行平面之间的区域；一个圆球面内的区域。

　　形位公差要素规定的形位公差确定了公差带，该要素应限定在公差带内。

　　如果公差带为圆形或圆柱形，公差值前面应加注符号"ϕ"，如果公差带为圆球形，公差值前面应加注符号"Sϕ"。

　　4. 基准符号

　　与被测要素相关的基准用一个大写字母表示。字母标注在基准方格内，与一个涂黑的或空白的三角形相连以表示基准，涂黑的或空白的基准三角含义相同，如图 6-20 所示。

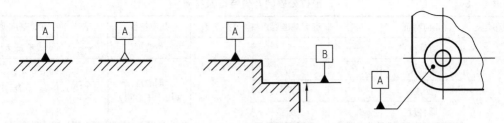

图 6-20　基准符号

表示基准的字母还应该标注在公差框格内。以单个字母作基准时，用一个大写字母表示，如图 6-21 （a）所示；单一基准以两个要素建立公共基准时，用中间加连字符的两个大写字母表示，如图 6-21 （b）所示；以 2～3 个基准要素建立基准体系（即采用多基准）时，表示基准的大写字母按基准的优先顺序从左至右填写在各框格内，如图 6-21 （c）所示。

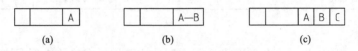

图 6-21　基准在框格中的填写

5. 形位公差的标注与识读

（1）当提取（实际）要素为轮廓要素时，从框格引出的指引线箭头应指在该要素的轮廓线或其延长线上，如图 6-22 所示。

图 6-22 （a）表示提取（实际）表面应限定在间距为 0.1 的两平行平面之间；图 6-22 （b）表示提取（实际）圆柱表面上任意素线的直线度要求，应限定在间距为 0.02 的两平行直线之间。

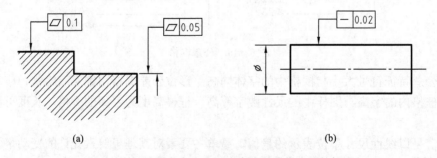

图 6-22　被测要素为表面或素线时形位公差的标注

（2）当提取（实际）要素（被测要素）是轴线或中心平面时，应将箭头与该要素的尺寸线对齐，如图 6-23 所示。

图 6-23 （a）表示提取（实际）中心面应限定在间距等于 0.04、对称于基准中心面 A 的两平行平面内；图 6-23 （b）表示提取（实际）圆柱轴线的直线度要求，必须位于直径为 0.04 的圆柱面内。

（3）当基准要素是轴线时，应将基准符号与该要素的尺寸线对齐，如图 6-24 所示。

图 6-24 （a）表示对 $\phi24$ 和 $\phi40$ 轴段中心轴线相对于 $\phi30$ 轴段中心轴线 A（基准轴线）

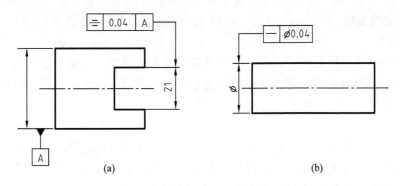

图 6-23 被测要素为轴线或中心平面时形位公差的标注

的同心度要求，应限定在直径等于 0.08、以基准轴线 A 为轴线的圆柱面内；图 6-24（b）表示对 ϕ10 圆柱轴线的垂直度要求，必须位于直径公差值为 ϕ0.05 且垂直于基准平面的圆柱面内。

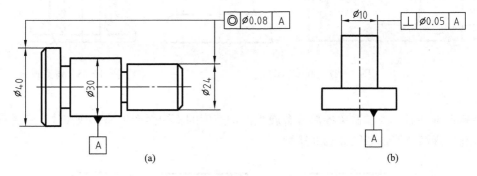

图 6-24 基准要素是轴线时形位公差的标注

（4）如图 6-25 所示，在圆柱面和圆锥面的任意横截面内，提取（实际）圆周应限定在半径等于 0.03 的两共面同心圆之间。

（5）如图 6-26 所示，提取（实际）中心线应限定在平行于基准平面 B、间距等于 0.01 的两平行平面之间。

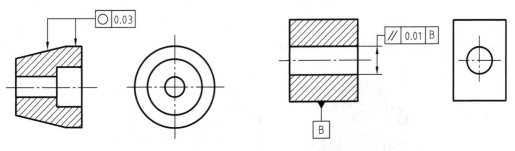

图 6-25 圆度的标注及含义　　　　图 6-26 平行度的标注及含义

第四节 零件上常见工艺结构及其画法

零件的结构形状不仅要满足设计要求，同时还要满足加工工艺对零件结构的要求。

一、铸造工艺结构

1. 起模斜度

用铸造方法制造零件毛坯时，为了便于从砂型中取出模型，一般沿模型的起模方向做成约 1：20 的斜度，称为起模斜度。这种斜度通常在图上可以不标注，也不一定要画出，必要时，可在技术要求中用文字给出，如图 6-27 所示。

2. 铸造圆角

在铸件毛坯各表面相交的转角处都有铸造圆角，这样既方便起模，又能防止浇注铁水时将砂型转角处冲坏，还能避免铸件在冷却过程中产生应力集中，形成裂纹和缩孔。铸造圆角在图上一般不标注，常集中注写在技术要求中，见图 6-28。

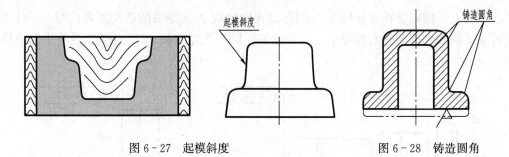

图 6-27　起模斜度　　　　　　　图 6-28　铸造圆角

3. 铸件壁厚

在铸造零件时，为了避免各部分金属因冷却速度的不同而产生缩孔或裂纹，铸件壁厚应均匀变化，逐渐过渡，如图 6-29 所示。

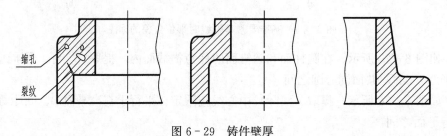

图 6-29　铸件壁厚

4. 过渡线

两圆柱相贯时的过渡线如图 6-30 所示。

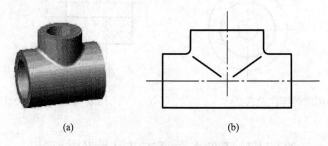

(a)　　　　　　　　　　(b)

图 6-30　两圆柱相贯时的过渡线

(a) 相贯体立体图；(b) 过渡线的画法

平面与圆柱面相交时的过渡线如图 6‑31 所示。

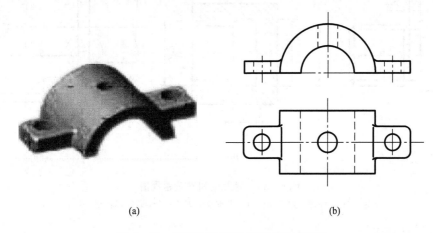

图 6‑31 平面与圆柱面相交时的过渡线

(a) 相贯体立体图；(b) 过渡线的画法

二、机加工工艺结构

1. 倒角和倒圆

为了便于装配，在轴或孔的端部一般都加工成倒角；为了避免应力集中，常常把轴肩处加工成圆角，称为倒圆，如图 6‑32 所示。

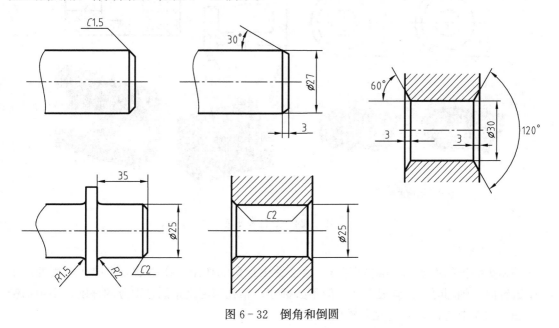

图 6‑32 倒角和倒圆

2. 退刀槽和砂轮越程槽

在车削和磨削零件时，为了便于退出刀具或将砂轮可以稍稍越过加工面，常常在待加工表面的末端，先车出一个槽，这个槽叫作退刀槽或砂轮越程槽，如图 6‑33 所示。

3. 凸台和凹坑

为了减少加工面积，并保证零件之间接触良好，通常在铸件上设计出凸台或加工成凹

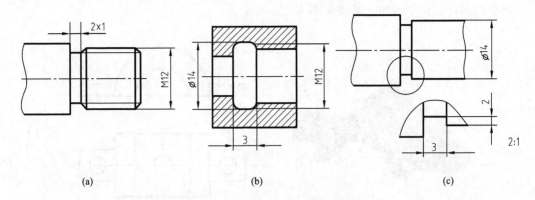

图 6-33　退刀槽和砂轮越程槽
(a) 外螺纹退刀槽；(b) 内螺纹退刀槽；(c) 砂轮越程槽

坑，如图 6-34 所示。

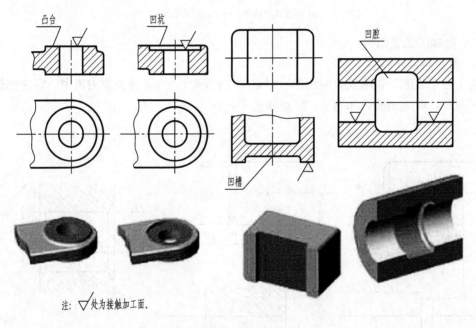

注：$\bigtriangledown$ 处为接触加工面。

图 6-34　凸台和凹坑

4. 钻孔结构

用钻头钻出的不通孔（俗称盲孔），由于钻头顶角的作用，在底部或阶梯孔过渡处产生一个圆锥面，画图时一律画成120°，但不必标注。钻孔深度是指圆柱部分的深度，不包括锥坑。图 6-35 中的 h_1、h_2 为钻孔深度。

用钻头钻孔时，要求钻头轴线垂直于被钻孔的端面，以保证钻孔准确和避免钻头折断，如图 6-36 所示。

5. 中心孔表示法（GB/T 4459.5—1999《机械制图　中心孔表示法》）

（1）要求。在机械图样中，完工零件是否保留中心孔的要求通常有三种情况：

1）在完工的零件上要求保留中心孔；

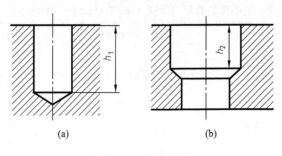

图 6 - 35 钻孔结构

(a) 盲孔; (b) 阶梯孔

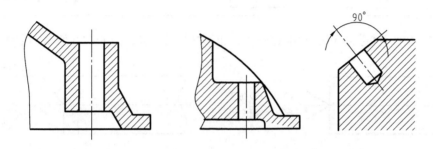

图 6 - 36 钻头轴线垂直于被钻孔的端面

2) 在完工的零件上可以保留中心孔;

3) 在完工的零件上不允许保留中心孔。

（2）符号。为了表达在完工的零件上是否保留中心孔的要求，可采用表 6 - 7 中规定的符号。中心孔符号的比例和尺寸见附表 20。

（3）中心孔的标记。

1) R 型（弧形）、A 型（不带护锥）和 B 型（带护锥）中心孔的标记包括标准编号、型式（字母 R、A 或 B 表示）、导向孔直径 D、锥形孔端面直径 D_1。

示例：B 型中心孔、$D = 2.5$mm、$D_1 = 8$mm，在样图上的标记为 GB/T 4459.5—B2.5/8。

2) C 型（带螺纹）中心孔的标记包括标准编号、型式（用字母 C 表示）、螺纹代号 D（用普通螺纹特征代号 M 和公称直径表示）；螺纹长度（用字母 L 和数值表示）锥形孔端面直径 $D2$。

示例：C 型中心孔、$D = M10$、$L = 30$mm、$D_2 = 16.3$mm，在图样上的标记为 GB/T 4495.5—CM10L30/16.3。

3) 四种标准中心孔的标记说明请查有关标准。

（4）中心孔表示法。

1) 对于已经有相应标准规定的中心孔，在图样中可不绘制其详细结构，只需在零件轴端面绘制出对中心孔要求的符号，随后标出其相应标记。中心孔的规定表示法示例见表 6 - 7。

表6-7 中心孔的表示法示例（GB/T 4459.5—1999）

要求	符号	表示法示例	说明
在完工的零件上要求保留中心孔		GB/T 4459.5—B2.5/8	采用 B 型中心孔，$D=$ 2.5mm、$D_1=8$mm，在完工的零件上要求保留
在完工的零件上可以保留中心孔		GB/T 4459.5—A4/8.5	采用 A 型中心孔，$D=$ 4mm、$D_1=8.5$mm 在完工的零件上是否保留都可以
在完工的零件上不允许保留中心孔		GB/T 4459.5—A1.6/3.35	采用 A 型中心孔，$D=$ 1.6mm、$D_1=3.35$mm，在完工的零件上不允许保留

2）如需指明中心孔标记的标准编号时，也可按图6-37、图6-38所示的方法标注。

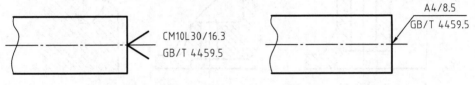

图6-37 指明标准编号的注法（一）　　图6-38 指明标准编号的注法（二）

3）在不致引起误解时，可省略标记中的标准编号，如图6-39所示。

4）如同一轴的两端中心孔相同，可只在其一端表示出，但应注意表示出其数量，见图6-39。

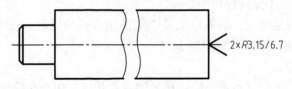

图6-39 省略标准编号的注法

第五节 零件图的识读

一、识读零件图的目的

识读零件图的目的就是根据零件图想象零件的结构形状、了解表达方案的选择、了解其尺寸和技术要求；再与装配图一起识读，了解该零件在机器或部件中的位置和作用，以及与其他零件的关系。

二、读零件图的一般步骤

（1）读标题栏，概括了解。读标题栏，了解零件的名称、材料和比例等内容。从名称可判断该零件属于哪一类零件；从材料可大致了解其加工方法；从比例可估计零件的实际大小。对照装配图了解该零件在机器或部件中与其他零件的装配关系等，做到对零件有初步的了解。

（2）分析视图、弄清表达方案，想象结构形状。识读零件图首先要明确其表达方案，即用了几个视图，每个视图用的什么画法。识图时先读主视图，再读其他视图，找出剖视图、断面图的剖切位置，局部视图或斜视图的投射方向，弄清楚各视图之间的投影关系，理解各视图的表达重点等。

根据投影关系，采取先主后次、先易后难的分析原则，应用形体、线面及结构等分析方法，结合图形特点，可把零件分解成几大部分，分别想象各部分的内外结构形状，最后加以综合，想象出零件的整体结构形状。

（3）分析尺寸。在查看总体尺寸的基础上，首先找出长、宽、高三个方向的主要尺寸基准，然后分清定形尺寸和定位尺寸，从而也就弄清了各个尺寸的作用。

（4）读技术要求。弄清表面粗糙度、尺寸公差、形位公差、热处理、检验等方面的要求。

（5）归纳总结。

三、典型零件图举例

零件可分为轴套类零件、轮盘类零件、叉架类零件、箱体类零件和其他类零件五种。

（一）轴套类零件

此类零件主体结构是圆柱体，轴向尺寸大于径向尺寸，用轴线水平放置的一面主视图即可表达清楚。上面有孔槽等细部结构，可以用局部剖视图、移出断面图、局部放大图补充说明。

读图 6-40 所示的齿轮轴零件图。

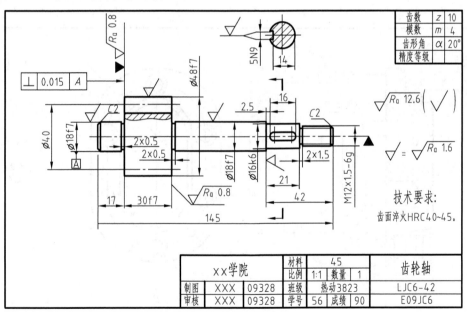

图 6-40 齿轮轴零件图

1. 读标题栏，概括了解

从标题栏中，可以了解到零件的名称、材料和比例等内容。该零件的名称为齿轮轴，属于轴类零件，是齿轮油泵的主要零件之一，起传动作用。材料为 45 钢，比例为 1:1。

2. 视图分析，了解其表达方案

齿轮轴结构简单，采用一个主视图和一个断面图就可全部表达清楚。齿轮轴主要是在车床上加工，所以主视图选择轴线水平放置，符合加工位置，以便于加工和测量。移出断面图用于表达键槽的形状和尺寸。

3. 尺寸分析

轴线是径向尺寸基准，注出 $\phi48f7$、$\phi18f7$、$\phi16k6$、$M12\times1.5-6g$ 等。齿轮的左端面（此端面是确定齿轮轴在油泵中轴向位置的重要端面）为轴向主要基准，注出 30f7。轴向第一辅助基准是轴的左端面，注出总长 145 以及主要基准与辅助基准之间的联系尺寸 17。轴向的第二辅助基准是轴的右端面，通过尺寸 42 得出第三个辅助基准（轴 $\phi16$ 的右轴肩），由此注出键槽长度 16。键槽深度尺寸在断面图中注出。

4. 了解技术要求

齿轮轴的径向尺寸 $\phi48f7$、$\phi18f7$、$\phi16k6$ 均标注尺寸公差代号，表明这几部分轴段均与油泵中的相关零件有配合关系，所以表面粗糙度有较严的要求，R_a 值分别为 1.6、1.6、$3.2\mu m$。

齿轮轴的左端面与轴线有垂直度要求，R_a 值为 $0.8\mu m$。

（二）轮盘类零件

此类零件主体结构是圆柱体，轴向尺寸小于径向尺寸，轴线水平放置的主视图全剖表达内部结构。上面有孔槽等细部结构，用圆形的左视图或俯视图补充说明各部分的结构形状和相对位置关系。

读图 6-41 所示的泵盖零件图。

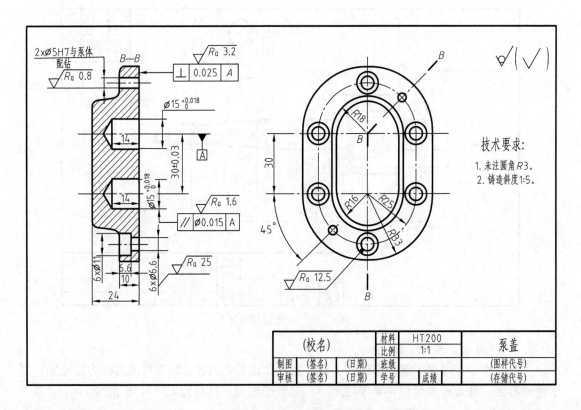

图 6-41　泵盖零件图

1. 概括了解

零件名称为泵盖，属于轮盘类零件，起密封和支承作用，材料为 HT200，零件毛坯为铸件，具有铸造圆角。

2. 视图分析

采用了两个视图。泵盖的主视图按工作位置放置，采用两相交剖切平面剖开机件画出的全剖视图，表达了泵盖的形体特征和内部结构。有两个安装轴用的轴承孔（不通孔）。有安装在泵体上用的 6 个安装孔和 2 个定位销孔，均为通孔。左视图采用基本视图，表示左端面的结构形状和安装孔、定位销孔的分布情况。

3. 尺寸分析

右端面为长度方向主要尺寸基准，前后对称平面为宽度方向主要尺寸基准，轴孔轴线为高度方向的主要尺寸基准。$6\times\phi6.6$ 孔的定位尺寸为 30 和 $R25$。沉孔 $\phi11$ 深为 6.6。两个轴承孔直径为 $\phi15^{+0.018}_{0}$，中心距为 30，孔深为 14。$2\times\phi5$ 销孔的定位尺寸为 $R25$ 和 $45°$。

4. 读技术要求

泵盖零件图中精度要求最高的是 $\phi15^{+0.018}_{0}$ 轴承孔，表面粗糙度 R_a 为 $1.6\mu m$，并且与右表面的垂直度公差为 0.015mm，两轴承孔之间的平行度为 0.015mm，中心距公差为 ±0.03mm。

（三）叉架类零件

叉架类零件包括拨叉、支架、连杆等零件。它们的结构形状一般较复杂、加工工序较多，因此选择主视图时，主要考虑零件的形状特征和工作位置。

读图 6-42 所示的支架零件图。

该零件属于叉架类零件，用来支承杆、轴等零件，材料为铸铁，有铸造圆角。

该零件用三个基本视图和一个移出断面图来表达。主视图考虑了工作位置，反映了主体结构圆柱体的真形，以及与其他部分的相对位置和连接关系，采用局部剖视图说明了圆筒上的两个 M16 的螺孔。三棱柱筋板在俯视图上反映了真形，但高度位置不知道，左视图剖切到一部分，反映了高度位置和尺寸，但没有反映出与圆筒、叉架的连接关系，用后视图来反映，要多画一个视图，在主视图上用虚线表达，既能表达连接关系，又不影响图形的清晰。

俯视图是采用两相交剖切平面（A-A）剖开机件画出的全剖视图。在 $120°$ 方向有一个 M16 的螺孔，旋转到水平位置再进行投影。四棱柱叉架与筋板属于横向剖切，所以画剖面线。

左视图是采用 B-B 单一剖切平面剖开机件画出的全剖视图。由于不是通过对称平面位置剖切的，因此必须在主视图上标注剖切平面位置线、代号、投影方向的箭头。四棱柱叉架属于横向剖切，所以画剖面线；四棱柱筋板属于纵向剖切，所以不画剖面线。

在长度方向，圆筒的轴线是主要尺寸基准，叉架的对称平面是辅助基准。

在宽度方向，圆筒的后表面是主要尺寸基准，叉架 $\phi30$ 的轴线是辅助基准。

在高度方向，上下对称平面是尺寸基准。

表面粗糙度要求不太高，最高 R_a 为 $3.2\mu m$，最低为毛面。精度要求最高的是 $\phi112^{+0.070}_{0}$ 孔。

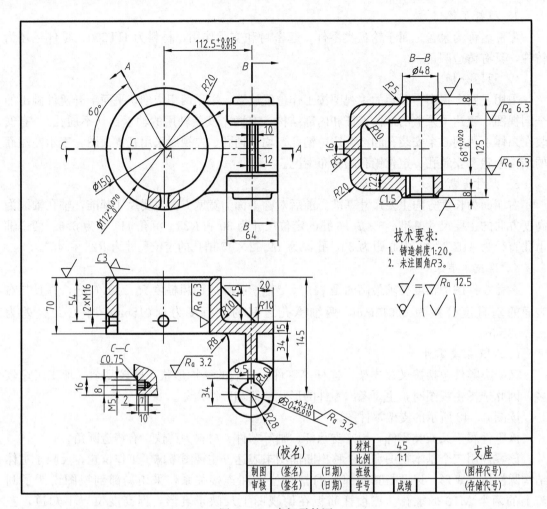

图 6-42　支架零件图

（四）箱体类零件

　　此类零件结构形状一般较复杂，主要由薄壁围成不同形状的空腔，具有加强筋、凹坑、凸台、穿孔、铸造圆角、拔模斜度等结构，加工工序较多。因此选择主视图时，主要从工作位置和自然安放位置考虑，以尽可能多地反映零件形状特征的一面为主视图的投影方向。

　　读图 6-44 所示的座体零件图。

　　从标题栏可知零件名称为座体，起支承作用，材料为 HT200，零件毛坯为铸件，具有铸造圆角、起模斜度，是铸造工艺结构。

　　座体的主视图按工作位置放置，采用全剖视来表达座体的形体特征和空腔的内部结构。左视

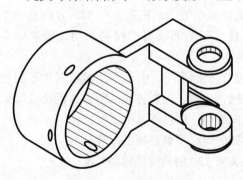

图 6-43　支架立体图

图采用局部剖视，表示底板和肋板的厚度，以及底板上沉孔和通槽的形状。上半部分还表示了端面上的螺孔分布情况。由于座体前后对称，采用 A 向局部视图，表达底板的圆角和安

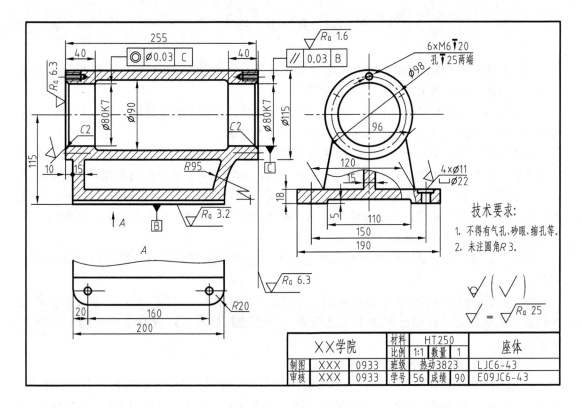

图 6-44 座体零件图

装孔的位置。

座体是在铣刀头部件中支承铣刀轴、V 带轮和铣刀盘的零件。其结构形状可分为两部分：上部为圆筒状，两端的轴孔支承轴承，两侧外端面制有螺孔，圆筒中间部分的直径大于两端的直径；下部是带圆角的方形底板，有 4 个安装孔，将铣刀头安装在铣床上，为了安装平稳和减少加工面，底板下面的中间部分做成通槽。座体的上、下两部分用支承板和肋板连接。

选择座体底面为高度方向的主要尺寸基准，圆柱的任一端面为长度方向的主要尺寸基准，前后对称面为宽度方向的主要尺寸基准。

直接注出按设计要求的结构尺寸和有配合要求的尺寸。如主视图中的"115"是确定圆柱轴线的定位尺寸，"$\phi 80K7$"是与轴承配合的尺寸，"40"是两端轴孔长度方向的定形尺寸，左视图和 A 向局部视图中的"150"、"160"是 4 个安装孔的定位尺寸。

考虑工艺要求，注出工艺结构尺寸，如倒角、圆角等，左视图中符号"↧"表示深度，"⌴"表示沉孔，缩写词"EQS"表示"均布"。

座体零件图中精度要求最高的是"$\phi 80K7$"轴承孔，表面粗糙度 R_a 为 $1.6\mu m$，并且与底面的平行度公差为 $0.03mm$，两轴承孔的同轴度公差也为 $0.03mm$。

（五）其他类零件

其他类零件包括薄壁冲压件、塑料浇注件、镶嵌件等类零件。其表达方案在具体分析结构特征后，参考前述零件类型的表达方案去选择。

本 章 小 结

（1）本章介绍了零件图的作用和内容、视图选择、尺寸注法，零件的工艺结构及其尺寸注法，零件图上的技术要求和零件图的识读。

（2）在确定机件的表达方案时，首先应进行形体分析，要了解零件的功用、各部分结构形状和作用、大致的加工方法，以便确定视图的数量和画法。

可以先按视图的画法来考虑选择主视图和其他视图。主视图一般考虑采用零件的加工和工作位置。根据基本视图上有无虚线，进一步确定在基本视图上是否采用剖视以及其剖切位置等。对零件上的一些次要结构及细部的工艺结构（如倒角、凸台、凹坑、退刀槽、越程槽、圆角、壁厚等）形状，若不能依附在基本视图中解决，或解决得不够彻底、清楚时，可考虑用辅助视图、断面来解决。

在完整、清晰地表达零件结构形状的前提下，应选用最少的视图，使画图、识图都很方便。

（3）在零件图上标注尺寸，除应做到"完整、准确、清晰、合理"外，还应考虑基准这一问题。基准分为设计基准和加工工艺基准。要想选择好基准，应具备一定的工艺加工知识。

（4）技术要求，包括以下方面：

1）表面粗糙度。零件的表面分为加工表面与不加工表面，每个面都应标注表面粗糙度。对加工表面应分出等级，等级与结构要求、加工工艺有关。目前，可在图中选 25 和 12.5 为低级，6.3 和 3.2 为中级，1.6、0.8 和 0.4 为较高等级的表面粗糙度。表面粗糙度的等级选择恰当与否，不作过高要求，但标注应符合国家标准规定。

2）对极限、公差与配合要求做到了解极限、公差的概念，配合制度和各种配合的意义。标准公差确定公差带的大小，基本偏差确定公差带的位置。基本偏差确定了公差带的一个极限偏差，另一个极限偏差由标准公差决定。例如 $\phi 20H8$：ϕ 为特征符号（圆直径），20 为公称尺寸，H 表示孔，为基准孔，它的基本偏差为 H，即孔的下极限偏差为 0，标准公差等级为 8 级，孔的上极限偏差根据公称尺寸 20 及 8 级公差等级查表而知为 $33\mu m$，所以 $\phi 20$ 孔的上极限偏差为＋0.33。应熟悉查表的方法。配合共分三种（间隙、过渡、过盈），其中间隙配合里包括间隙为 0。各种配合都是对一批零件而言，而不是对一对轴、孔而言。

3）对材料、表面处理及热处理、形位公差等项，只作一般性了解。要求记住 Q235、45、HT150 等材料代号，以及淬火、回火等热处理方法。

（5）绘制零件图，一般分为测绘（根据零件实物）和拆画零件图（根据装配图）。绘制零件图时应先画一草图，然后再用工具画工作图。

（6）读零件工作图是机械制图的两大任务之一，根据讲述的读图方法结合图例仔细阅读，并回答所提问题。只有通过多读图，才能提高读图能力。所以，书中所列图例请自行读完。

第七章　装　配　图

装配图是表达机器和部件的图样。表示一个部件的装配图称为部件装配图，表示一台完整机器的图样则称为总装配图。装配图主要表示机器或部件的结构形状、装配关系、工作原理和技术要求。

第一节　装配图的内容和表达方法

一、装配图的内容

装配图一般包括以下四项内容（见图 7-1）。

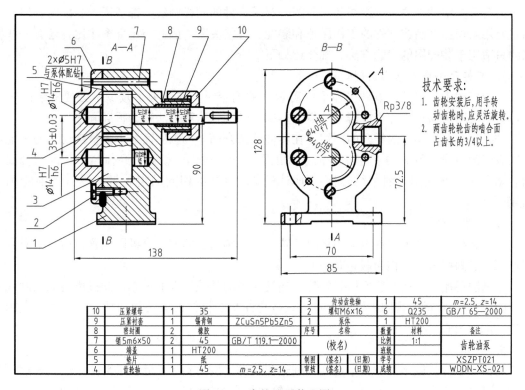

10	压紧螺母	1	35	
9	压紧衬套	1	锡青铜	ZCuSn5Pb5Zn5
8	密封圈	2	橡胶	
7	销5m6×50	2	45	GB/T 119.1—2000
6	端盖	1	HT200	
5	垫片	1	纸	
4	齿轮轴	1	45	$m=2.5$, $z=14$

3	传动齿轮轴	1	45	$m=2.5$, $z=14$
2	螺钉M6×16	6	Q235	GB/T 65—2000
1	泵体	1	HT200	
序号	名称	数量	材料	备注

（校名）		比例	1:1	齿轮油泵
		班级		
制图	（签名）（日期）	学号		XSZPT021
审核	（签名）（日期）	成绩		WDDN-XS-021

图 7-1　齿轮油泵装配图

1. 一组视图

用一组视图表达产品或部件的工作原理、各零件间的装配关系与连接方式，以及主要零件的结构形状。

2. 必要的尺寸

必要的尺寸包括产品或部件的性能规格尺寸、零件间的配合尺寸、外形尺寸、机器或部件的安装尺寸等有关尺寸。

3. 技术要求

用文字或符号说明产品或部件的性能、装配、安装、调试、使用与维护等方面的技术要求。

4. 零件序号、明细栏和标题栏

在装配图中，必须对每一种不同零件编写序号，并在明细栏内依次列出零件序号、名称、数量、材料等。标题栏中写明装配体名称、图号、绘图比例以及设计、制图、审核人员的签名和日期等。

二、装配图的作用

在进行产品设计时，一般先画出装配图，然后根据装配图绘制零件图；在产品制造中，则是根据装配图把加工制成的零件装配成机器或部件；在使用过程中，装配图可帮助使用者了解产品或部件的结构，为安装、调试、操作和检修提供技术资料。所以装配图是设计、制造和使用机器或部件的重要技术文件。

三、装配图的表达方法

前几章介绍的视图、剖视图和断面图等有关机件的图样画法，都适用于装配图。但装配图主要用来表达产品或部件的工作原理和装配、连接关系，因此与零件图相比，还有一些特殊的只适用于装配图的表达方法，现介绍如下。

1. 拆卸画法和沿结合面剖切

在装配图中，当某些零件遮住了所需表达的内容时，或者为了减少不必要的绘图工作量，有的视图可假想将一个或若干个零件拆卸后绘制，这种方法称为拆卸画法。

如果是沿某些零件的结合面剖切，在零件的结合面上不画剖面线，但被剖切到的其他零件仍应画剖面线。图 7-1 所示齿轮油泵装配图中的左视图，就是沿泵体与垫片的结合面剖切后画出的半剖视图。图中结合面不画剖面线，但被剖切到的齿轮轴、螺钉和销应画剖面线。

2. 假想画法

表示装配体上某个零件运动的极限位置，一般画出它们的一个极限位置，另一个极限位置可用双点画线表达，称为假想画法。

该画法还用于表达与装配体有安装、连接关系的其他零件的投影，此投影用双点画线表示。图 7-1 所示的左视图中要表示安装该齿轮油泵的机体的安装板和螺栓，可用双点画线表达，图中未画。

3. 夸大画法

对薄片零件、微小间隙、小锥度、细丝弹簧等，按其实际尺寸在装配图中绘制表达不清楚时，可采用夸大画法。如图 7-1 所示齿轮油泵中的垫片厚度，就是夸大画出的。

4. 规定画法

(1) 剖面线的画法 (GB/T 4457.5—2013《机械制图 剖面区域的表示法》)。在装配图中，相互邻接的金属零件的剖面线，其倾斜方向应相反，或方向一致而间隔不等，如图 7-2 所示。同一装配图中同一零件的剖面线应方向相同、间隔相等。宽度小于或等于 2mm 的狭小面积的剖面可用涂黑代替剖面符号，如图 7-6 所示。当两邻接剖面均涂黑时，剖面之间应留出不小于 0.7mm 的空隙。

(2) 两相邻零件的接触表面和配合表面只画一条线，不接触表面和非配合表面即使间隙很小也应画两条线，如图7-3所示。

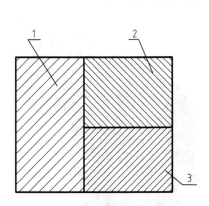

图7-2 相邻零件的剖面线画法

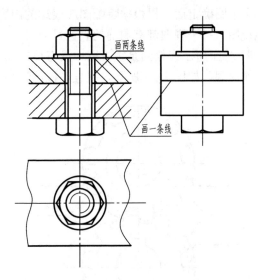

图7-3 相邻零件表面的画法

（3）紧固件及实心件的表达。一些实心件如轴、连杆、球、键等和一些紧固件如螺栓、螺母、销等，当剖切平面通过其对称平面或轴线时，这些零件按不剖绘制。如图7-1主视图中的轴、螺钉、销、螺母按不剖绘制；如果这些零件上有键槽、销孔等需表达时，可采用局部剖视。

5. 简化画法

在装配图中，零件的工艺结构，如倒角、圆角、退刀槽等可不画出。对于若干相同的零件组，如螺栓连接等，可详细画出一组或几组，其余只需要用点画线表示其装配位置即可。

第二节 装配图的视图选择

为满足生产的需要，应正确运用装配图的各种表达方法，将部件的工作原理、各零件间的装配关系及主要零件的基本结构完整清晰地表达出来。视图表达方案应力求简明，便于读图。

一、主视图选择

根据装配图的内容和要求，在选择主视图时应着重考虑以下两点：

1. 工作位置

部件工作时所处的位置称为工作位置。一般情况下将部件摆成工作位置，便于反映装配关系。对某些通用部件，如阀类等，由于工作场合不同，可将其按常见或习惯位置确定摆放位置。

2. 部件特征

部件的工作原理、各零件间的装配关系和主要零件的基本结构等称为部件特征。在确定主视图的投射方向时，应考虑能清楚地显示部件的工作原理、装配关系、零件结构等特征。如图7-1齿轮油泵装配图的主视图按工作位置摆放，用全剖视图表达了各零件在主要装配干线上的装配关系和主要结构。

二、其他视图的选择

主视图确定后，再根据装配图应表达的内容，检查还有哪些内容没表达清楚，据此选择其他视图。每个视图都有明确的表达目的。

图 7-1 所示齿轮油泵主视图中没有反映出油泵的工作原理。在此选取左视图反映其油泵工作原理，如图 7-4 所示，并且左视图还表达了泵体和泵盖的外形。

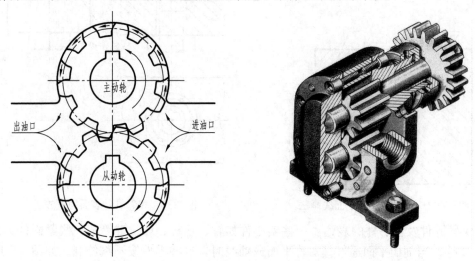

图 7-4　齿轮油泵工作原理

第三节　装配图的尺寸标注及零件序号和明细栏

一、装配图的尺寸标注

装配图不是制造零件的直接依据，因此装配图中不需标注出零件的全部尺寸，只需标注出与部件的规格（性能）、装配、检验、安装、运输及使用等有关的尺寸。

1. 规格尺寸

设计部件的主要参数，也是用户了解和选用机器或部件的依据。如图 7-1 中 $Rp\frac{3}{8}$ 为与油泵相配的管路管螺纹的尺寸代号。

2. 装配尺寸

装配尺寸表示机器或部件中与装配有关的尺寸。装配尺寸是装配工作的主要依据，是保证部件性能所必需的重要尺寸，包括保证零件间配合性质的尺寸，保证零件间相对位置的尺寸，装配时进行加工的有关尺寸等。如图 7-1 所示齿轮油泵中的 $\phi14\frac{H7}{h6}$ 等。

3. 安装尺寸

安装尺寸是机器或部件安装时需要的尺寸，如图 7-1 中与安装有关的尺寸 70 等。

4. 外形尺寸

外形尺寸表示机器或部件外形轮廓的大小，即总长、总宽和总高的尺寸。它反映了机器或部件所占空间的大小，是包装、运输、安装以及厂房设计所需要的数据，如图 7-1 中的138、128、85。

5. 其他必要尺寸

除上述尺寸外，还有活动范围的极限尺寸和主体零件的重要尺寸等也需要标注。

上述五类尺寸之间并不是孤立无关的，实际上有的尺寸往往同时具有多种作用。另外，受产品的生产规模、工艺条件、专业习惯等因素影响，装配图中所标尺寸也有所不同，有的不只限于这几种，有的又不一定都具备这几种尺寸。因此，对装配图的尺寸标注应根据实际情况具体分析，合理标注。

二、装配图中零件序号和明细栏

为了便于读图和图样管理，在装配图中对所有零、部件都必须编写序号，并画出明细栏填写零件的序号、代号、名称、数量、材料等内容。

（一）序号

1. 一般规定

（1）装配图中一个零件只编写一个序号，同一装配图中相同的零件（形状、大小、材料和制造要求均相同）只编写一个序号。

（2）装配图中零件序号应与明细栏中序号一致。

2. 序号的编排方法

（1）编写序号的常见形式如下：在所指的零、部件的可见轮廓内画一圆点，然后从圆点开始画指引线（细实线），在指引线的另一端画一水平线或圆（都为细实线），在水平线上或圆内注写序号，序号的字高应比尺寸数字大一号或两号，如图 7-5 所示。

（2）对薄片类零件，其厚度在 2mm 以下的剖面涂黑，可以用箭头指向该零件，如图 7-6 所示。

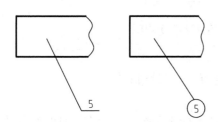 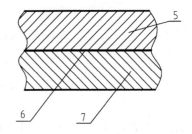

图 7-5　序号的一般注写形式　　图 7-6　薄片类零件的注写形式

（3）指引线相互不能相交。当指引线通过剖面线的区域时，不应与剖面线平行，必要时，指引线可以画成折线，但只允许曲折一次，如图 7-7 所示。

（4）一组紧固件以及装配关系清楚的零件组，可采用公共指引线，如图 7-8 所示。

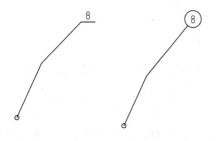 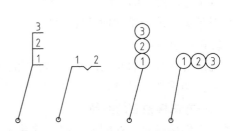

图 7-7　曲折指引线　　图 7-8　成组类零件的注写形式

（5）装配图中的标准化组件（如油杯、滚动轴承、电动机等）看做一个整体，只编写一个序号。

（6）零、部件序号应沿水平或垂直方向按顺时针（或逆时针）方向顺次排列整齐，并尽可能均匀分布，如图 7-1 所示。

（7）部件中的标准件可以与非标准件同样地编写序号，如图 7-1 所示。

（二）明细栏

明细栏是机器或部件中全部零、部件的详细目录，应将零件的序号、名称、数量、材料等填写在表格内。国家标准对明细栏格式及内容做了统一规定，如图 1-3（b）所示。学生做作业时，可采用图 7-9 所示的格式。

明细栏画在标题栏的上方，外框粗实线、内格水平线为细实线，内格竖线为粗实线。如地方不够，也可在标题栏左方再画一排明细栏。明细栏中零件序号，编写顺序从下往上，以便增加零件时，可继续向上画。

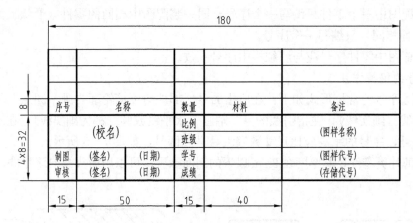

图 7-9　装配图中的标题栏与明细栏

第四节　装配结构的合理性简介

装配结构影响产品质量和成本，甚至决定产品能否制造，因此在设计和绘制装配图的过程中，应考虑到装配结构的合理性，以保证机器或部件的性能，并给零件的加工和装拆带来方便。对装配结构的基本要求如下：

（1）零件结合处应精确可靠，能保证装配质量；

（2）便于装配和拆卸；

（3）零件的结构简单，加工工艺性好。

下面对常见的装配结构做简要介绍。

一、轴和孔的配合

轴和孔配合，且轴肩与孔的端面相互接触时，应在孔的接触端面制成倒角或在轴肩根部切槽，以保证两零件接触良好。图 7-10 所示为轴肩与孔的端面相互接触时的正误对比。

二、同一方向接触面的数量

当两个零件接触时，在同一方向上的接触面只能有一对，这样既可满足装配要求，又方便制造。图 7-11 所示为平面接触的正误对比。

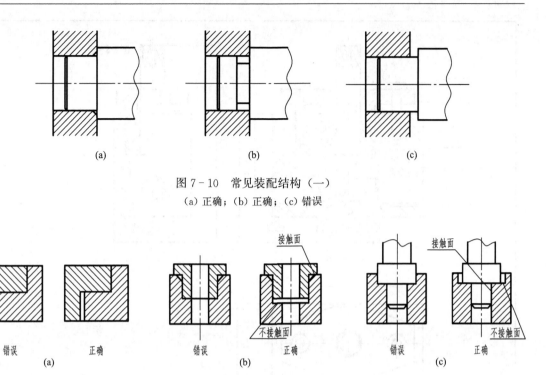

图 7-10 常见装配结构（一）

(a) 正确；(b) 正确；(c) 错误

图 7-11 常见装配结构（二）

三、定位销的拆卸

为了保证两零件在装拆前后不致降低装配精度，通常用圆柱销或圆锥销将两零件定位，如图 7-12（a）所示。为了加工和装拆的方便，有可能时最好将销孔做成通孔，如图 7-12（b）所示。

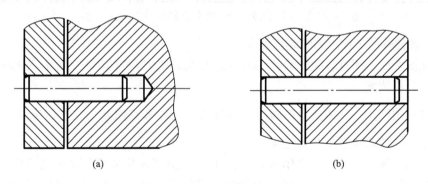

图 7-12 常见装配结构（三）

(a) 不通孔时；(b) 通孔时

第五节 装配图的画法

根据各零件图可拼画出装配图。下面以旋塞装配图为例介绍装配图画法，如图 7-13～图 7-19 所示。

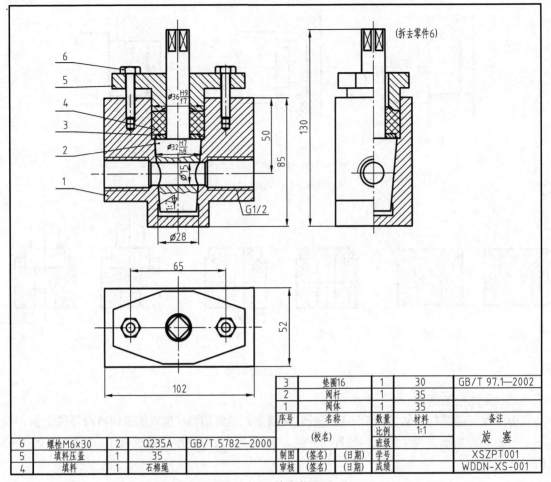

3	垫圈16	1	30	GB/T 97.1—2002
2	阀杆	1	35	
1	阀体	1	35	
序号	名称	数量	材料	备注

			比例	1:1		旋 塞
	（校名）		班级			
6	螺栓M6×30	2 Q235A GB/T 5782—2000	制图	（签名）（日期）	学号	XSZPT001
5	填料压盖	1 35	审核	（签名）（日期）	成绩	WDDN-XS-001
4	填料	1 石棉绳				

图 7-13　旋塞装配图

一、了解部件的工作原理和装配关系

画装配图之前，须对装配体的装配关系、工作原理、零件的形状、结构及零件间的装配关系等内容分析清楚。

旋塞是控制液体、气体流通的阀门，通过转动阀杆来实现开关。它以螺纹 $G\frac{1}{2}$ 连接于管道上，作为开关其特点是开关迅速。

由图 7-13 所示旋塞装配图和图 7-14～图 7-18 所示旋塞零件图仔细分析得知旋塞的工作原理是：阀杆的顶部开有长槽作为标记，当阀杆转动 90°时，长槽处于和管道垂直位，表明已关闭。为防止泄漏，在阀杆和阀体之间有填料石棉绳并用压盖压紧。

二、确定表达方案

表达方案应力求把装配体的结构、工作原理、装配关系正确、完整、清晰地表达出来。

旋塞采用两个视图表达：主视图采用全剖视图，反映装配关系和工作原理。主视图中还采用规定画法，实心件和标准件剖切面通过其对称平面或轴线时，这些零件按不剖处理，如图 7-13 中螺栓、阀杆按不剖处理。为表达阀杆上的孔，图 7-13 中采用局部剖视表达。俯视图补充表达装配体的外形。

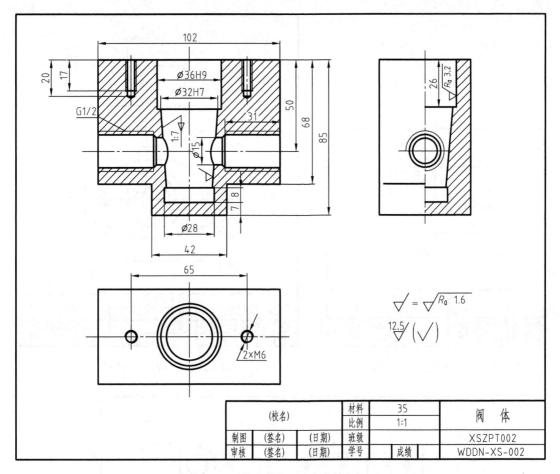

图 7-14 旋塞零件图——阀体（一）

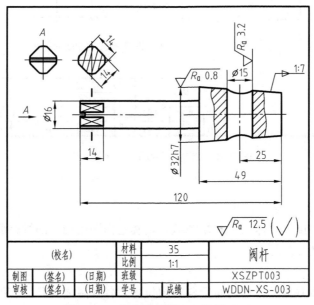

图 7-15 旋塞零件图——阀杆（二）

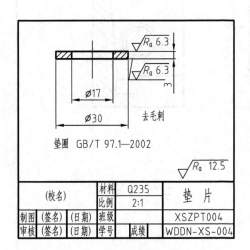

图 7-16　旋塞零件图——垫圈（三）

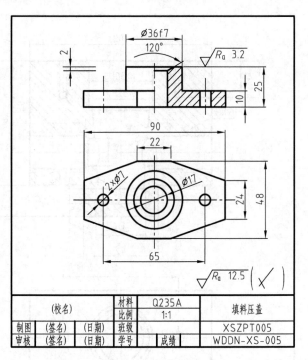

图 7-17　旋塞零件图——填料压盖（四）

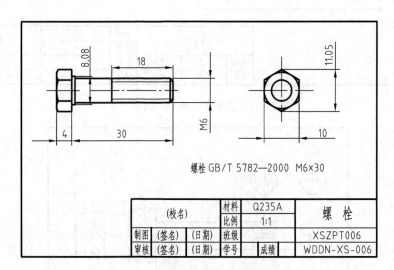

图 7-18　旋塞零件图——螺栓（五）

三、画装配图

1. 确定图纸幅面与画图比例

根据部件复杂程度、总体尺寸和视图数量，确定作图比例和图纸幅面。旋塞装配图选择 1∶1 的比例，A3 幅面为宜。

2. 布置图面

画各视图的主要基准线，均匀布置各视图位置，各视图之间要留有编写序号、标注尺寸的位置。

3. 画图

由主视图开始，几个视图配合进行。应先画主视图的主要轴线（装配干线）、对称中心线和作图基线（某些零件的基面或端面）。

画剖视图时，以装配干线为准由内向外逐个画出各个零件，也可以由外向里，视作图方便而定。

旋塞装配图的作图步骤见图 7－19。

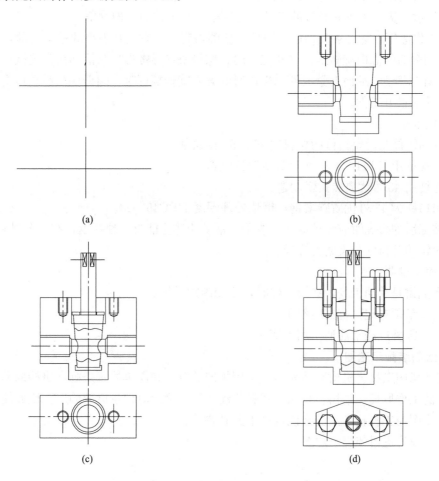

图 7－19　画旋塞装配图底稿的步骤

(a) 画装配体基本轴线；(b) 画装配体主要零件阀体轮廓；

(c) 画零件阀杆、垫圈；(d) 画零件填料压盖、螺栓

四、加深、编写序号、明细栏等

(1) 底稿完成后，经检查无误，加深描粗图线，画剖面线。

(2) 正确、完整、清晰、合理地标注尺寸。

(3) 编写零、部件序号，填写标题栏、明细栏、技术要求。

最后还应再把所画装配图的投影、视图表达、尺寸、序号、明细栏、技术要求等各项内容进行一次全面校核。

第六节　装配体测绘

对现有的装配体进行测量，并画出装配图及零件图的过程称为装配体测绘。现以机用虎钳为例说明装配体测绘的方法和步骤。

一、了解机用虎钳的用途、工作原理、使用要求、技术条件

（1）用途：为钳工车间必备的工具，是用来夹持工件的一种设备。

（2）工作原理：螺杆被其轴肩、圆环、垫圈限制，左右只有很小的移动间隙，只能作圆周运动。当顺时针方向旋转螺杆（丝杠）时，螺母块（导螺母）与活动钳身连接在一起，只能沿螺杆向右移动，从而夹紧工件；当逆时针方向旋转螺杆时，螺母块与活动钳身沿螺杆向左移动，从而松开工件。

（3）技术条件：

1）活动钳体与固定钳体的材料用 HT150 铸铁制造。

2）导螺母用 KTH 330 - 08 可锻造铸铁制造。

3）丝杆用 45 号优质碳素钢制造。

4）钳口铁为 45 号优质碳素钢，钢垫处理硬度 HRC45 - 53。

5）装配后的台虎钳应转动灵活、拨干，活动钳体应能自由地往返，有部分过紧现象。

6）虎钳的开口度与夹紧力标准。

（4）使用说明：

1）台虎钳是手动工具，夹持工件时，不用附加手柄。

2）开口量须在规格范围内使用。

3）活动零件应经常注油，用后擦净。

二、绘制装配示意图

装配示意图又称为机构运动简图，是用规定的符号和简单的线条画出机构的简图，用以说明机器的工作原理、结构、装配关系和传动情况，测绘时记录拆装顺序。因此能识读和绘制装配示意图对工程技术人员来说也是十分必要的。

图 7 - 20 为虎钳装配示意图。

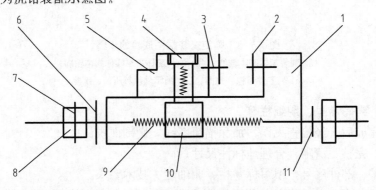

图 7 - 20　虎钳装配示意图

1—固定钳身；2—钳口板；3—紧定螺钉；4—螺钉；5—活动钳身；6、11—垫圈；

7—圆柱销；8—圆环；9—螺杆；10—螺母块

虎钳装配：用紧定螺钉将钳口板固定在活动钳身和固定钳身上；将螺母块从固定钳身下面导轨处插入活动钳身中，并用螺钉连接；将垫圈套入螺杆，并从固定钳身右端插入，旋入到螺母块中；在螺杆的左端套入垫圈和圆环，用圆柱销连接螺杆与圆环。反之也可知拆卸顺序。

三、准备工具

准备好拆装用的工具，如扳手、直尺、游标卡尺、螺纹规、标签等。

四、拆卸装配体

拆卸装配体（必要时可以记录拆卸顺序；对更为复杂的装配体，还可以进行录像），根据装配示意图中的编号，在标签上注写零件名称、编号、件数，贴在零件上面。

五、测绘零件图

首先徒手目测画出零件的大致图形，边测量边标注尺寸和技术要求，根据零件在装配体中的作用、装配关系，进行反复核对、计算，最后按零件图绘制的方法和步骤，绘制出零件图，如图 7-21～图 7-26 所示。

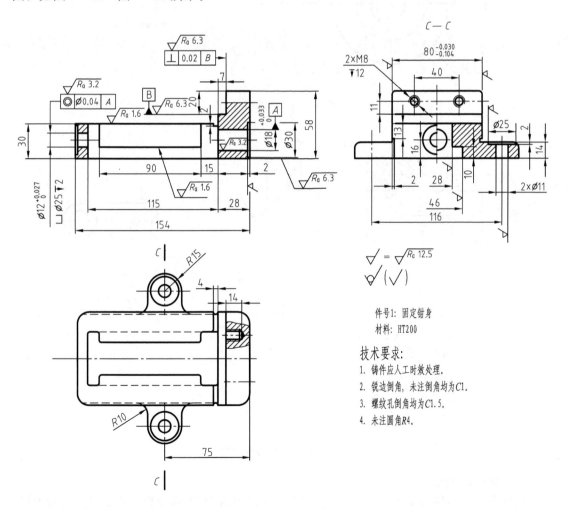

件号1: 固定钳身

材料: HT200

技术要求:
1. 铸件应人工时效处理。
2. 锐边倒角，未注倒角均为C1。
3. 螺纹孔倒角均为C1.5。
4. 未注圆角R4。

图 7-21 固定钳身

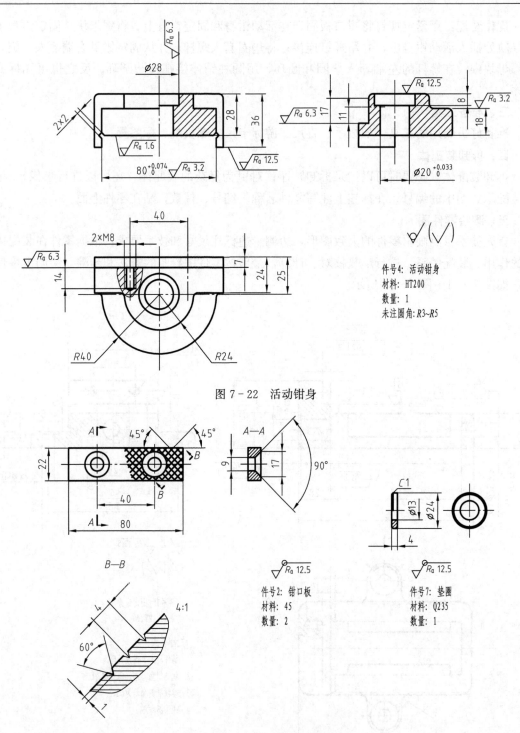

图 7-22　活动钳身

图 7-23　钳口板和垫圈

六、绘制装配图

将所绘虎钳零件图按装配示意图和前述装配图的绘制方法和步骤，绘制出虎钳装配图，如图 7-27 所示。

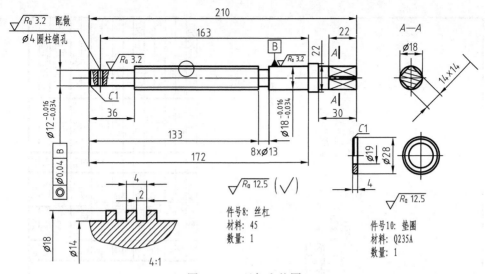

图 7 - 24　丝杠和垫圈

件号8: 丝杠
材料: 45
数量: 1

件号10: 垫圈
材料: Q235A
数量: 1

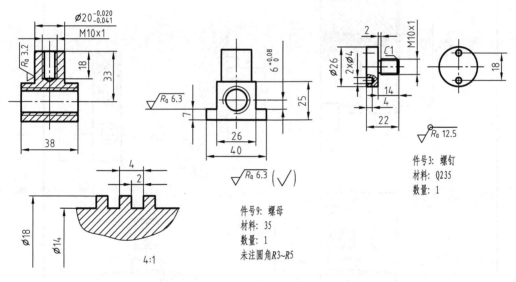

件号9: 螺母
材料: 35
数量: 1
未注圆角R3~R5

件号3: 螺钉
材料: Q235
数量: 1

图 7 - 25　螺母和螺钉

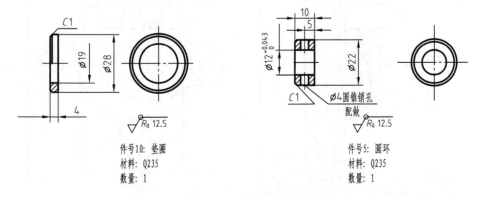

件号10: 垫圈
材料: Q235
数量: 1

件号5: 圆环
材料: Q235
数量: 1

图 7 - 26　垫圈和圆环

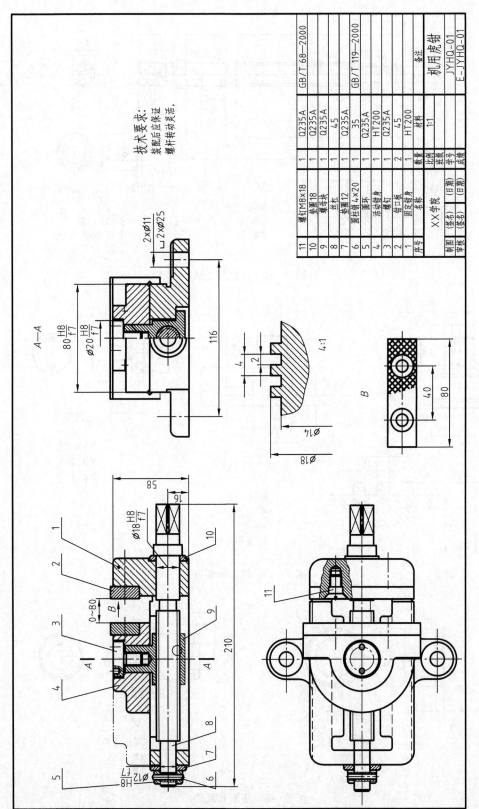

图 7 – 27　机用虎钳装配图

序号	名称	数量	材料	备注
11	螺钉 M8×18	1	Q235A	GB/T 68—2000
10	垫圈 18	1	Q235A	
9	丝杠	1	45	
8	垫圈 12	1	Q235A	
7	圆柱销 4×20	1	35	GB/T 119—2000
6	圆环	1	Q235A	
5	活动钳身	1	HT200	
4	螺钉	1	Q235A	
3	钳口板	2	45	
2	固定钳身	1	HT200	
1	XX学院		1:1	机用虎钳
制图	(签名)	(日期)	比例	JYHQ-01
审核	(签名)	(日期)	班级 学号 成绩	E-JYHQ-01

技术要求：
装配后应保证
螺杆转动灵活。

第七节 读装配图及由装配图拆画零件图

读装配图的目的是为了解装配体的性能、各零件间的连接关系和装配关系、装配体的尺寸、技术要求和操作方法。

一、读装配图的步骤

1. 概括了解

识读装配图，首先由标题栏和明细栏了解该装配体的名称及各种零件的名称、数量等，再由产品说明书了解装配体的功能，从而对装配体有个初步印象。

2. 了解部件的工作原理和装配关系

对装配图的视图仔细分析，明确各视图的意图，再参阅产品说明书。从主要装配干线入手，分析清楚各干线之间关系，从而对装配体的工作原理、零件之间的配合关系与连接方式有所明白；此外，对运动件相对运动关系、密封方式等也要注意。经过这样认真分析，对装配体的工作原理、装配关系等有了较全面的了解。

3. 分析零件的作用及结构形状

进一步深入分析视图，从主要零件着手，弄清每个零件的形状、大小及其结构，明白零件在装配体中的作用。

经过以上三步对装配图的分析研究，对装配体就会有一个明确、清晰、完整的认识。

二、读齿轮油泵装配图 （见图 7 - 1、图 7 - 4）

齿轮油泵是液压系统中一种能量转换装置，是为机器中润滑系统、冷却系统和液压传动系统提供高压油的设备。

1. 概括了解

由图 7 - 1、图 7 - 4 可知齿轮油泵由 10 种零件装配而成，用两个视图表达。主视图采用全剖表达，反映组成齿轮油泵的各个零件间的装配关系。左视图是沿零件结合面剖切所得的半剖视图，在此基础上又用局部剖视表达进、出油口。它清楚地反映了整个油泵的外形、齿轮的啮合情况以及进、出油的工作原理。

2. 了解工作原理及装配关系

工作原理：由主视图和左视图得知，泵体上有进、出油口，由传动齿轮轴带动齿轮转动后，齿轮右方形成真空，将低压油吸入泵内，随齿轮旋转齿槽中的油不断沿箭头方向被带至左边的出油口把油压出，送到机器中需要润滑的部位。

装配关系：由销将端盖与泵体定位后，再用螺钉将端盖与泵体连接成整体。泵体的内腔容纳一对吸油和压油的齿轮。

密封装置：为了防止泵体与端盖结合面处以及传动齿轮轴伸出端漏油，分别用垫片及密封圈、衬套、压紧螺母密封。

3. 尺寸分析

装配图中一些配合尺寸也能帮助读者进一步了解零件间的装配关系，如 $\phi14H7/h6$、$\phi40H8/f7$ 各属于什么配合。请读者自行由附录查得。

还有一些尺寸，如 138、85、128 可知装配体的大小，使读者对装配体有一个直观的想象，认为油泵体积不大。

尺寸 35±0.03 是一对啮合齿轮的中心距，这个尺寸直接影响齿轮的啮合传动。尺寸 90 是传动齿轮轴线距离泵体安装面的高度尺寸。

进、出油口的尺寸 Rp $\frac{3}{8}$ 为规格尺寸，两个螺栓之间的尺寸 70 为安装尺寸。

4. 总结归纳

为了加深对所看装配图的全面认识，还需从装拆顺序、安装方法、技术要求等方面综合考虑，以加深对整个部件的进一步认识，从而获得对整台机器或部件的完整概念。

三、由装配图拆画零件图

由装配图拆画零件图是考核读装配图效果的重要手段。下面以由图 7-1 齿轮油泵装配图拆画端盖零件图为例进行说明，如图 7-28 所示。

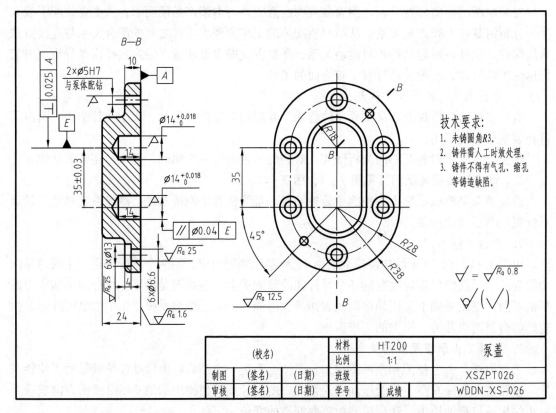

图 7-28　齿轮油泵端盖零件图

1. 构思零件的结构形状

由装配图拆画零件图，关键在于读懂装配图。从装配图中分析出所拆画零件的轮廓，并想象出零件的整体结构形状。在装配图中由于零件间的相互关系，零件某些形状被遮挡，表达不清，此时要根据零件与相邻零件之间关系及零件在装配体中的作用进行想象，完整构思出该零件的结构形状。

2. 确定零件视图及其表达方案

拆画零件图不可照搬该零件在装配图中的表达方法，而应根据该零件本身的结构特点来确定表达方案，如图 7-28 所示。

3. 确定零件的尺寸

凡装配图中已注出的尺寸，一般均为重要尺寸，应按原尺寸数值标注到有关零件图中。装配图中未注出的尺寸，应根据不同情况加以确定。如零件图上的标准结构、倒角、退刀槽、键槽、螺纹等尺寸应查阅有关标准得出，再标注在零件图上；还可根据装配图的比例直接从图中量取，取整后再标注到零件图中，见图 7 - 28。

4. 零件表面粗糙度及其他技术要求

零件的各表面都应注写表面粗糙度代号，其参数值 R_a 应根据零件表面的作用和要求来确定。零件的其他技术要求根据零件的作用、要求、加工工艺参考有关资料拟订。

5. 校核零件图

在完成零件图底稿以后，还需对零件的视图、尺寸、技术要求等各项内容进行全面校核，无误后按线型要求描深，并填写标题栏，如图 7 - 28 所示。

四、读减速机装配图并拆画输出轴的零件图

(一)"读装"

读图 7 - 29 所示的减速机装配图。

(二)"拆零"

拆画输出轴的零件图。

1. 复原

(1)作用：传递动力和运动。

(2)动作过程：电动机→齿轮（或皮带轮、联轴器）→输入轴（齿轮轴）→齿轮（键）→输出轴→齿轮（联轴器）→工作机。

(3)该零件属于轴类零件，其上常见的结构有倒角、圆角、退刀槽、键槽等。

2. 确定尺寸（见图 7 - 30）

(1)轴向尺寸：

L_1 段装轴承，查 GB/T 274—2000《滚动轴承　倒角尺寸最大值》，$L_1 = T = 18.25 \approx 18$。

L_2 段为轴肩，用于轴向固定轴承和齿轮，$L_2 = ab = 1.5(0.07d_1 + 3) \approx 8$，$a \approx 0.07d + 3$，$b = (1 - 1.5)a$。

L_3 段装齿轮，L_4 为圆锥过渡，$L_3 + L_4 = 40$，$L_4 = L_2$。

$L_5 =$ 定距环＋轴承 T ＋甩油环＋盖厚＋间隙 1 ＋间隙 2

间隙 1：按比例量算取整，取 20。

盖厚：上有间隙油沟（非接触密封），按比例量算取整，取 20。

甩油环：取 12。

间隙 2：估取 1.5～2。

轴承 T：18.25。

定距环：量算，取 6～8。

$L_6 = 55$。

最后确定轴长度为 200。

(2)径向尺寸：

$d_1 = \phi 35^{+0.025}_{+0.009} \text{m6}$

$d_2 = d_1 + 2(0.07d_1 + 3) = 46$

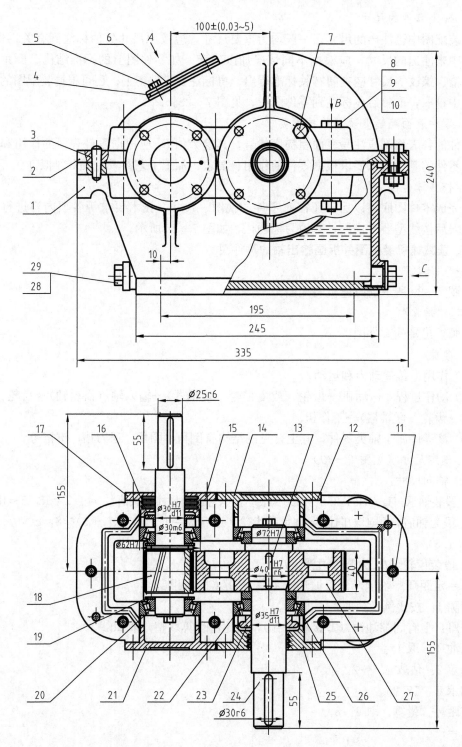

图 7- 29　减速

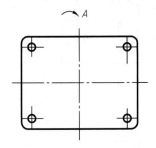

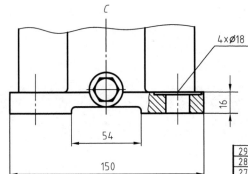

4×⌀18

16

54

150

技术要求:
1. 啮合的最小侧隙为0.11.
2. 减速箱运转应平稳, 响声应均匀.
3. 各连接与密封处不应有漏油现象.
   负载实验时, 油温不得超过环境温
   度35℃; 轴承温度不得超过环境
   温度40℃.

29	垫圈	2	石棉橡胶纸	
28	螺塞	2	Q235A	
27	齿轮	1	35S1Mn	$m=1.5; z=100; B=9°22'$
26	定距环	1	Q235A	
25	大透盖	1	HT200	
24	输出轴	1	45	
23	甩油环	1	Q235A	
22	滚动轴承30207	2		GB/T 297—1994
21	小闷盖	1	HT200	
20	滚动轴承30206	2		GB/T 297—1994
19	挡油环	2	Q235A	
18	齿轮轴	1	38S1MnMo	$m=1.5; z=32; B=9°22'$
17	调整垫片	2	15F	
16	甩油环	1	Q235A	
15	小透盖	1	HT200	
14	大闷盖	1	HT200	
13	键12×8	1	35F	GB/T 1096—2003
12	调整垫片	2	15F	
11	螺栓M10×40	2	Q235A	GB/T 5780—2000
10	螺母M10	8	Q235A	GB/T 6170—2000
9	垫圈	8	Q235A	GB/T 92.1—2002
8	螺栓M10×90	6	Q235A	GB/T 5780—2000
7	螺栓M8×20	16	Q235A	GB/T 5780—2000
6	视孔盖	1	Q235A	
5	螺栓M6×16	4	Q235A	GB/T5780—2000
4	垫片	1	石棉橡胶纸	90×70×2
3	销8×35	2	35	GB/T 117—2000
2	箱盖	1	HT200	
1	箱体	1	HT200	
序号	名 称	数量	材料	备注

XX学院		比例	1:1	减速机
		班级		
制图	(签名) (日期)	学号		(图样代号)
审核	(签名) (日期)	成绩		(存储代号)

机装配图

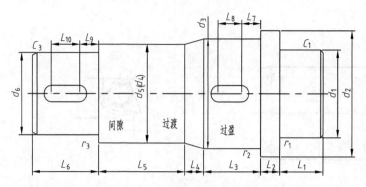

图 7-30　输出轴零件图（草图）

$d_3 = 40^{+0.050}_{+0.034}\,\text{r}6$

$d_4 = d_5\,\text{右} = 35^{+0.025}_{+0.009}$ （$\phi35\text{m}6$）

$d_5\,\text{左} = 35^{-0.080}_{-0.240}$ （$\phi35\text{d}11$）

$d_6 = 30^{+0.041}_{+0.028}\,\text{r}6$

（3）圆角尺寸：

$d = 18\sim30$，$R = 1.0$；$d = 30\sim50$，$R = 1.6$。

$r_1 = 1.6\,(1.0)$，$r_2 = 1.6\,(1.0)$，$r_3 = 1.0$。

（4）键槽尺寸：

外端：$\phi30\text{r}6$，$t = 4$，$b = 8$，$L = 50$。

装齿轮处：$\phi40\text{r}6$，$t = 4.5$，$b = 12$，$L = 35$。

定位尺寸：$L_7 = 2$，$L_9 = 2$。

定形尺寸：$L_8 = 23$，$L_{10} = 42$。

（5）倒角尺寸：$C_3 = 1.0$，$C_1 = 1.5$。

3. 画零件图

（1）形体分析、尺寸分析。

（2）选基准。

（3）确定表达方案：一个主视图、两个移出剖面图（键槽处）、$\phi35$ 端面处局部视图，余略。

4. 标注尺寸

此处略。

5. 标注技术要求

（1）表面粗糙度（要加粗糙度符号）：

装轴承处：0.8。

装齿轮处：1.6。

装甩油环处、轴肩处：3.2。

轴环靠轴承的一面：1.6。

键槽侧面：1.6。

键槽底面：3.2。

其余：12.5。

（2）公差配合：键槽宽度极限偏差 P9；其余的装配图上已给出。

（3）形位公差：

两轴承处：圆跳动公差值为 0.012，基准面为 A-B。

轴环靠轴承面：圆跳动公差值为 0.012，基准面为 A-B。

键槽：对称度公差值，小端为 0.06，大端为 0.08。

（4）垫处理：T224。

（5）材料：45。

6. 填写标题栏

（1）注明件号：同装配图编号。

（2）图纸编号。

7. 检查修正，完成输出轴零件图

如图 7 - 31 所示。

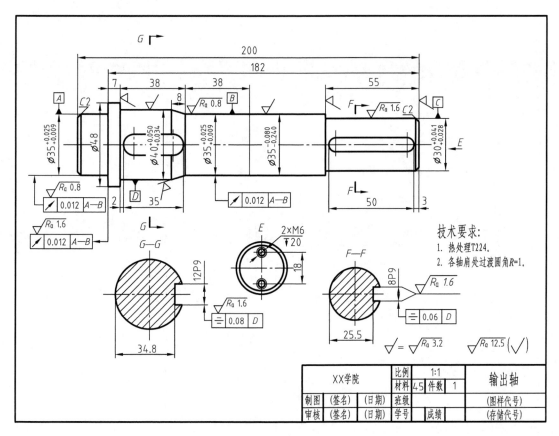

图 7 - 31 输出轴零件图

本 章 小 结

本章重点了解装配图在生产与设计中的作用和装配图的内容，掌握装配图视图表达方法和尺寸标注；理解并掌握装配图中零件序号、明细栏和标题栏的绘制要领；能够应用本章介绍的方法和步骤绘制一般部件的装配图。

　　装配图的内容比零件图的内容增加了序号和明细栏，以及规定画法和特殊表达方法。

　　装配图上标注的是必要的尺寸，即规格性能尺寸、装配尺寸、安装尺寸、外形尺寸和其他重要尺寸。

　　识读装配图时要看懂装配图的工作原理，各零件间的相互位置、装配关系、传动路线，装配技术要求，主要零件的结构形状、使用方法、拆装顺序等，在看懂装配图后还要拆画零件图。

第八章 电气工程图

电气工程图是阐述电气工程的构造和功能，描述电气装置的工作原理，提供安装接线和维护使用信息的施工图。电气工程图一般按类别可分为强电图和弱电图；按表示法可分为图样（利用投影关系绘制的图形）、简图（用国家规定的电气图形符号、带注释的图框或简化外形来表示电气系统或设备中各组成部分之间相互关系及其连接关系的一种图）、表图（反映两个或两个以上变量之间关系的一种图）、表格（把电气系统的有关数据或编号按纵横排列的一种表达形式，用以说明电气系统或设备中各组成部分的连接关系，也可提供电气工作参数）等。电气工程涉及行业很广泛，工程规模大小不同，所以反映一项电气工程的电气工程图的种类和数量也是不同的。本章只简单介绍与电力行业有关的几种工程图。

第一节 电 气 图

一、电气图简介

电气图是按照统一的规范绘制，采用标准图形和文字符号表示实际电气工程的安装、接线、功能、原理及供配电关系等的一种电气工程图。

电气图一般由电路、技术说明和标题栏三部分组成。电路通常由主电路和辅助电路组成。主电路是电源向负载输送电能的部分，一般包括发电机、变压器、开关、接触器、熔断器和负载等。辅助电路是对主电路控制、保护、监测、指示等的电路。标题栏画在电气图的右下角，技术说明含文字说明和元件明细表等，在电气图标题栏的右上方。

电路是电流通过的路径，指的是各种电气设备和器件按照一定方式连接起来的总体。

为了便于分析计算电路，通常用规定的图形符号代表电路中的具体元件，用图形符号表示的电路称为电路图。

图8-1所示就是一个最简单的电路和电路图，其中图（a）表示一个电源通过一个开关控制给一个负载供电的电路，图（b）是其对应的电路图。从图中可以看出，电路主要由电源、负载、连接导线和控制元件组成。

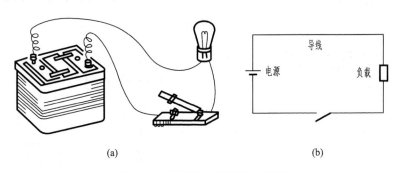

(a)   (b)

图8-1　最简单的电路及电路图

二、电气图的种类

电气图按照表达形式和用途的不同，分为很多种类，各种形式的电气图都从某一方面或某些方面反映电气产品、电气系统的工作原理、连接方法和系统结构。一般来说，电气图分为功能性图、位置类图、接线类图（表）、项目表、说明文件共 5 大类 19 种。

（一）功能性图

功能性图指电气图样是具有某种特定功能的图样，这类图共有概略图、功能图、逻辑功能图、电路图、端子功能图、程序图、功能表图、顺序表图和时序图 9 种。

（1）概略图是表示系统、分系统装置、部件、设备、软件中各项目之间主要关系和连接方式的相对简单的简图，主要采用符号或带注释的方框概略表示系统的基本组成、相互关系及其主要特征。概略图又称为系统图或框图，它为进一步编制详细的技术文件提供依据，为操作和维护提供参考，使操作者或维修人员对整个系统有比较全面的认识，从而能对某一操作对系统的影响有一正确的判断或对某一故障现象原因有总体的估计。如图 8-2 所示为无线电接收机的概略图，或称为无线电接收机原理框图。

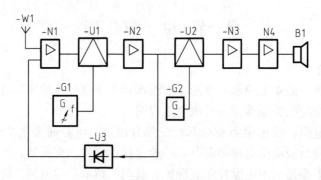

图 8-2　无线电接收机概略图

（2）功能图是表示理论或理想的电路而不涉及实现方法的一种简图，为绘制电路图或其他有关简图提供依据。如图 8-3 所示是三相变压器 T 形等效电路图，为分析和计算电路特性和状态提供依据。

（3）逻辑功能图是使用二进制逻辑单元绘制的一种功能图，主要采用"与"、"或"、"异或"等图形符号绘制，一般的数字电路图就属于这种图。如图 8-4 所示为全加器逻辑电路图，由图可得其输出为：

$$s = A \oplus B \oplus C_i$$

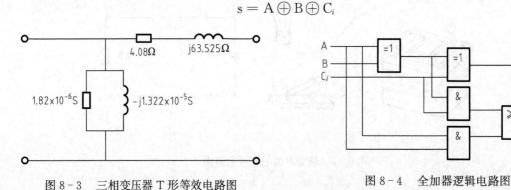

图 8-3　三相变压器 T 形等效电路图　　　　　图 8-4　全加器逻辑电路图

$$C_0 = (A \oplus B)C_i + AB$$

（4）电路图是用图形符号按工作顺序排列，表示电气设备或器件的组成和连接关系的图，如图 8-1 所示就是一个最简单的电路图。

（5）端子功能图是表示功能单元各端子接口，并用功能图、表图或文字等表示其内部功能的简图。

（6）程序图是表示程序单元、模块及其互连关系的一种简图，能清楚表示其相互关系，以便对程序运行过程的理解。如图 8-5 所示为 PLC 程序流程图。

（7）功能表图是采用步和步的转换来描述控制系统的功能、特性和状态的表图。如图 8-6 所示为电动机起动操作过程的功能表图。

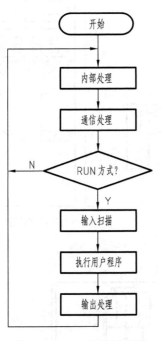

图 8-5 PLC 程序流程图

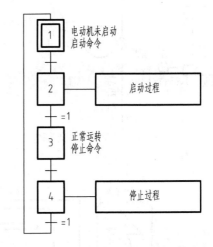

图 8-6 电动机启动操作过程功能表图

（8）顺序表图是表示各个单元工作次序或状态的图，各单元的工作次序或状态按一个方向排列，并在图上直接绘出过程步骤或时间。实际上顺序表图与功能表图相似，但在功能表图中，步表示的内容主要是系统的功能特性，其转换条件是某个状态的满足，而在顺序表图中，步表示的内容主要是有一定顺序的状态，其转换条件是步骤或时间。

（9）时序图是按比例绘出时间轴的顺序表图。

（二）位置类图

位置类图指主要用来表示电气设备、元件、部件及连接电缆等安装敷设的位置、方向和细节等的电气图样，这类图共有 5 种，即总平面图、安装图、安装简图、装配图和布置图等。

总平面图是表示建筑工程服务网络、道路工程、相对于测定点的位置，地表资料、进入方式和工区总体布局的平面图。如图 8-7 所示是某一建筑工程外部电气工程总平面图。

安装图是表示各项目安装位置的图，如图 8-8 所示为某 10kV 线路控制屏面布置图。

安装简图则是表示各项目之间连接的安装图。装配图是按比例表示一组装配部件的空间位置和形状的图。布置图是经简化或补充以给出某种特定目的所需信息的装配图。如图8-9所示为单相电能表安装布置图。

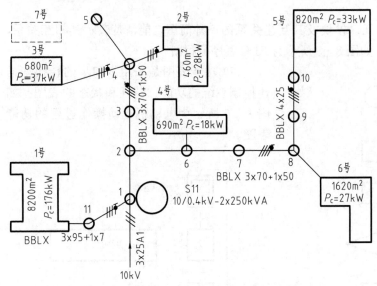

图8-7　某建筑工程外部电气工程总平面图

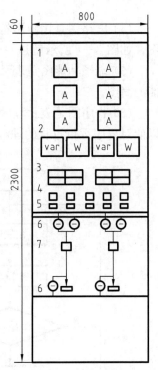

图8-8　10kV线路控制屏布置图

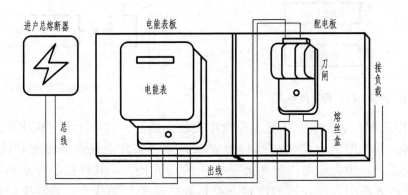

图8-9　单相电能表安装布置图

(三) 接线类图

接线类图主要用来说明电气设备之间或元、部件之间的接线。这类电气图有5种，即接线图（表）、单元接线图（表）、互连接线图（表）、端子线图（表）和电缆图。

接线图（表）是表示装置或设备的连接关系，提供各个项目之间的连接信息，用以指导设备装配、安装接线和维护检查的一种简图（表）。单元接线图（表）是表示装置或设备中的一个结构单元内连接关系的接线图（表）。互连接图（表）是表示装置或设备中不同结构单元内连接关系的一种接线图（表）。端子接线图（表）是表示装置或设备中一个结构单元各端子上的外部连接的一种接线图（表）。电缆图是提供有关电缆如导线识别标记两端位置以及特性、路径和功能等信息的简图（表）。如图8-10所示为单相电能表接线图。图8-11是互连接线图示例。图8-12是两个单元的端子接线图及其对应的端子接线表。

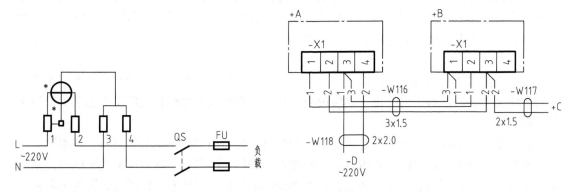

图8-10 单相电能表接线图   图8-11 互连接线图示例

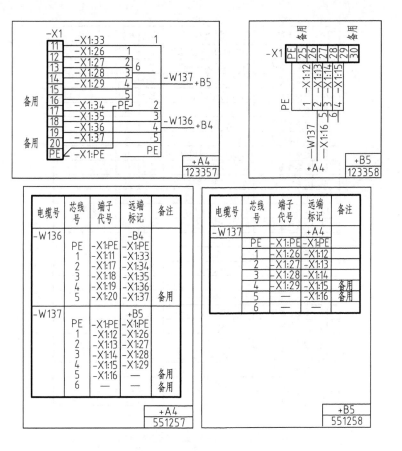

图8-12 两个单元的端子接线图及端子接线表

（四）项目表

项目表是用来表示该项目的数量、规格等的表格，属于电气图的附加说明文件范畴。这类表图主要有元件设备表、备用元件表两种。

元件设备表是表示构成一个组件的项目（元件、软件、设备等）和参考文件的表格。备用元件表是表示用于防护和维修的项目（零件、元件、软件、散装材料等）的表格。如图 8 - 13 所示为某 35kV 变电站设备材料表。

（五）说明文件

说明文件主要指通过图表难以表示而又必须说明的信息和技术规范的相关文件，主要有安装说明文件、试运转说明文件、维修说明文件、可靠性或可维修性说明文件和其他说明文件 5 种。

以上是电气图的基本分类，但并非每一种电气装置、电气设备都必须具备上述图表。不同的电气图适合于表示不同工程内容或不同要求的场所，不同电气图之间的主要区别是其表示方法或形式上的不同。一台设备装置需要多少张电气图，主要看实际需要，同时还取决于电气复杂程度等，简单的电气设备，可能一张原理图即可满足要求，复杂的设备或系统可能需要上面所述的所有电气图才能满足需要。

序号	名称	型号规格	单位	数量	备注
1	主变压器	SZ9-1000/35 $U_d\%$=7.0	台	2	
2	真空断路器	ZW7-40.5W/1600	台	4	
3	隔离开关	GW4-35W/630	组	4	
4	隔离开关	GW4-35DW/630	组	3	
5	端子箱	XW2	只	6	
6	站用变压器	S9-50/35 35/0.4kV	台	1	
7	跌落熔断器	RW5-35/100/2A	只	3	
8	避雷器	YH5WZ-51/134W	只	6	
9	设备线夹	SLG-2B	套	36	
10	设备线夹	SLG-2A	套	30	
11	T型线夹	TL-22	套	18	
12	电力电缆	VLV22-4×35/1kV			见电缆清册
13	耐张绝缘子串	4×(XWP-70)	串	30	
14	耐张线夹	NLD-2	套	30	
15	硬母线固定金具	MWP-102	套	9	
16	硬母线	LMY-80×8	米	20	
17	硬母线	LMY-40×4	米	20	
18	支柱绝缘子	ZSW-35/800	只	6	
19	铜铝过渡板	MG-100×8	块	6	
20	钢芯铝绞线	LGJ-95/15	米	600	
21	母线伸缩节	MS-80×8	套	6	
22	支柱绝缘子	ZSXW-40.5/10	套	6	
23	软导线固定金具	MDG-4	套	6	
24	软导线固定金具	MDG-5	套	6	
25	检修电源箱	X6	只	2	

图 8 - 13　某 35kV 变电站设备材料表

第二节 电气制图标准简介

一、电气制图的一般规则

国家相关标准规定了电气制图的一般规则,是绘制和识读电气图的基本规范。

1. 图纸幅面及格式

电气图的完整图由边框线、图框线、标题栏、电气图等组成。有关图纸幅面的规定,参见第一章第一节中"图纸幅面和格式"的相关内容。

2. 图纸幅面的分区

为了便于确定图上的内容、补充、更改及组成部分的位置,可以在各种幅面的图纸上进行分区,如图 8-14 所示。

在进行图幅分区时应注意:

(1) 分区数应为偶数。每一分区的长度一般不小于 25mm 且不大于 75mm。

(2) 每个分区内竖边方向用大写拉丁字母,横边方向用阿拉伯数字编号,编号顺序应从标题栏相对的左上角开始,并且连续编号。

(3) 分区代号可用该区域的编号字母和数字表示,如 A2、C5 等。

图幅分区后相当于在图样上建立了一个坐标

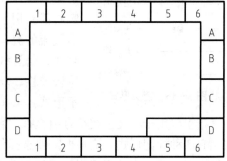

图 8-14 图幅分区示意

系统,电气图上项目和连接线的位置可由该"坐标"确定,利用这个"坐标"可进行位置标记,为识图提供了方便。

图幅分区一般常用于图幅较大、内容较多的图纸,对于图幅较小、内容简单的图样就没必要分区了。

3. 比例

比例是指图形尺寸和实物尺寸之比。绝大多数电气图是示意性简图,不用按比例绘制,但有些电气图需要按照一定比例绘制,如布置图、印制板图等,以便真实反映元件的外形、各元件之间的位置关系。按比例绘制时可按需要选 1:10、1:20、1:50、1:100、1:200、1:500,将所选用的比例填写在标题栏的"比例"一栏中。在现场施工中,有时常用比例尺量取图样上的尺寸,来换算出实际尺寸。

4. 图线

电气图常用的线型有实线、虚线、点画线和双点画线等。图线的宽度一般从 0.25、0.35、0.5、0.7、1.0、1.4mm 中进行选择。通常只选粗线和细线两种,粗线宽度为细线的 2 倍,如需要两种或两种以上宽度的线条,应按细线宽度的 2 倍数递增。

实线为电气图的基本线型,用于基本线、简图主要内容用线、可见导线和可见轮廓线等。实线分为粗实线和细实线,粗实线主要表示可见轮廓线、主回路的导线,细实线主要表示尺寸线、投影线、指引线、剖面线、控制回路和辅助电路的导线。

虚线主要作为辅助线、不可见轮廓线、不可见导线、计划扩展内容用线、屏蔽线、机械连接线、事故照明线等,还可表示不可见轮廓线等。

点画线常用作分界线、结构围框线、功能和分组围框线等，也可表示电力或照明用的控制及信号线路。点画线又分为粗点画线和细点画线，粗点画线表示有特殊要求的图线或面，细点画线表示中心线、对称线和轨迹线。

双点画线常用作辅助围框线，也可表示 50V 及以下的电力或照明线路。

5. 标高

安装电气设备时，常需要表示或确定安装或敷设的高度，工程上称这种高度为标高。施工时，一般以建筑物的室内地平面作为标高的零点，单位用 m 表示，图上表示符号为 ±0.00。高于零点的标高，注"＋"号；低于零点的标高，注"－"号。

6. 箭头和指引线

箭头在图样中用来表示信号的流向和必要的注释。电气图采用的箭头有空心箭头、实心箭头、开口箭头和普通箭头四种，如图 8-15 所示。空心箭头和实心箭头用于说明非电过程中材料或介质的流向，如空心箭头表示气流的流向，实心箭头表示液流的流向。开口箭头用于表示信号线、信息线和连接线的传输方向。普通箭头用于表示可变性、可调节性、动力或力的方向，也是指引线和尺寸线的一种末端表示形式。

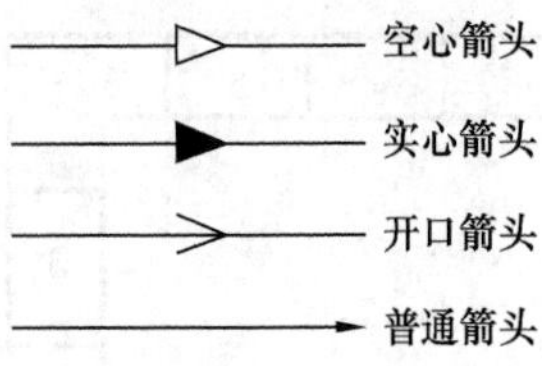

图 8-15　箭头形式

指引线用于将文字或符号引至被注释处，用细实线表示，必要时可弯折一次。指引线的末端有四种标记形式，应根据需要选择使用，如图 8-16 所示。当指引线末端在被注释对象的轮廓线上时，末端标记用一普通箭头指向轮廓线，如图 8-16（a）所示；当指引线末端须伸入被注释对象的轮廓线内时，末端标记用一小黑圆点"·"，如图 8-16（b）所示；当指引线指在不用轮廓图形表示的对象（如导线、连接线等）上时，末端标记则用一短斜线表示（一般与水平方向成 45°），如图 8-16（c）所示；当指引线指在尺寸线上时，末端标记不用圆点，也不用箭头，如图 8-16（d）所示。

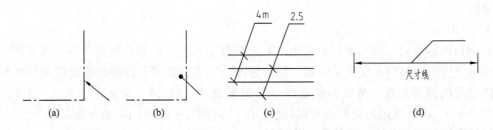

图 8-16　指引线末端标记
(a) 指在轮廓线上；(b) 伸入被注释对象；(c) 指在导线上；(d) 指在尺寸线上

二、电气图用图形文字符号

电气图用图形文字符号是指用于电气图中的元器件或设备的图形标记，它是电气图的基本要素之一。在电气工程图样和技术文件中，图形符号就是一种图形、记号或符号，既可用来表示电气工程中的实物，也可用来表示电气工程中与实物相对应的概念。表 8-1 是常用的电路元件的图形符号。文字符号是以文字形式作为代码或代号，表示电气设备、装置、电器元件的名称、状态和特征的字符代码，可以作为图形符号的补充说明或标记。电气制图与识图首先应了解和熟悉这些图形文字符号的形式、内容、含义及它们之间的关系，只有正确、熟练地掌握、理解各种电气图形符号和文字符号，才能准确、全面、快速地阅读和绘制电气图。

表 8 - 1 常用电路元件的图形符号

元件名称	符号	元件名称	符号
理想电压源	⊖	导线 T 型连接	
理想电流源	⊕	导线的双重连接	
电池		导线的不连接（跨越）	
电阻器		开关	
可变电阻器		带滑动触点的电阻器	
电感器		电压表	Ⓥ
电灯	⊗	电流表	Ⓐ
电容器		接地点	

（一）图形符号的基本形式

图形符号有符号要素、一般符号、限定符号和方框符号四种基本形式，在电气图中，一般符号和限定符号最为常用。

1. 符号要素

符号要素是具有确定含义的最简单的基本图形，通常表示项目的特性和功能。它不能单独使用，必须与其他符号组合在一起形成完整的图形符号。

2. 一般符号

一般符号是表示同一类元器件或设备特征的一种广泛使用的简单符号，也称为通用符号，是各类元器件或设备的基本符号。如图 8 - 17（a）所示为电阻器的一般符号。一般符号不但从广义上代表了各类元器件，同时也可用来表示一般的、没有其他附加信息（或功能）的各类具体元器件。

3. 限定符号

限定符号是用来提供附加信息的一种加在其他符号上的符号，不能单独使用，而必须与其他符号组合使用。限定符号与一般符号、方框符号进行组合可派生出具有附加功能的元器件图形符号，如图 8 - 17（b）所示。

4. 方框符号

方框符号是用正方形或矩形轮廓框表示较复杂电气装置或设

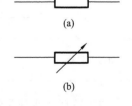

图 8 - 17 电阻器图形符号
（a）电阻器；（b）可调电阻

备的简化图形。它一般高度概括其组合，不给出内部元器件、零部件及其连接细节，用在框内的限定符号、文字符号共同表示某产品的特性和功能。它通常用于单线表示法的电气图中，也可用在示出全部输入和输出接线的电气图中。

（二）文字符号

在电气图中，除用图形符号来表示各种设备、元件外，还在图形符号旁标注相应的文字符号，以区分不同的设备、元件以及同类设备或元件中不同功能的设备或元件。

文字符号是以文字形式作为代码或代号，表明项目种类和线路特征、功能、状态或概念的。文字符号组合形式一般为：

基本文字符号＋辅助文字符号＋数字符号

文字符号的字母应采用拉丁字母大写正体字，优先采用单字母符号，当单字母符号不能满足要求时，可采用双字母符号，以便较详细、具体地表述电气设备、装置和元器件。如第2组熔断器，其文字符号为 FU2。

详细的电气图形符号可参阅国标标准《电气图常用图形符号》，表8-2是电气简图常用的图形符号和文字符号。

表8-2　　　　　　　　　　电气简图常用的图形符号和文字符号

设备名称	图形符号	文字符号	设备名称	图形符号	文字符号
直流发电机		GD	电压互感器	同变压器	TV
交流发电机		GS	整流器		U
直流电动机		MD	桥式全波整流器		U
交流电动机		MS	高压断路器		QF
双绕组变压器		TM	自动开关低压断路器		Q
三绕组变压器	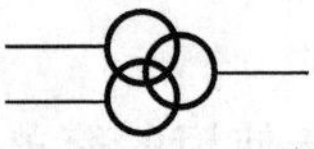	TM	隔离开关	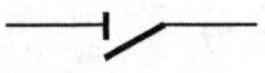	QS
自耦变压器		TM	负荷开关		QL
电抗器		L	熔断器		FU
电流互感器	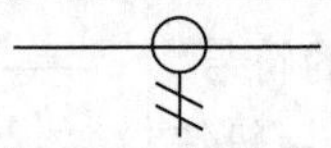	TA	避雷器		F

（三）图形文字符号的绘制原则

（1）绘制电气图时，应直接使用国家标准所规定的图形文字符号，也允许按功能派生出未给出的各种图形文字符号，但在图上要加注说明，以免引起误会。

（2）在同一张电气图中一种电气设备只能选用一种图形文字符号，图形文字符号的大小和线条粗细应基本一致。

（3）图形文字符号仅表示器件或设备的非工作状态，所以均按无电压、无外力作用的状态表示。如继电器和接触器在无电压状态，断路器和隔离开关在断开位置。

（4）图形文字符号的布置一般为水平或垂直位置，但电气图的方位不是强制性的，在不改变符号含义的前提下，可根据电气图布线的需要旋转或镜像放置，但作为图形文字符号一部分的文字符号、指示方向及某些限定符号的位置不能倒置。

（5）图形符号旁应有标注，用以指明图形符号所代表的元器件或设备的文字符号、项目代号及相关性能参数。绘制的标准图形符号中的文字、物理量、元素符号应视为图形符号的组成部分。国家标准对图形符号的绘制尺寸并没有作统一规定，实际绘图中，图形符号均可按实际情况以便于理解的尺寸进行绘制，根据具体电气图的图幅情况缩小或放大，并尽量使符号各部分之间的比例适当，但符号各组成部分的比例、相互之间的位置应保持不变。

三、项目代号

在电气图中，图形符号通常只能从广义上表示同一类产品及其共同特征，但图形符号不能反映一个产品的具体意义，也不能提供该产品在整个设备中的层次关系及实际位置。只有图形符号与项目代号配合在一起使用，才会使所表示的对象具有本身的意义、确切的层次关系以及实际的位置。

项目是指在电气图上用一个图形符号表示的基本件、部件、组件、设备、功能单元、系统等，如发电机、继电器等。

项目代号是用于识别图、图表、表格中和设备上的项目种类，并提供项目的层次关系、实际位置等信息的一种特定的代码。通过项目代号可将图、图表、表格、说明书中的项目和实际设备一一对应和联系起来，为装配和维修提供方便。

一个完整的项目代号是由四个具有相关信息的代号段组成，每个代号段都用特定的前缀符号加以区分。四个代号段的名称及前缀符号见表 8-3。

表 8-3　　　　　　　　　　　　　**四个代号段名称及前缀符号**

代号段	名称及含义	前缀符号	示例
第一段	高层代号，系统或设备中任何较高层次（对给予代号的项目而言）项目的代号	=	=T2
第二段	位置代号，项目在组件、设备、系统或建筑物中实际位置的代号	+	+D126
第三段	种类代号，用以识别项目种类的代号	—	—K3
第四段	端子代号，用以同外电路进行电气连接的电器导电件的代号	:	: 8

一个完整的项目代号的形式为：

＝（高层代号）＋（位置代号）－（种类代号）：（端子代号）

项目代号中的各代号段的字符都包括拉丁字母或阿拉伯数字，或者由字母和数字同时构成。大写字母和小写字母具有相同的含义，一般应优先采用大写字母，并用正体书写。

如＝T2＋D162－K5：13，其中 T2 为高层代号，D162 为位置代号，K5 为种类代号，13 为端子代号。

项目代号以一个系统、成套设备或某一设备依次进行分解为依据，在完整的项目代号中，每一代号组表示的项目总是前一个代号组所表示项目的一部分。在实际使用中，每个项目并不一定都要编制出完整的四个代号段。为了避免图面出现不必要的拥挤，图形符号附近的项目代号应适当简化，只要能识别这些项目即可。在电气图中，如不致引起混淆，前缀符号可以省略。

四、电气图的基本表示方法

1. 电气图中的导线表示法

在电气图中，连接导线可用单线、多线或混合线表示，如图 8 – 18 所示。

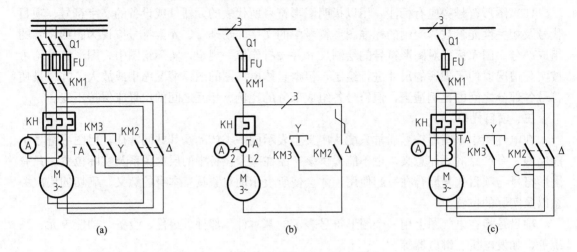

图 8 – 18　导线表示法

(a) 多线表示法；(b) 单线表示法；(c) 混合线表示法

单线图是用一条图线表示两根或两根以上的连接导线，主要用于三相或多线基本对称的情况。

多线图是每根连接导线各用一条图线表示，能详细表达各相或各线的内容，但比较复杂，不如单线图清晰。所以，目前在设计、运行、安装工作中广泛应用单线图，只有在需要表示局部电路的详细情况时才用多线图。

混合线图是在同一图中，一部分用单线表示，另一部分用多线表示，既有单线图简洁、精炼的特点，又有多线图对描述对象精确、充分的特点。

2. 用于电气元件的表示方法

电气元件在电气图中根据需要可采用集中表示法、半集中表示法和分开表示法。

(1) 集中表示法是把一个元件各组成部分的图形符号绘制在一起的方法。在集中表示法中，各组成部分用机械连接线（虚线）连接，且连接线是一条直线。如图 8 – 19 (a) 所示为一个继电器的集中表示法。

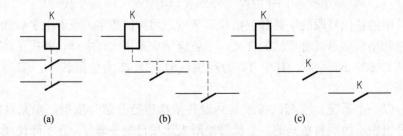

图 8 – 19　电气元件的表示法

(a) 集中表示法；(b) 半集中表示法；(c) 分开表示法

（2）半集中表示法是把一个元件某些组成部分的图形符号在简图上分开布置，并用机械连接线表示它们之间关系的方法。在半集中表示法中机械连接线可以弯折、分支和交叉。如图 8－19（b）所示为一个继电器的半集中表示法。

（3）分开表示法是把一个元件各组成部分的图形符号在简图上分开布置，并仅用项目代号表示它们之间的关系。如图 8－19（c）所示为一个继电器的分开表示法。

3. 电路图的布局

电路图的布局可水平绘制、交叉布置和垂直绘制，如图 8－20 所示。电路图中元器件图形符号的布局或单元电路的布局，应从电路图的整体出发，在布置元器件图形符号或单元电路的位置时，应力求做到布局合理，排列均匀，图面清晰、紧凑，便于识图。

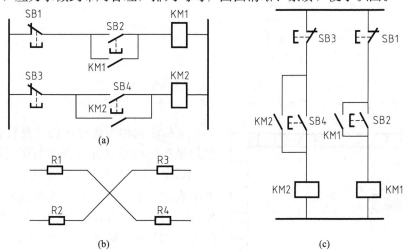

图 8－20　电路的布局
（a）水平布置；（b）交叉布置；（c）垂直布置

电路图应尽可能按其工作原理确定的顺序从左至右、自上而下地排列。电气图中有引出线或引入线，最好布置在图纸的边框附近，一般信号的输入在左边，输出在右边。电路图中的图线应交叉或折弯最少，其相交处与折弯处应成直角。

4. 电源的表示法

电源可以有几种表示方法：用图形符号表示；用线条表示；用＋、－符号表示；用 L1、L2、L3 等文字符号表示。如图 8－21 所示。

所有的电源线一般应集中绘制在电路图一侧的上部或下部。多相电源电路宜按顺序从上至下或从左至右排列，中性线应绘制在相线的下方或右方。

五、电气图的绘制

在电路图的绘制中，有些项目的某一部分连接到另一部分，也可能从一张图连到另一张图，这样就出现了图上位置的表示方式问题。在识读电路图时，当继电器或断路器之类的驱动部分与被驱动部分机械联动的器件使用分开表示法绘制时，为了能迅速找到元器件的各个组成部分，也需要借助于各部分在图上位置的说明或注释。在使用与维修文件中，有些文字注释或对某些器件、元件作说明时，同样涉及该元器件在图上的位置。由此可见，无论是识读还是绘制电路图，都要用一种方法来表示该元器件在图上的位置。常用的表示方法有坐标法、电路编号法和表格法。

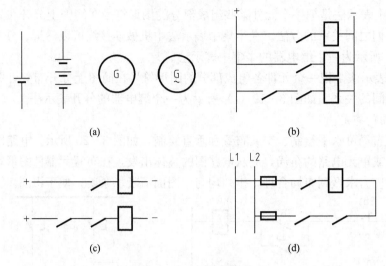

图 8-21　电源表示法

(a) 图形符号表示电源；(b) 用线条表示电源；(c) 用＋、一符号表示电源；(d) 用 L1、L2 表示电源线

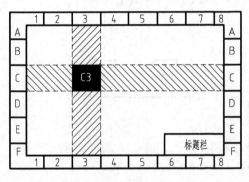

图 8-22　图幅分区法

坐标法也称图幅分区法，是将整个图样幅区用纵横网格线划分为许多矩形区域，竖边用 A、B、C、…字母表示，横边用 1、2、3、…数字表示，水平方向的区和垂直方向的区配合使用，将整张图纸分成 $m \times n$ 个小区。如图 8-22所示，图中水平方向的阴影部分为"C 区"，垂直方向的阴影部分为"3 区"，交叉区为"C3 区"。

表格法是在图的边缘部分绘制一个以项目代号进行分类的表格。表格中的项目代号和图中相应的图形符号在垂直或水平位置对齐。图形符号旁仍需标注项目代号。用表格表示图上位置的方法对寻找元器件特别方便，而且对元器件的归类与统计也有帮助。

电路编号法是对电路或支路用数字编号来表示其位置的方法。将一个电气系统分成多个回路，分别画在不同图纸上。此外，考虑电气图版面的要求，也常将一个电气系统分解成多个回路并分开绘制在同一张图纸的不同地方。为了便于安装接线和维护检修时识图，需要对每个回路及其元件间的连接线进行标号，以表示各个回路之间的连接关系。电路图中用来标记各种回路种类和特征的文字或数字标号统称为回路编号。回路编号的主要原则有：

（1）回路编号一般按功能分组，并分配每组一定范围的数字，然后对其进行标号。标号数字一般由三位或三位以上数字组成，当需要标明回路的相别和其他特征时，可在数字前增注必要的文字符号。

（2）回路标号按等电位原则进行标注，即在电气回路中连于一点的所有导线，无论其根数多少均标注同一个数字。当回路经过开关或继电器触点时，虽然接通时为等电位，但断开时开关或触点两侧电位不等，所以应予不同的标号。

（3）直流一次回路（即主电路）标号一般可采用三位数字。个位数表示极性，1 为正极，

2为负极。用十位数的顺序区分不同的线段，即电源正极回路用1、11、21、31、…；电源负极回路用2、12、22、32、…顺序标注。百位数（只有采用不同电源供电时才有）用来区分不同供电电源回路，如第一个电源的正极回路，按顺序标号为101、111、121、…，电源负极回路标号为102、112、122、…，第二个电源的正极回路标号为201、211、221、…，负极回路标号为202、212、222、…。

（4）交流一次回路的标号一般也用三位数字。个位数表示相别，U 相为1，V 相为2，W 相为3。用十位数的顺序区分不同的线段，如 U 相回路用1、11、21、31、…，V 相回路用2、12、22、32、…，W 相回路用3、13、23、33、…，对于不同电源供电的回路，也可用百位数的顺序区分。

（5）直流二次回路（即控制电路或辅助电路）标号从电源正极开始，以奇数顺序1、3、5、…标至最后一个主要降压元件（即承受回路电压的主要元件），然后再从电源负极开始，以偶数顺序2、4、6、…标至与奇数号相遇。交流二次回路标号从电源一侧开始，以奇数顺序标至最后一个主要电压降元件，然后再从电源另一侧开始，以偶数顺序标号至与奇数相遇。二次回路的标号如图8-23所示。

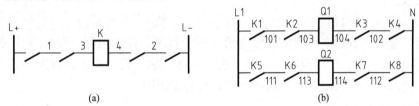

图8-23　回路编号
（a）直流回路编号；（b）交流回路编号

图8-23（a）所示的直流电路中，L＋是电源正极，经过第一个触点后，标号为1，经过第二个触点后，标号为3。图中的主要电压降元件为接触器线圈，因此从电源负极开始以偶数标注2、4后与奇数3相遇。

图8-23（b）所示的交流电路中，L1 和 N 分别是三相交流电源第一相的相线和中性线，Q1 和 Q2 是电力系统配电用的断路器线圈。Q1 为第一个电源供电的第一个回路，其标号从 L1 开始，101、103 至电压降元件 Q1 线圈，然后从 N 开始，102、104 为止。Q2 为第一个电源供电的第二个回路，其标号从 L1 开始，111、113 至电压降元件 Q2 线圈，然后从 N 开始，112、114 为止。

六、识读电气图的基本方法

1. 结合基础知识识图

无论是变配电站、电力拖动，还是照明供电和各种控制电路的设计，都离不开电工基础理论。识读电气图，需要具备一定的电工、电子基础理论知识，只有掌握了与电气图有关的基本理论知识才能更好、更准确地识读电路图。如三相异步电动机的正反转控制，就是基于电动机的旋转方向由三相电源的相序来决定的原理，用倒顺开关或交流接触器进行换相，从而改变电动机的旋转方向。

2. 结合电路元器件的结构、原理、特性识图

要看懂电路图，首先要了解图中各种元器件的结构、作用，才能正确理解电路图的工作原理。如在高压供电电路中常用的高压断路器、隔离开关、熔断器、互感器、避雷器等，在

低压电路中常用的各种继电器控制开关等，了解这些元器件的功能、结构、工作原理、相互控制关系以及在整个电路中的地位和作用至关重要，否则看懂电路图会有一定困难。

要分清电气图中的动力线、电源线、信号控制线、负载线等导线的线型、规格和走向，识别元器件及设备的型号、规格参数及在图中的作用，必要时可查阅元器件或设备手册。这种细化的识读方式，是对系统全面地分析理解所必需的，也是安装、调试和维修的基础。

3. 结合典型电路识图

典型电路就是常见的基本电路，如串/并联电路、电动机各种控制电路、各种门电路等，无论多么复杂的电路，细分起来不外乎是由若干典型电路组成的，先搞清楚每个典型电路的原理和作用，然后将典型电路组合起来，就能大体上把一个复杂电路看懂了。因此，熟悉各种典型电路，对于看懂复杂的电气图有很大帮助，能很快分清主次，抓住主要矛盾，而且不易出错。

对原理图、逻辑图、流程图等按功能模块分解，对接线图按安装制作位置模块分解，化大为小，通过模块的典型电路组成和特点的分析，有助于理解系统的工作原理、功能特点和安装方式要求。

4. 结合有关资料识图

识图时，首先应看清电气图的图样说明（图纸目录、技术说明、器材/元件明细表及施工说明书）、技术资料、使用说明，了解工程的整体轮廓、设计内容及施工的基本要求，这有助于了解电路的大体情况，便于抓住重点，有利于识图。

5. 根据制图规则识图

电气图的绘制有一些基本规则，这些规则是为了加强图样的规范性、通用性和示意性而制定的。如各种电器元件使用国家统一规定的图形文字符号，同一电器的不同部分分散绘制时采用同一文字符号标注；绘制电气原理图时，通常把主电路和辅助电路分开，主电路一般用粗实线画，辅助电路一般用细实线画。可以利用这些制图规则准确识图。

七、电气图识读的步骤

1. 明确用途

识图前首先搞清楚该图的用途、作用和特点及有关的技术指标。

2. 逐步分解，逐个击破

将总电路图分解成若干部分，弄清各部分的功能，元器件图形符号、参数、规格型号。对每一部分逐个分析，明确由哪些基本单元组成，各单元电路的作用特点是什么，为什么要采用这样的单元电路等，以达到逐个击破的目的。

3. 找出通路

对每个基本单元电路，找出直流、交流通路等。

4. 由粗到细

将电路各部分相互关系、信号流向组合在一起，电路图输入到输出联系起来。

5. 整理识读结果

电气图识读结束应整理出必要的文字说明，指出电气图的功能特点、工作原理、主要元器件和设备、安装要求、注意事项等。这种文字说明对于简单的电气图可简单扼要，甚至没有，但对于复杂的电气图则必须要有，而且是技术资料的组成部分。

第三节 电力工程图

一、电力系统图

电力系统图是传输和转换电能的电路的最典型例子。电力系统是一个由生产、输送、分配和使用电能多环节配合协调工作的整体，是由发电机、变压器、输配电线路和用电设备构成的整体。图8-24展示了一个简单电力系统的组成。图8-25是某电力系统的概略图。

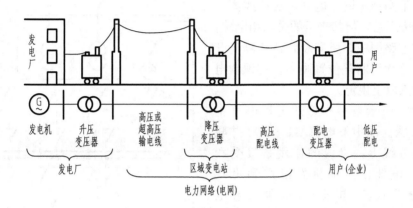

图8-24 电力系统的组成示意图

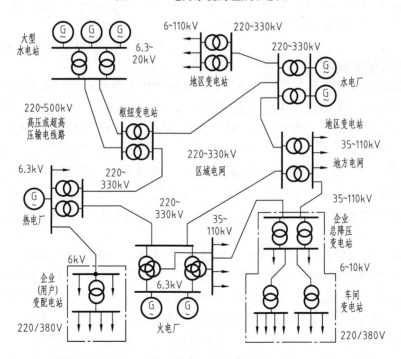

图8-25 某电力系统的概略图

二、电气一次接线图

电气一次接线图是表示电能的产生、输送和分配的接线图，又称为电气主接线图，是用标准的图形符号表示发电机、变压器、开关电器、互感器、母线、电力电缆等电气设备连接关系的电路图。电气一次接线图描述的内容是系统的基本组成和主要特征，而不是全部组成和全部特征，其概略程度依据描述对象的不同而不同。电气一次接线图一般采用单线表示法，但却表示的是三相电路，另外规定在电路图中，所有断路器和隔离开关的图形符号均以断开位置画出。在识读电路图时要注意以上规定。

图 8-26 所示是某中型热电厂电气主接线的单线图。图中发电机 G1 和 G2 并联接在 10kV 母线上，母线的作用是接受和分配电能。电能由发电机发出送到母线后，一部分用 10kV 电压经电抗器 L 和电缆线路送到附近用户，另一部分通过升压变压器 T1 和 T2 送到 220kV 电压母线上，然后通过高压架空线路向远方用户送电，并与系统连接。

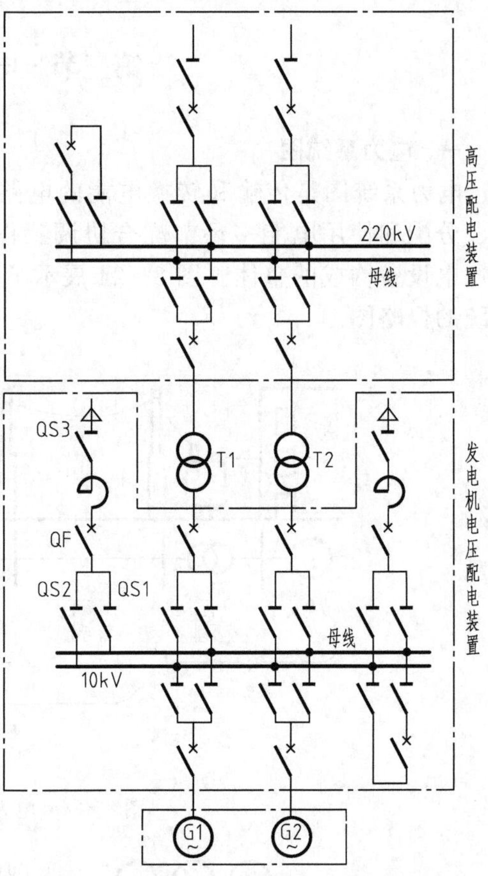

图 8-26　某中型热电厂电气主接线单线图

三、电气二次接线图

供配电系统由一次部分和二次部分组成。系统中用于变换和传输电能的部分称为一次部分，其设备称为一次设备，由这些设备组合起来的电路称为一次电路。系统中用于监测运行参数（电流、电压、功率等）、对一次设备进行保护、自动投切开关的部分称为二次部分，其设备称为二次设备（如操作电源、控制电源、测量表计、控制及信号装置、继电保护装置、自动和远动装置等），表示二次设备相互连接关系的电路称为二次回路。二次回路配合一次回路工作构成一个完整的供配电系统。二次设备的主要作用是对一次设备进行监测、控制、调节、保护，为运行、维护人员提供运行工况或生产指挥信号。

用来表示控制、测量、指示、保护主电路（一次接线）及其一次设备运行的接线图称为二次回路图（或二次接线图）。二次回路图是二次回路各种元件设备相互连接的电气接线图，通常分为原理接线图、展开接线图和安装接线图三种，它们各有特点又相互对应，但其用途不完全相同。原理接线图以元件的整体形式表示设备间的电气联系，使看图者对整个装置的构成有一个明确的整体概念。原理接线图概括地给出了装置的总体工作概念，能够明显地表明各元件形式、数量、电气联系和动作原理，但对一些细节未表示清楚。展开接线图是将每个元件的线圈、辅助触点及其他控制、保护、监测、信号元件等，按照它们所完成的动作过程绘制。展开图可水平绘制，也可垂直绘制。绘制展开图时，一般是把电路分成主回路、交流电流回路、交流电压回路、直流操作回路、信号回路等几个主要组成部分，每一部分又分成很多支路，这些支路在水平绘制时自上而下排列，在垂直绘制时自左而右排列。各支路的排列顺序，在交流回路中按相序，在直流回路中按设备的动作顺序。在每一行或列的支路中，各元件的线圈和触点是按实际连接顺序画出的。在展开图中，同一元件的线圈和辅助触点按照其不同功能和不同动作顺序往往是分离的。为了区别各元件的类型、性质和作用，每个元件上都标有规定的文字符号，并在其两边标有相关数字；为了表示同一元件的线圈和触点，在线圈和触点的图形符号旁应标注该元件的设备文字符号。安装接线图是反映电气系统或设备各部分连接关系的图或表，是专供电气工程人员安装接线和维修检查用的，接线图中所表示的各种仪表、电器、继电器及连接导线等，都是按照它们的图形符号、位置和连接绘制的，设备位置与实际布置一致。安装接线图只考虑元件的安装配线而不明显地表示电气系统的动作原理和电气元器件之间的控制关系。安装接线图以接线方便、布线合理为目标，必须表明每条线所接的具体位置，每条线都有具体明确的线号，标有相同线号的导线可以并接在一起；每个电气设备、装置和控制元件都有明确的位置，而且将每个控制元件的不同部件都画在一起，并且常用虚线框起来。如一个接触器是将线圈、主触头、辅助触点都绘制在一起用虚线框起来。而在原理接线图中是辅助触点绘制在辅助电路中，主触头绘制在主电路中。

图 8-27 所示为 10kV 线路过电流保护原理图与展开图，当一次电路发生相间短路时，电流继电器 KA1 或 KA2 瞬时动作，闭合其触点，使时间继电器 KT 动作，KT 经过整定的时限后，其延时触点闭合，经串联的信号继电器 KS 线圈、连接片 XB1 和断路器辅助动合触点 QF 接通断路器跳闸线圈 YT，使断路器跳闸，切除短路故障动作。同时 KS 动作后其常开触点闭合，接通信号回路。在短路故障被切除后，除 KS 外，其他继电器均自动返回起始状态，信号继电器 KS 具有自保持功能，需通过手动复位。

识读展开图时必须参照整个电路原理图对展开图从左向右或自上而下分析。首先应按列或行一个支路、一个支路的依照顺序读通，有时性质不同的支路是交错画在一起的，就要跳过无关的支路，找到有关的支路，在整张展开图中，把与这个支路有联系的所有支路都找到。要注意的是，这种图中同一元件要先找到继电器线圈的启动支路，然后寻找继电器的触点支路，一个继电器往往有几对接触点，所有与该继电器有关系的触点支路都要找到，并且这类图中的不同部分不一定在同一个地方，元件的触头和线圈可能接在不同回路中，看图时不要遗漏。

比较图 8-27（a）和图 8-27（b）可知，展开图线条清晰，便于阅读，便于了解整个装置的动作程序和工作原理，尤其在复杂电路中更为突出。

四、配电线路平面路径图

线路平面图就是线路在地面上某一区域的布置图，也就是线路的俯视图，是采用图形符号和文字符号相结合而绘制的一种简图，主要表示线路走向、杆位布置、挡距、耐张段、拉线等情况。由于一般以配电台区为单位，因此又叫台区图，它清楚地展现了台区的供电范围、供电半径、接户线的杆号，并能一目了然地看清全台区的设备情况，是低压配电线路检修、测试、运行、维护不可缺少的图纸。如图 8-28 所示是某区配电变压器台区图。

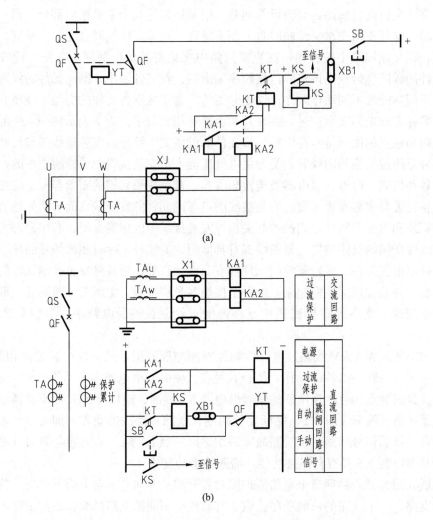

图 8-27 10kV 线路过电流保护原理图与展开图

(a) 原理图；(b) 展开图

1. 低压电力线路平面图

图 8-29 所示是某建筑工程外电路总平面图，表示 10kV 电源进线经配电变压器降压后，采用 380V 架空线路分别送至 1~6 号建筑物的情况，其主要内容有：

(1) 配电变电站的型式，图中为柱上式，装有 2×S9-250kVA 的变压器。

(2) 架空线路电杆的编号和位置，图中杆号依次为 1~14 号。

(3) 导线的型号、截面积和每回路根数，例如 10kV 电源进线为 LJ-3×25（三相铝绞线，截面为 25mm²），去 1 号建筑物的导线为 BLX-3×95+1×50（橡皮绝缘铝芯电缆，三相相线截面为 95mm²，中性线截面为 50mm²）。

图 8-29 具有以下特点：

(1) 为了清楚地表示线路去向，图中绘制各用电单位的建筑平面外形、建筑面积和用电负荷大小。

(2) 简要绘制了供电区域的地形，如用等高线表示地面的高低，为线路安装提供了必要

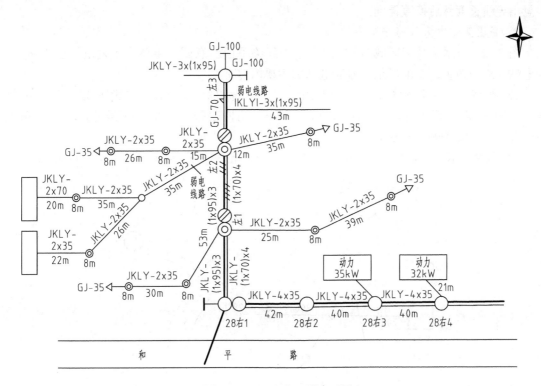

图 8-28 配电变压器台区图

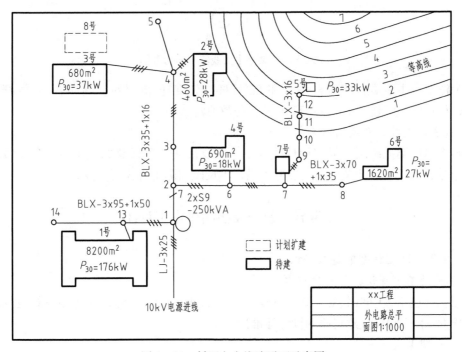

图 8-29 低压电力线路平面示意图

的环境条件。

（3）线路的长度未标注尺寸，但图是按比例（1：1000）绘制的，可用比例尺直接从图中量出导线长度然后换算得到。

2. 高压架空电力线路平面图

图 8-30 所示是某一区域 10kV 架空电力线路平面示意图，主要表示发电厂至 1～3 号变电站线路的布置。发电厂至 1 号变电站的主要内容有：

（1）线路共分 5 个耐张段：第一耐张段，1～25 号杆，2000m；第二耐张段，25～46 号杆，1800m；第三耐张段，46～70 号杆，1500m；第四耐张段，70～71 号杆，300m；第五耐张段，71～82 号杆，900m。

（2）线路全长 $L=2000m+1800m+1500m+300m+900m=6500（m）=6.5（km）$。

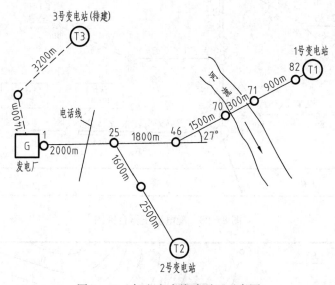

图 8-30 架空电力线路平面示意图

（3）杆型，主要有：终端杆 1 号和 82 号杆；分支杆 25 号杆；转角杆 46 号杆，转角 27°，采用 30°杆；跨越杆 70 号和 71 号杆，跨越河流。

3. 高压配电线路系统图识读

高压配电线路系统图一般都用单线表示，主要反映一条线路的主干线和分支线的连接杆、变电站、变压器、开关所在的位置关系，不反映实际地理位置关系。

第四节　动力及照明供电工程图

一、电气照明工程图的基本知识

（一）光的基本知识——照度标准

照度标准包括《中小学建筑设计规范》、《商店建筑设计规范》、《民用建筑电气设计规范》、GB 50034—2013《建筑照明设计标准》。

（二）照明电器

（1）照明电器：电光源和灯具的组合。

（2）照明电光源：即灯泡、灯管等提供光源的设备。电光源按发光原理可分为两大类，一类是利用灯丝通电后产生高温，形成热辐射的光源，如白炽灯、碘钨灯等；另一类是气体放电光源，利用两灯丝在一定的电压作用下，两极间的气体电离放电，从而发光形成的电光源，如荧光灯、汞灯、钠灯、金属卤化物灯等。

（3）灯具：固定和防护灯泡以及连接电源所需的组件和供装饰、调整和安装的部件，主要用来控制和改变光源的光强分布。

（4）照明电器的分类：嵌入式、吸顶式、悬吊式、壁式、枝形组合式、嵌墙式、台式、庭院式。

（三）照明配电线路

（1）导线型式。

BBLX、BBX：棉纱编制橡皮绝缘铝芯、铜芯电线。

BLV、BV：塑料绝缘铝芯、铜芯电线。

BLVV、BVV：塑料绝缘、塑料护套铝芯、铜芯电线。

BLXF、BXF、BLXY、BXY：橡皮绝缘、氯丁橡胶护套或聚氯乙烯护套铝芯、铜芯电线。

VLV、VV：聚氯乙烯绝缘、聚氯乙烯护套铝芯、铜芯电力电缆，又称全塑电缆。

YJLV、YJV：交联聚氯乙烯绝缘、聚氯乙烯护套铝芯、铜芯电力电缆。

XLV、XV：橡皮绝缘、聚氯乙烯护套铝芯、铜芯电力电缆。

ZLQ、ZQ：油浸纸绝缘铅包铝芯、铜芯电力电缆。

ZLL、ZL：油浸纸绝缘铝芯、铜芯电力电缆。

（2）导线截面的选择：按流量、电压、机械强度、热稳定等因素选择。

（3）照明线路的保护：有过负荷保护、过流保护、漏电保护等。

（4）照明线路的敷设。

1）原则：安全、可靠、方便、美观、经济。

2）施工工序：定位、预埋、打夹、敷线、安灯、测试校验、通电。

3）管道连接：镀锌钢管和薄壁管应采用螺纹连接，不得熔焊连接、对头焊接。

（5）导线的标注。基本格式是：

$$a - b - c \times d - e - f$$

其中　a——线路编号或线路用途的符号，单线绘制。

　　　b——导线型号；

　　　c——导线根数；

　　　d——导线截面，不同截面应分别标注，mm^2；

　　　e——配线方式和穿管管径；

　　　f——线路敷设方式和敷设部位。

如 WP1 - BLV（3×50＋1×35）- K - WE：WP1 表示 1 号电力线路；K 表示瓷绝缘子；W 表示墙；E 表示明敷。

如 N1 - BV - 2×2.5 -＋PE2.5 - TC20 - WC 表示：N1 回路，导线型号为 BV 型聚氯乙烯绝缘铜芯线，2 根导线、截面为 2.5mm^2，1 根保护接地线、截面为 2.5mm^2，穿电线管敷设，管径为 20mm，沿墙暗敷。

（6）照明灯具的标注。基本格式是：

$$a - b\frac{c \times d \times I}{e}f$$

其中　a——灯具的数量；

　　　　b——灯具的型号或编号；

　　　　c——每盏照明灯具的灯泡数；

　　　　d——灯泡的容量，W；

　　　　e——灯泡安装高度；

　　　　f——灯具安装方式；

　　　　I——光源的种类。

如 $10 - \dfrac{Y(2 \times 40) \times FL}{2.5} - C$ 表示：10 盏灯、Y 型荧光灯、每盏灯有 2 个 40W 的灯管、安装高度 2.5、链吊安装。

（四）照明配电工程图

一般按图纸表达的内容将照明配电工程图分为电路图、平面图和剖面图。

1. 电路图

电路图表示各种配电方式的原理接线，可以用单线或多线表示。如图 8-31 所示。

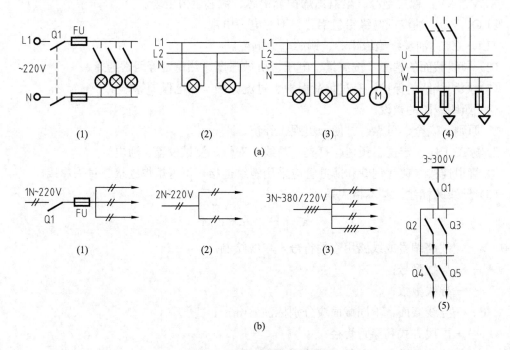

图 8-31　照明配电电路图

(a) 多线图；(b) 单线图

(1) 单相供电方式；(2) 两相供电方式；(3) 三相四线供电方式；(4) 照明配电箱；(5) 动力配电箱

电气照明的基本线路一般由电源、导线、开关及灯具（负载）组成。电气照明的基本线路有以下几种：

(1) 一只单联开关控制一盏灯，其接线如图 8-32 所示。这是最常用的一种接线方式。

（2）两只双联开关在两个地方控制一盏灯，其接线如图8-33所示。这种控制方式通常用于楼梯电灯，在楼上、楼下都可控制，也可用于控制走廊的电灯，在走廊的两头都可控制。

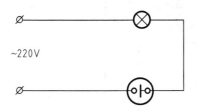

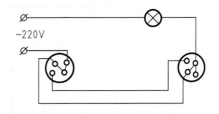

图8-32　一只单联开关控制单灯电路图　　　　　图8-33　两只双联开关控制单灯电路图

2. 平面图

照明平面图是假设经过建筑物门、窗沿水平方向将建筑物切开，移去上面部分，人再站在高处往下看，所看到的建筑物平面形状、大小，墙柱的位置、厚度，门窗的类型，以及建筑物内配电设备和动力、照明设备的平面布置、线路走向等情况。常用细实线绘出建筑物平面的墙体、门窗、吊车梁、工艺设备等外形轮廓，用中粗实线绘出电气部分。

照明平面图主要表示照明线路的敷设位置、敷设方式，导线规格型号、根数，穿管管径等，同时还标出各种用电设备（如照明灯、电动机、电风扇、插座等）及配电设备（如配电箱、开关等）的数量、型号和相对位置。

照明平面图的土建平面图是按比例绘制的，电气部分的导线和设备的形状及外形尺寸则不完全按比例画出。导线和设备的垂直距离和空间位置一般采用文字标注安装标高或附加必要的施工说明。图8-34是一室内照明回路PVC管布线的电路图，图8-35是其对应的平面布置图。

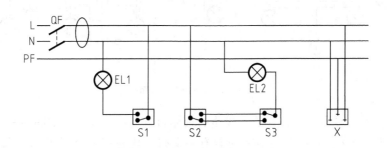

图8-34　室内照明回路PVC管电路图

外部电气平面图（见图8-7）表示某一建筑物外接供电电源布置情况，表明变电站与线路的平面布置情况，反映架空电力线或电力电缆的走向，变压器台数、容量及变电站形式，还反映电杆形式、编号，电缆沟的规格，导线型号、截面及每回线路的根数等。

图8-37中电源进线为10kV架空线，其导线截面为25mm²，采用LJ铝绞线三根，10kV变电站为一般户外杆上变电站，变压器型号为S11，容量为2×250kVA，二次侧电压0.4kV。由变电站引出三回380/220V架空线至各建筑物，第一回供1号建筑物用电，采用铝芯橡皮线型号为BBLX，三相相线截面为95mm²，中性线截面为70mm²；第二回供2、3

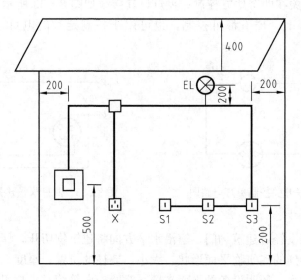

图 8-35　室内照明回路 PVC 管布线平面布置图

号建筑物用电，采用的导线型号为 BBLX-3×70+1×50；第三回供 4、5、6 号建筑物用电，采用的导线型号为 BBLX-3×70+1×50，到 5 号建筑物的导线在 8 号杆上分支，采用 BBLX4×25 的导线。

3. 剖面图

剖面图也称为斜视图、透视图，如图 8-36 所示。

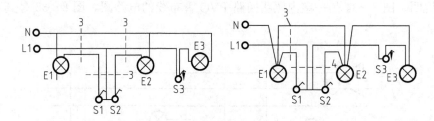

图 8-36　电气照明剖面图

由图 8-36 可以看出灯具、开关、线路的具体布置情况，在左侧房间内有两盏灯，由进门侧两只开关 S1、S2 控制；右侧房间内装有一盏灯，由进门侧开关 S3 控制。由图中可以看出，在灯具 E1、E2 之间及其两开关 S1、S2 之间采用了 3 根线，其余为 2 根线。在剖面图中其含义更为清楚。

二、动力及照明施工图

动力及照明施工和安装工作的主要依据是动力及照明工程的平面图，一套建筑电气工程图包括的内容较多，图纸往往有很多张。因此，只有了解建筑电气工程图的特点，才能比较迅速、全面地读懂图纸。一般按照以下顺序依次阅读和相互对照阅读：

（1）读图纸标题栏及目录，了解工程名称、项目内容等。

（2）阅读图纸说明，了解工程总体概况、设计依据及图纸中未能表达清楚的各有关事项。如电源走向、电压等级、线路敷设方式、设备安装高度及安装方式、补充使用的非国标图形符号、施工注意事项等。从分项工程图纸上，了解有些分项的局部问题。

（3）电气系统图是表明动力及照明的供电方式、配电回路的分布和相互联系情况的示意图。一般以表格形式绘制，但无比例。从系统图上，了解各分项工程的所有系统图，掌握系统的基本组成，主要电气设备、元件等连接关系及它们的规格、型号、参数等基本概况。

（4）熟悉电路图的接线图，因为电路图多是采用功能布局法绘制的，看图时应依据功能关系由上至下或从左至右逐个回路依次阅读。

（5）要熟悉电气设备、灯具等在建筑物内的布置位置以及它们的型号、规格、性能、特点和安装的技术要求，了解各系统中用电设备的电气自动控制原理，以便安装和调试。

（6）熟悉平面布置图所表示的设备安装位置、线路敷设部位及敷设方法，所用导线型号、规格、数量，所用管径大小等。

（7）读懂安装大样图（详图）所表示的设备的详细安装方法。

（8）平面图与大样图（国家标准图）相结合阅读。动力及照明平面图是施工单位用来指导施工，以及编制施工方案和工程预算的依据，而常用设备、灯具的具体安装方法又往往在平面图上未加表示，只有将阅读平面图和安装大样图结合起来，才能弄清施工图内涵。

（9）阅读设备材料表，了解设备、材料的型号、规格和数量。

（10）与土建及其他安装工程图同时阅读，电气安装工程与土建工程及其他安装工程（给排水管道、通风空调管道等）关系密切，在阅读动力及照明平面图时，要同时阅读有关其他安装工程施工图，要注意是否符合电气线路与其他工程管道间最小距离的规定要求，了解有无位置上的冲突或距离太近的现象。

（11）了解建筑物的基本概况，如房屋结构、房间功能与分布。

阅读图纸的顺序没有统一规定，可以根据需要灵活掌握。要更好地利用图纸指导施工，保证安装质量符合要求。阅读图纸时，还应配合阅读有关施工检验规范、质量检验评定标准及全国通用电气装置标准图集，以便详细了解安装技术要求及具体安装方法等。

三、电气照明施工图的识读

电气照明施工图通常由电气照明系统图、电气照明平面图和施工说明等部分组成。阅读照明施工图纸时可按电流入户方向，即进户点→配电箱电路上的用电设备的顺序阅读。

1. 电气照明系统图

电气照明系统图应从以下几方面识读：

（1）供电电源。系统图上标明电源为三相或单相供电，表示方法是在进户线上画三条短斜线为三相，如果不带短斜线则为单相。

（2）干线的接线方法。从系统图上可直接看出配线方式是树干式还是放射式或混合式，在多层建筑中一般采用混合式，还可以看出支线的数目及每条支线供电的范围。

（3）导线的型号、截面、穿管直径以及敷设方式和敷设部位。各户内支线根据负荷选用铜芯或铝芯线。

（4）配电箱中的控制、保护、计量等电气设备应在系统图上表示。为了电能计量配电箱内还装有电能表，三相供电时，应采用三相四线电能表或三只单相电能表。各种电气设备的规格、型号应标注在表示该设备的图形符号旁边。

如图 8-37 所示为某住宅楼照明系统图，从图中可以看出以下内容：

（1）本图为较低楼房的低压配电系统，设备和线路标明了项目代号，省略了前缀符号，并采用简单的围框画法。

（2）自电源进线至各住户配电板的电路，各层的配电方式除相序外均相同，并在用户插座系统上装设漏电开关和电能计量表。

（3）电源系统的接地方式：当为 TN‐C 系统（低压三相四线制系统，中性点直接接地，中性线和保护线是合一的，受电设备的外露可导电部分通过保护线与接地点连接）时，在电源引入处 PEN 线应直接接地，然后将 N 线与 PE 线分开进行 AL1 全楼总配电箱，住宅内部线路为 TN‐S 系统（低压三相五线制系统，中性点直接接地，中性线和保护线分开布置，受电设备的外露可导电部分通过保护线与接地点连接），此时配电箱外壳、穿线钢管、插座接地线均与 PE 线相接。当为 TT 系统（低压三相四线制系统，电源中性点直接接地，受电设备的外露可导电部分通过保护线接至与电力系统接地点无直接关联的接地极）时，各单元的 PE 线经 AL1 配电箱 PE 端子排汇集后，直接引出户外接地，不与 N 线连接，住宅内部的线路为 TT 系统。

（4）AL1～AL16 为分层用户配电箱，除进户线及其到楼层干线采用 BLV‐0.5 型塑料绝缘铝芯线穿钢管暗敷设外，其余线路全部采用 BLVV 型塑料绝缘、塑料护套铝芯电线明敷设或用单股铜芯电线穿 PVC 管暗敷设。

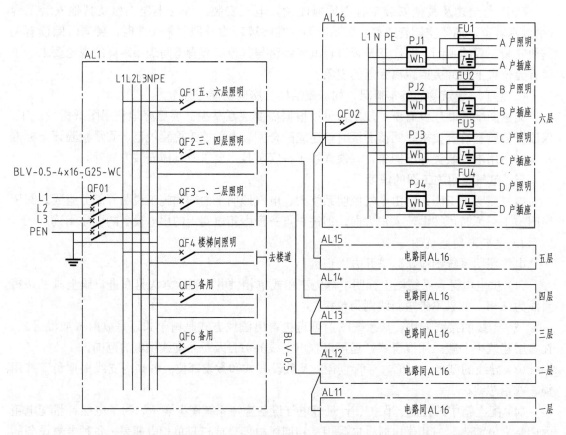

图 8‐37　为某住宅楼低压照明配电系统图

2. 电气照明平面图

电气照明平面图应从以下几方面识读：

（1）进户点、总配电箱及分支配电箱的位置。

（2）进户线、干线、支线的走向，导线根数、敷设部位、敷设方式，需要穿管敷设时所用的管材、规格等。

（3）灯具、开关、插座等设备的种类、规格、安装方式及灯具的悬挂高度。

图 8-38 所示为某办公室第六层电气照明平面图。图 8-39 是其供电概略图，表 8-4对负荷进行了统计并有施工说明，具体如下：

（1）该层层高 4m，净高 3.88m。

（2）导线及配线方式：电源引自第五层，总线为 PG-BLX-2×10-DG25-QA；分支线（1-3）为 MFG-BLV-2×6-VG20-QA。

（3）配电箱为 XM1-16，并按系统图接线。

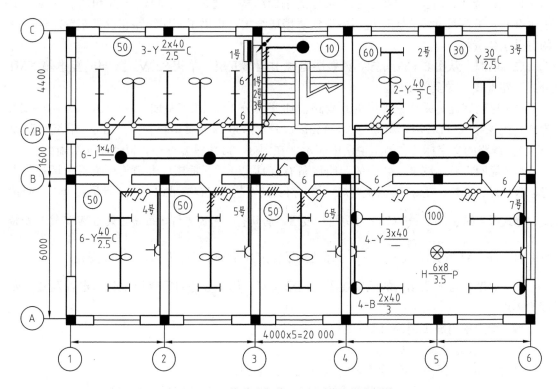

图 8-38 某办公室第六层电气照明平面图

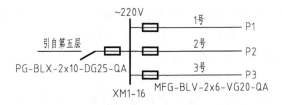

图 8-39 某办公室第六层供电概略图

表 8 - 4   负 荷 统 计 表

线路编号	供电场所	负荷统计			
		灯具（个）	电扇（个）	插座（个）	计算负荷（kW）
1 号	1 号房间、走廊、楼道	9	2		0.41
2 号	4、5、6 号房间	6	3	3	0.42
3 号	2、3、7 号房间	12	1	2	0.47

从图 8 - 39 可知，该层电源引自第五层，单相 220V，以及照明线路和灯具及其相关的开关、插座、电风扇等的布置信息，较好地体现了照明平面图的特点。

（1）图 8 - 38 表示的非电信息。图 8 - 38 表示的非电信息是建筑平面图，必要的非电信息与主要的电气信息有明显的区别。为了确切地表示线路和灯具的布置，图中用细实线绘制出了建筑物墙体、门窗、楼梯、承重梁柱的平面结构。通过定位轴线 1～6 和 A、B、C、D 表示开间、进深尺寸，在施工说明中交代了楼层结构，提供了照明线路和设备布置需要考虑的有关土建资料。

（2）电源。从图 8 - 39 可知，该楼层电源引至第五层，单相 220V，经照明配电箱 XM1 分成三路干线，送至各场所。

（3）照明线路。采用三种规格的线路，如照明分干线 MFG—BLV - 2×6 - VG20 - QA 为塑料绝缘导线（BLV），斜面为 $2 \times 6 \text{mm}^2$，采用 $\phi 20$ 的硬质塑料管（20mm）沿墙暗敷设（WC）。线路的文字标注在施工说明中表示，在图 8 - 38 中重复标注，以使图面清晰。

（4）照明设备。图 8 - 38 中的照明设备有灯具、开关、插座、电扇等。照明灯具有荧光灯、吸顶灯、壁灯、花灯（6 管荧光灯）等。灯具的安装方式有链吊式（C）、管吊式（P）、吸顶式、壁式等，如 $3 - Y\dfrac{2 \times 40}{2.5}C$（1 号间）表示该房间有 3 盏荧光灯，每盏 2 只 40W 灯管，安装高度为 2.5m，链吊安装；$6 - J\dfrac{1 \times 40}{—}$ 表示走廊及楼道共 6 盏灯，每盏 40W，吸顶安装。

（5）照度。各照明场所的照度在图上均已表示，如 1 号房间照度为 50lx，走廊及楼道照度为 10lx。

四、动力配电施工图的识读

1. 动力供电线路系统图

动力供电线路系统图识读主要从以下几方面着手；

（1）电能的输送关系、电源进线及母线、配电线路、启动控制设备、受电设备等。

（2）线路上所标注的导线型号、规格、敷设方式及穿线管规格。

（3）开关、熔断器等控制保护设备所标注的设备型号、规格，熔体的额定电流等。

（4）受电设备所标注的设备型号、功率、名称及编号等。

（5）系统图上所标注的系统计算容量 P_{js}、计算电流 I_{js}、设备容量 P_s 和线路的电压损失等。

如图 8 - 40 所示是某锅炉房动力系统图，进线段采用 VLV - 1.0 - 3×25 聚氯乙烯电力电缆埋地暗敷设，各电动机进线采用 BLX 型铝芯橡皮绝缘导线穿钢管埋地暗敷设和 VLV 型聚氯乙烯护套电力电缆沿电缆沟内敷设。用电设备采用 4 台 JO2 系列电动机和 3 台 Y 系列 7.5kW 电动机。

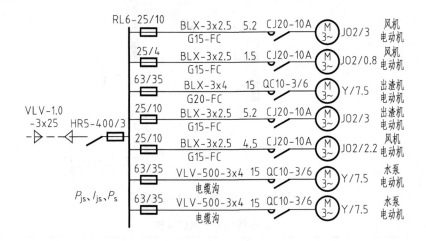

图 8-40　某锅炉房动力系统图

2. 动力供电平面图

　　动力供电平面图主要表示动力设备在室内安装位置、动力线路敷设方式。在电气动力工程中，由于动力设备比照明灯具数量少，且多布置在地坪或楼层地面上，采用三相供电，配线方式多采用穿管配线。

　　如图 8-41 所示是某车间动力供电平面布置图。该车间主要由 3 个房间组成，建筑物采用尺寸数字定位（没有画出定位轴线）。通过图 8-42 所示的动力干线配置图和表 8-5 所示的动力干线配置表，对动力平面图进一步作了描述。

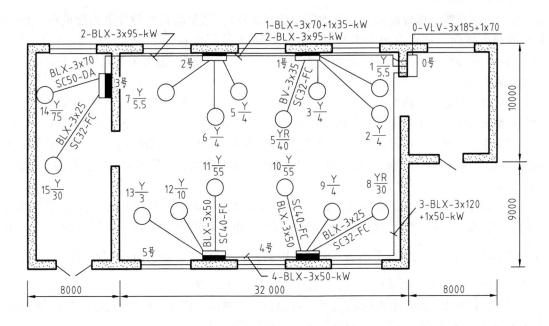

图 8-41　某车间动力供电平面布置图

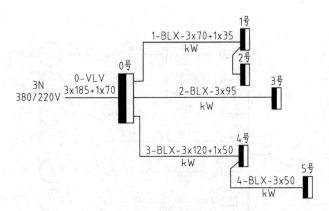

图 8-42　某车间动力干线配置图

表 8-5   **某车间动力干线配置表**

线缆编号	线缆型号及规格	连接点		长度 (m)	敷设方式
		I	II		
0	VLV-3×185+1×70	42 号杆	0 号配电柜	150	电缆沟
1	BLX-3×70+1×35	0 号配电柜	1、2 号配电柜	18	瓷绝缘子
2	BLX-3×95	0 号配电柜	3 号配电柜	25	瓷绝缘子
3	BLX-3×120+1×50	0 号配电柜	4 号配电柜	40	瓷绝缘子
4	BLX-3×50	4 号配电柜	5 号配电柜	50	瓷绝缘子

　　在平面布置图中，详细表示了电力配电线路（干线、支线）、配电箱、各电动机等的平面布置及其有关内容。

　　（1）配电干线：指外电源至总电力配电箱（0 号）、总配电箱至各分电力配电箱（1~5号）的配电线路。如由总电力配电箱（0 号）至 4 号配电箱的线缆 BLX-3×120+1×50-kW 表示导线型号为 BLX，截面积为 $3×120+1×50\text{mm}^2$，沿墙采用瓷绝缘子敷设，其长度约为 40m。

　　（2）动力配电箱：该车间一共布置了 6 个动力配电柜、箱，其中：0 号为总配电柜，布置在右侧配电间内，电缆进线，3 回出线分别至 1、2 号，3 号，4、5 号电力配电箱；1 号配电箱布置在主车间内，4 回出线；2 号配电箱布置在主车间内，3 回出线；3 号配电箱布置在辅助车间，2 回出线；4 号配电箱布置在主车间内，3 回出线；5 号配电箱布置在主车间内，3 回出线。

　　（3）动力设备：主要是电动机，共 15 台，按顺序编号为 1~15，图中分别表示了各电动机的位置、型号、规格等。该图是按比例绘制的，电动机的位置可用比例尺在图上直接量取，必要时可参阅有关建筑平面图而确定。电动机的型号、规格标注在图上，如 $3\dfrac{Y}{4}$，3 表示电动机编号，Y 表示电动机型号、4 表示电动机容量（kW）。

　　（4）配电支线：指各电力配电箱至各电动机的连接线。图 8-41 中描述了这 15 条配电支线的位置，导线型号、规格、敷设方式，穿线管规格等。

　　施工说明：图 8-42 的说明指出，各电动机配电线除注明外，其余均为 BLX-3×2.5-

SC15 - FC，即较大容量电动机的配线情况标注在图上，其余采用 BLX（铝芯橡皮绝缘线），3 根相线均为 2.5mm²，穿入管径为 15mm 的钢管（SC15），沿地板暗敷设（FC）。

五、电动机控制接线图

先看主电路，后看辅助电路。

识读主电路的具体步骤：

第一步：看用电器。首先看清楚主电路中有几个用电器，它们的类别、用途、接线方式以及一些不同的要求等。

第二步：看清楚主电路中用电器用几个控制元件控制。实际电路中用电器的控制方法很多，有的只用开关控制，有的用启动器控制，有的用接触器或其他继电器控制，有的用程序控制器控制，有的用集成电路控制，这要求我们要分清主电路中的用电器与控制元件的对应关系。

第三步：看清楚主电路除用电器以外还有哪些元器件以及这些元器件的作用。如图 8 - 43 中，主电路除电动机外还有开关 Q 和熔断器 FU。开关 Q 是总电源开关，熔断器起到电路的短路保护作用。看主电路时可顺着电源引线，沿着电流流过的路径逐一观察。如图 8 - 43 中主电路是：

三相电源 —Q—FU1—KM（主触头）—FR（热继电器）—M

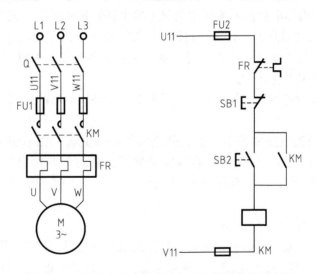

图 8 - 43　鼠笼式电动机直接启动的控制线路原理图

第四步：看电源。要了解电源的种类和电压等级，分清是直流电源还是交流电源，直流电源有的是直流发电机，有的是整流设备，电压等级有 660、220、110、24、12、6V 等；交流电源多由三相交流电网供电，有时也由交流电发电机供电，电压等级有 380、220V 等。如图 8 - 43 中电源为 380V 交流三相电。

读辅助电路的具体步骤和方法：

第一步：看辅助电路的电源，分清辅助电路电源种类和电压等。辅助电路的电源有两种，一种是交流电源，另一种是直流电源。辅助电路所用交流电源电压一般为 380V 或 220V，辅助电路电源取自三相交流电源的两根相线（火线），则电压为 380V，取自三相交流电源的一根相线和一根零线，则电压为 220V；辅助电路所用直流电源电压等级有 220、

110、24、12V 等。

　　若同一个电路中主电路电源为交流，而辅助电路电源为直流，一般情况下，辅助电路是通过整流装置供电的。若在同一个电路中主电路和辅助电路的电源都为交流电，则辅助电路的电源一般引自主电路。如图 8‑43 中辅助电路的电源是从主电路中引出的，电压为 380V。

　　辅助电路中的控制元件所需的电源种类和电压等级必须与辅助电路电源种类和电压等级相一致，绝不允许将交流控制元件用于直流电路，否则控制元件通电会烧毁交流线圈；也不允许将直流控制元件用于交流电路，否则控制元件通电也不会正常工作。

　　第二步：弄清辅助电路中每个控制元件的作用，弄清辅助电路中控制元件对主电路用电器的控制作用。

　　辅助电路是一个大回路，而在大回路中经常包含若干个小回路，每个小回路中有一个或多个控制元件。主电路的电器越多，则辅助电路的小回路和控制元件也越多。如图 8‑43 中，辅助电路只有一个回路，此回路是：

$$U11—FU2—FR—SB1—SB2—KM(接触器线圈)—FU—V11$$
$$\llcorner KM(辅助触点)\lrcorner$$

　　当电源总开关 Q 合上后，主电路和辅助电路都与电源接通（有电压、无电流），按下启动按钮 SB2，KM 线圈通电动作，接在主电路中的主触头 KM 闭合，主电路中的电动机启动运行，同时 KM 的辅助触点闭合，实现自保持；按下停止按钮 SB1，则 KM 线圈失电，KM 主触头断开，运行中的电动机就停止运行；运行中若辅助电路发生短路故障，则 FU 熔断，KM 线圈失电，电动机停止运行。

　　总之，弄清电路中各控制元件的动作关系和对主电路用电器的控制作用是读懂电气原理图的关键。

　　第三步：研究辅助电路中各个控制元件之间的制约关系。在电路中电气设备、装置、控制元件不是孤立存在的，相互之间有着密切联系，有的元器件之间是控制与被控制的关系，有的是相互制约关系，有的是联动关系。图 8‑43 中 SB2 就是控制 KM 通电的元件。

　　1. 电动机启动控制安装接线图

　　图 8‑44 所示为鼠笼式电动机直接启动的控制线路安装图。图中使用了组合开关 Q、交流接触器 KM、按钮 SB、热继电器 FR 及熔断器 FU 等几种电器。该电路还可实现短路保护、过载保护和失压保护。该安装图中各个电器是按实际位置画出的，属于同一电器的各部件集中在一起。

　　2. 鼠笼式电动机正反转控制电路接线图

　　在生产上往往要求运动部件向正、反两方向运动，为实现电动机的正转，只要用两个交流接触器就能满足这一要求。

　　图 8‑45 所示为机械互锁的鼠笼式电动机正反转控制电路图。用正转按钮 SB2 接通 KM1 控制电动机正转，用反转按钮 SB3 接通 KM2 控制电动机反转，SB2 和 SB3 是双位按钮，它们之间的机械互锁保证 KM1 和 KM2 只能有一个接通，避免 KM1 和 KM2 同时接通形成相间短路。

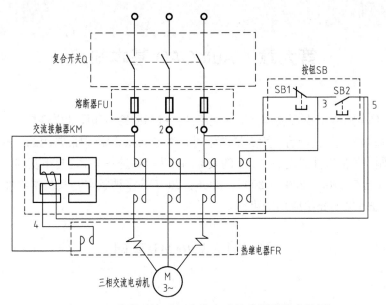

图 8-44 鼠笼式电动机直接启动的控制线路安装图

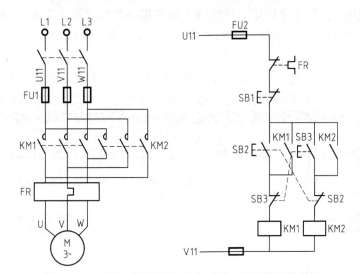

图 8-45 机械互锁的鼠笼式电动机正反转控制接线图

本 章 小 结

本章介绍了电路图及电路的组成;重点介绍了电气图的种类;对电气制图的国家标准作了扼要介绍,重点内容是电气图的格式及电气图用图形符号和文字符号的识别、标注和使用;介绍了电气图的基本表示方法和绘制方法;介绍了电力系统一、二次接线图和电力输配电线路图的识图步骤和方法;重点介绍了电气照明配电电路图和动力配电电路图的基本特点、识读方法及步骤。电气图的识读是工程人员必须掌握的技能,因此要学会电气图的识读方法和步骤,掌握一些识读电气图的技巧。

第九章　AutoCAD 基本知识

　　AutoCAD是美国 Autodesk 公司推出的通用计算机辅助绘图和设计软件包。本章旨在经过学习必要的制图基本知识和技能后，用少量的学时，学习 AutoCAD 中最常用的一些功能，能够应用这些功能绘制常见的零件图或不太复杂的装配图，为今后进一步学习打下基础。

　　AutoCAD 已有 2002、2004、2005、2006、2007 等多种版本，其基本界面及应用相差不大，读者直接按本书的介绍应用即可。

第一节　AutoCAD 基础

一、硬件

　　硬件主要有主机、显示器、键盘和鼠标。本书称按键盘上的键为"输入"；按"回车键"称为"回车"或用"✓"表示回车；按鼠标上的左键一次为"点击"或"点"，连续按鼠标上的左键两次为"双击"；按右键一次为"右击"；"—"表示要执行下一步命令。

二、操作界面

　　AutoCAD 2004、2006、2007 版的操作界面如图 9-1 所示，它由下拉菜单、工具栏、作图窗口、十字光标、坐标系图标、命令提示行、状态行、滚动条和布局标签组成。

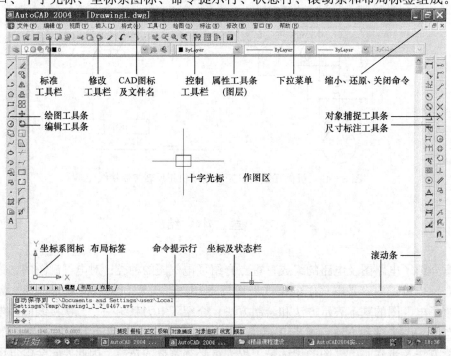

(a)

图 9-1　AutoCAD 操作界面（一）

(a) AutoCAD 2004 版操作界面

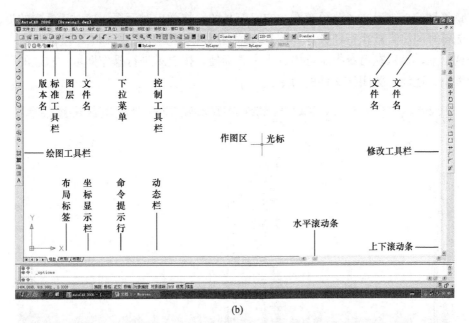

(b)

(c)

图 9-1　AutoCAD 操作界面（二）

(b) AutoCAD 2006 版操作界面；(c) AutoCAD 2007 版操作界面

（1）最上一行左边是 AutoCAD 版本的图标及本页绘图文件的名称（机内自动设置的），右边的三个图标符号为缩小、还原、关闭整个 AutoCAD 程序的命令。

（2）第二行为菜单项（11 个）。移动鼠标到菜单项附近，光标显示为空心箭头形状，指向某个菜单项，该菜单项变蓝，左键单击，就会出现下拉菜单命令。如果某个菜单项的右边有小三角符号的，表示有子菜单存在；有…符号的，将弹出对话框，按对话框内的提示进行操作；无符号的将直接执行任务。如图 9-2 所示，选择其中任一命令，左键单击，就能把该命令调出来，显示在命令提示行中或十字光标处，按提示进行操作即可。右边的三个图标符号为缩小、还原、关闭该文件的命令。

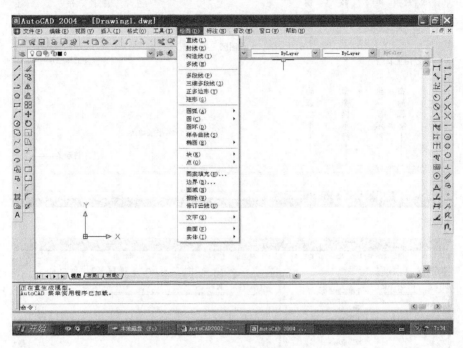

图 9-2　下拉菜单

（3）第三行左边为普通（标准）工具栏，如新建、打开、保存等；中部为修改工具栏，如撤消、恢复等；右边为显示控制工具栏，如缩放、实时平移等。

（4）第四行为本文件绘图层的层名、线型、线型颜色的设置与显示，为属性（对象特性）工具栏，共 7 个。

（5）中间大片空白处为绘图窗口，就是作图的地方。光标所在地方为输入文本或画图时的起始位置，移动鼠标可以改变光标的位置。

（6）绘图窗口左边的一列图标为绘图工具栏（17 个），用于绘制各种基本图形对象。绘图窗口右边的一列图标为修改（编辑）工具栏（16 个），用于对图形对象的修改。

当光标移到绘图窗口外时，变为空心箭头。箭头指向任一图标按钮并停留片刻后，即可显示出按钮的功能。左键点击图标即可调用这一命令。

工具栏共有 29 个。新安装的 AutoCAD 开机后，缺省设置的只有几个最常用的工具栏。需要时可以调出来，调取的方法详见本章第二节。这些工具栏命令的作用都包含在菜单项中的命令中，只是把它们做成工具栏形式，更方便、快捷。

（7）绘图窗口的右边为可以调整图面上下移动用的滚动条。

（8）绘图窗口下边一行的左边有模型空间标签和布局标签，可实现模型空间与布局的转换。模型空间提供了设计模型的环境。而布局是指可访问的图纸显示，专用于打印。其右边为调整图面左右移动的滚动条。

（9）滚动条的下边是命令提示窗口。命令提示窗口可以显示两行信息，上部为已执行过的命令的记录（命令记录行），下部为正执行或将要执行的命令信息（命令提示行），可用键盘或鼠标在此输入命令（人机对话区）。平时只显示命令提示行，需要时，将光标移至命令提示行上边框处，光标会由大箭头变为上下双箭头和两平行线，按住左键往上移动，即可显示出命令记录行。

命令提示行中若还有命令尚未执行，则 AutoCAD 不能关闭。按 Esc 键可以撤销命令。

（10）命令窗口的下边设置有状态提示栏。左边为坐标显示，右边为"捕捉"、"栅格"、"正交"、"极轴"、"对象捕捉"、"对象追踪"、"线宽"、"模型" 8 种状态的提示图标。

（11）最下边一行左边为活动桌面，右边为中英文输入法转换、时间显示等内容的图标。该行在设置时，也可隐藏起来，按 Shift＋Ctrl 键可调出。

三、改变窗口颜色配置

点下拉菜单"工具"—点"选项"命令，弹出"选项"对话框—点"显示"标签，弹出"窗口元素"窗口—点"窗口元素"中的"颜色"按钮，弹出"颜色选项"窗口。从"窗口"列表框中选择某种颜色，例如白色，点取"应用并关闭"按钮，即可将作图窗口改变颜色。"选项"对话框如图 9-3 所示。

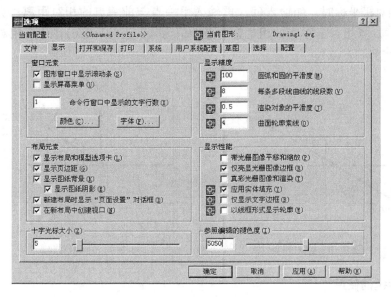

图 9-3　"选项"对话框

四、改变十字光标大小和颜色

在图 9-3 所示的"显示"标签中，拖动"十字光标大小"区的滑块，可以改变十字光标大小。在"草图"标签中可以改变光标的颜色。

五、AutoCAD 2004 的坐标及其输入

图是由线围成的，线是由点组成的。因此画"点"就成了 AutoCAD 作图的基础。工作界面是一个平面，用坐标确定平面上点的位置。在 AutoCAD 中画"点"有两种方法：一是用鼠标左键在工作界面中直接点击确定；二是在命令行中用键盘输入点的坐标数值。

AutoCAD 2004 的坐标分为绝对坐标和相对坐标两类。

1. 绝对坐标

绝对坐标是指对于当前坐标系原点的坐标。用户以绝对坐标的形式输入点时，可以采用

直角坐标或极坐标。

(1) 直角坐标。直角坐标是以 "X，Y，Z" 形式表现一个点的位置。当绘制二维图形时，只需输入 X，Y 坐标（Z 轴垂直于屏幕 $Z=0$）。

坐标原点 "0，0" 缺省时是在图形屏幕的左下角（有图形显示），X 坐标值向右为正增加，Y 坐标值向上为正增加。当使用键盘键入点的 X、Y 坐标时，之间用 ","（半角）隔开，不能加括号，坐标值可以为负。如图 9-4 所示，A 点的绝对直角坐标值为 400，200。

(2) 极坐标。极坐标以 "距离＜角度" 的形式表现一个点的位置，它以坐标系原点为基准，原点与该点的连线长度为 "距离"，连线与 X 轴正向的夹角为 "角度"，"角度" 的方向以逆时针为正。例如输入 B 点的极坐标 800＜30，则表示 B 点到原点的距离为 800，B 点与原点的连线与 X 轴正向夹角为 30°（在 X 轴的上方），如图 9-4 所示。

2. 相对坐标

相对坐标是用本次画图时的前一点作为坐标原点，来确定以后所绘点的位置的一种坐标。只要知道下一点与前一点的相对位置就可以作图，因此方便实用。

(1) 用相对直角坐标时，先输入@，再输入下一点与前一点的相对位置 X、Y、Z 即可。

(2) 用相对极坐标时，先输入@，再输入下一点与前一点的相对距离＜角度数字。如图 9-5 所示，B 点相对于 A 点的相对直角坐标值为 (292.82，200)，B 点相对于 A 点的相对极坐标值为 354.6＜34。

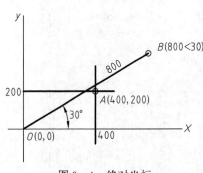

图 9-4 绝对坐标

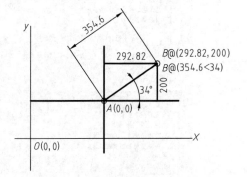

图 9-5 相对坐标

六、功能键的使用

F1：在线帮助。

F2：绘图与文本切换。

F3：对象捕捉。

F4：数字化仪。

F5：切换等轴测平面。

F6：在直角坐标与极坐标间切换。

F7：栅格。

F8：正交。

F9：栅格间捕捉。

F10：极轴追踪。

F11：对象捕捉追踪。

Esc：取消当前执行的命令。

Enter（回车键）：当执行完一个命令时，按该键为结束该命令；紧接着第二次按该键为重复执行上一命令。按空格键也具有此功能。

七、管理图形文件

1. 打开已有文件

点击菜单中的"文件"—点"打开"或点击"打开"图标—翻到所在盘—点击已有的文件夹名—点击已有的文件名—点击"打开"，即可打开所需要的文件。

2. 保存新建的文件

点击"保存"图标，出现一对话框，如图 9-6 所示—在"保存于"栏中，点小三角，选择所在盘 D、E 或 F，在该盘中选择所在文件夹，双击—在"文件名"中输入本文件的名称—在"文件类型"中选择文件的类型—点"保存"。

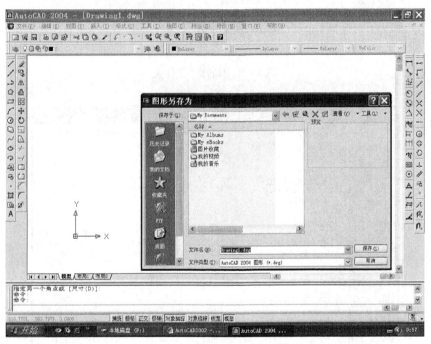

图 9-6　"图形另存为"对话框

如没有合适的文件夹，可以用右键在名称栏下方空白区点击一下，出现一个对话框，如图 9-7 所示，移动鼠标箭头到"新建"时，其右边出现一个对话框，点击"文件夹"，在名称栏里就会增加一个新文件夹，如图 9-8 所示。你可以更改它的名称，如"CAD 图"。然后用左键双击该文件夹（打开），又弹出一个"图形另存为"对话框，机内默认的文件名为 Drawing1.dwg，在"文件名"栏中输入本文件名称，如"图框"，再点"保存"。

3. 快速存盘

点击"保存"图标——即以系统命名保存于"我的电脑"中了。

4. 另存为

打开某文件后，点击"文件"—点"另存为"—输入文件名—点所在盘、所在文件夹—点"保存"，即将某文件以另一名称、在另一位置予以保存，原有文件仍然存在。

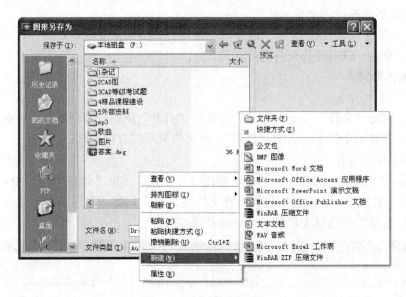

图 9-7 "新建"文件夹

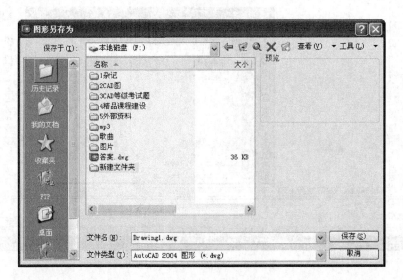

图 9-8 创建新文件夹并命名

5. 复制文件

在打开的文件中，如要复制部分或全部文字、图形到其他文件中或本文件中时：按住左键移动鼠标，将准备复制的文字或图形全部覆盖住后点击一下，文字或图形变成虚线并有蓝色小方块，点"复制到剪贴板"（或按 Ctrl＋C）；点"粘贴"（或按 Ctrl＋V），光标处显示出复制来的文件，拖动鼠标在准备粘贴文件的地方点击一下，即可得到从剪贴板来的文件。此时原来的文件仍然存在。如果前面点的是"剪切到剪贴板"，进行粘贴后，原来的图形就不存在了。

在不打开文件的情况下，可以复制整个文件：点"打开"，出现"选择文件"对话框，右键点击某文件，变蓝色，出现"选定"对话框；左键点击"剪切"或"复制"，如图 9-9

所示，选择要复制到的盘和文件夹，点"粘贴"或按 Ctrl＋V 即可。如果准备复制到移动硬盘中，可点击"发送到"，再点击移动硬盘。

图 9-9　复制文件

不打开 CAD，要复制整个文件时：点"我的电脑"—点所在盘—点所在文件夹—点要复制的文件—点"剪切"或"复制"，—点要复制到的盘—点要复制到的文件夹—点"粘贴"或按 Ctrl＋V 即可。

第二节　设置绘图环境

绘制一幅新图，首先应进行绘图环境的设置。

一、单位设置

点"格式"—点"单位"，出现一对话框，如图 9-10 所示，可进行设置。

在这里给出的是安装时的缺省启动设置。缺省时为世界坐标系，坐标原点在左下角，为 (0，0)。长度：类型有分数、工程、建筑、科学、小数等，默认为小数，公制单位为 mm；精度默认为 0.0000。角度：默认为十进制；精度默认为 0。一般都选择默认值，单击"OK"或"确定"即可。

二、设置图形界限

这里说的图形界限指的是将来打印文件时的

图 9-10　单位设置

幅面界限。在计算机上画图时，可以画在图形界限以外，但打印不出来，只有画在图形界限以内的图形才能打印出来。

（1）点"格式"—点"图形界限"—在命令行中出现：指定左下角点或［开（ON）/关（OFF）］＜0.0000，0.0000＞:，✓—指定右上角点＜420，297＞：如打印 A3 图纸，按 1：1 绘图，直接回车即可；如按 1：2 绘图，右上角应设为（840，594），在命令行中输入 840，594 后✓。

注意：在 840，594 的图形界限内画图，是按机件的实际尺寸来画图的（画图方便），而不是按 1：2 的比例缩短了来画的，打印成 A3 图纸后，即变为 1：2 的比例。

（2）在命令行输入 ZOOM，✓—输入 ALL，✓，即将绘图界限充满作图显示区。

三、调用工具栏（也可称为工具条）

最常用的工具栏有标准、对象特性、样式、图层工具栏（已显示在界面上方），绘图工具栏（已显示在界面左方）和修改工具栏（已显示在滚动条的右方）。另外常用的还有标注和对象捕捉两个工具栏需要调出，放在界面的左侧或右侧。

点击下拉菜单"视图"—点击"工具栏"，弹出一个"自定义"对话框，在所需要的工具栏的前面方框中点出对勾，该工具栏即可显示在操作界面上，如图 9 - 11 所示；或者用右键点击已显示出的任一工具栏图标，弹出一工具栏对话框，如图 9 - 12 所示。点击所需要的工具栏，该工具栏也可调到界面上。然后移动光标到该工具栏的左侧或右侧，光标变为箭头，再按住鼠标左键将其移动到界面的左侧、右侧或上边。

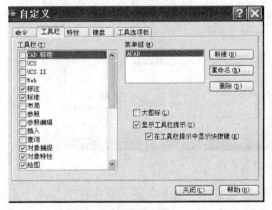

图 9 - 11　工具栏

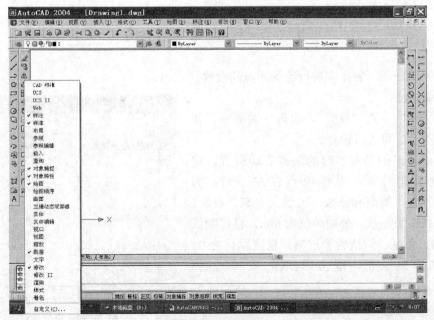

图 9 - 12　工具条

四、状态栏

（1）当状态栏左边的坐标数字为黑色时，即可显示光标所在处的坐标值；用鼠标左键点击状态栏左边的坐标数字，变为灰色后，移动鼠标时便不再显示光标所在处的坐标值了。

（2）按 F7 或用鼠标左键点击状态栏中的"栅格"项可以打开栅格，显示出带栅格的作图区，如图 9－13 所示。

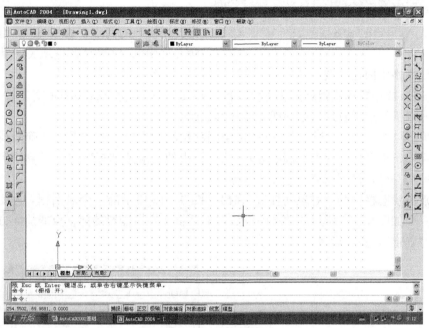

图 9－13　打开栅格

打开栅格，给作图区提供一个坐标网格，便于作图位置的计算。再用鼠标左键点击状态栏中的"栅格"项可以关闭栅格。

缺省启动设置时，栅格的间距为 10。如想修改间距，可单击下拉菜单"工具"—点击"草图设置"，出现"草图设置"对话框，如图 9－14 所示，在其中调整栅格的间距和捕捉的间距。

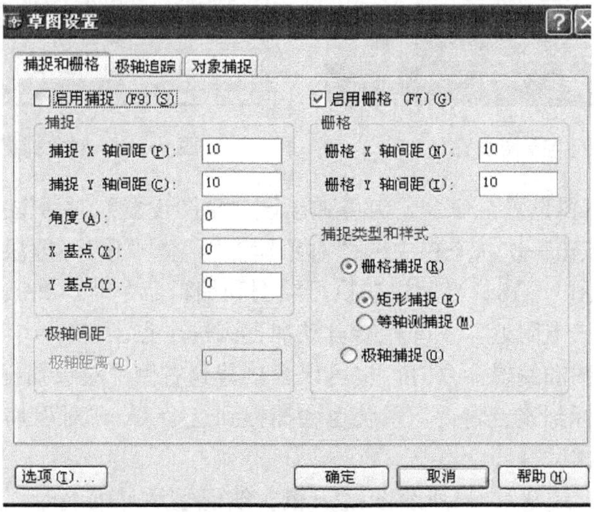

图 9－14　栅格设置（一）

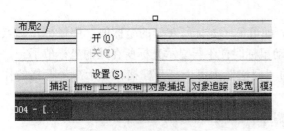

图 9-15　栅格设置（二）

用鼠标右键点击状态栏中的"栅格"项，再点击"设置"，如图 9-15 所示，也会出现如图 9-14 所示的"草图设置"对话框。

（3）按 F9 或用鼠标左键点击状态栏中的"捕捉"，呈现打开状态时，光标只能捕捉到栅格中的网点；再按 F9 或用左键点击状态栏中的"捕捉"，呈现关闭状态时，光标可捕捉到栅格中的任意点。

（4）按 F8 或用鼠标左键点击状态栏中的"正交"，可以打开或关闭正交。打开"正交"时，只能画水平线或垂直线，画斜线时应将其关闭。

（5）状态栏中的"对象捕捉"。用户在绘图和编辑图形时，通常需要准确地找到某些特殊点（如端点、交叉点、切点、圆心等）。状态栏中的"对象捕捉"与"对象捕捉"工具条上的功能完全一样，都可以完成这样的任务。

右键点击状态栏中的"对象捕捉"，弹出如图 9-16 所示的一个对话框，左键点击"设置"弹出一个如图 9-17 所示的"草图设置"对话框。在所需要的捕捉点的前面方框中点出对勾，点"确定"，完成设置。

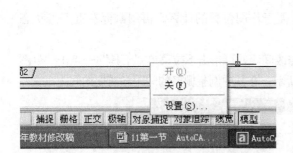

图 9-16　对象捕捉与草图设置（一）

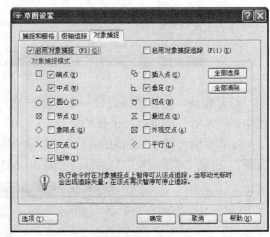

图 9-17　对象捕捉与草图设置（二）

执行"工具"/"草图设置"命令，也可弹出该"草图设置"对话框。

按 F3 或用左键点击一次状态栏中的"对象捕捉"，呈"开"（即激活）状态，再点击一次呈"闭"状态，见图 9-18。当用户在执行绘图和编辑命令时，在激活"对象捕捉"功能后，只要光标移动到该点附近，系统就会自动捕捉到这个点。

当用户在执行绘图和编辑命令时，也可以紧接着到右侧"对象捕捉"工具栏上点取某一捕捉命令，再移动光标到该点附近，系统也会捕捉到这个点。"对象捕捉"工具栏上的命令是用一次需要点取一次。

（6）状态栏中的"线宽"。当所绘图线为粗实线但显示是细线时，左键点击状态栏中的"线宽"为"开"时，即可显示为粗线；为"闭"时，所有的线都显示为细线。

五、图层设置

图样是由用不同线型画的图线所组成的。手工绘图时，是用不同型号的铅笔，在同一张纸上用不同的线型来画图线；AutoCAD 里的图层即一张透明的图纸，每一图层上只能用一种线型画图，图样上有几种线型，就要设置几层图层。几张透明的图纸叠放在一起，看到的就是一张有不同线型的、完整的图样了。我们准备在哪一层图层上画图，还必须把哪一层图层设置为"当前层"。

点击"图层"图标或"格式"/"图层"，出现"图层特性管理器"对话框，如图 9-18 所示。打开时只有一个图层，即系统自定的（0）图层，颜色为白色，线型为连续线（实线），线宽为"缺省或默认"（细线）。

（1）设置新图层。点击"新建"，新建的图层就会出现在列表的第二行，如图 9-18 所示。该层也由系统自定图层层名为"Layer1"或"图层一"，颜色、线型、线宽与上一行图层的一样。你可以为它重命名，如"点画线"或"DHX"；重新设置线型、颜色、线宽。

图 9-18   图层特性管理器及新建图层

（2）设置新线型。点击"图层一"中的"Continuous（线型名称）"—弹出"选择线型"对话框，如图 9-19 所示—点击"加载"—弹出"加载或重载线型"对话框，如图 9-20 所示；在该框中，移动"滚动条"可浏览所有的线型，用左键点击选取所需要的线型；如需要点画线，点击 CENTER，如需要虚线，就点击 DASHED—点击"确定"，返回到如图 9-19 所示的"选择线型"对话框（就有了才加载的线型）—先点取新设置的线型（那一行就变成蓝色了），后点击"确定"，返回到"图层特性管理器"对话框，可重新设置颜色、线宽或直接点确定完成设置。

图 9-19　线型加载

（3）颜色设置。在图 9-20 中，点击该图层行中正对"颜色"那一列的"小方块"（带颜色）—出现"选择颜色"对话框—点击某一颜色—点击"确定"，如图 9-20 所示—返回到"图层特性管理器"对话框，设置线宽。

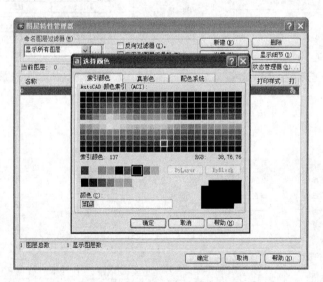

图 9-20　选择颜色

（4）选择线宽。点击该图层中正对"线宽"那一列的"默认"或"0.3mm"前面的图线—出现"选择线宽"对话框—点击某一线宽数字—点击"确定"。细实线的宽度可从"默认"值至 0.25 间选择；粗实线的宽度可选 0.3mm，如图 9-21 所示。粗细线宽度的比例为 2:1。

（5）调整线型比例。此功能主要是调整点画线和虚线短画的长度。

点击"格式/线型"，出现"线型管理器"对话框，如图 9-22 所示—点"显示细节"—选择线型（点画线或虚线）—全局比例因子（改数字）—当前比例因子（改数字）—点"OK"或"确定"，即可改变点画线或虚线短画的长度。数字大于 1 时短画加长，数字小于 1 时短画缩短。

图 9-21　设置线宽

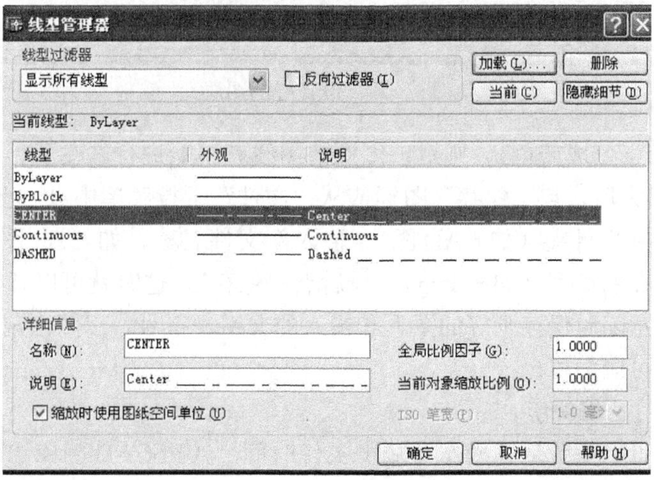

图 9-22　线型管理器

对已经画好的图线，也可以选中图线（变成虚线带蓝色小方块)—点"控制工具栏"中的"特性"按钮—出现"特性"对话框，如图 9-23 所示，在对话框"线型比例"一栏中修改数字。此方法为常用方法。

（6）如想再增加新的图层、线型、颜色、线宽，就再重复以上几个步骤，其结果如图 9-24 所示。

（7）确定当前层。点击某一图层名—点击"当前层"（在AutoCAD 2006 版中为"√"）—点击"确定"。

（8）点击"灯泡"，可控制该图层的可见性。

关闭"灯泡"（变成蓝色）即关闭某一图层以后，其上的图线也就看不见了；点亮（开）"灯泡"，其上的图线又可见了。

图 9-23　特效管理器

图 9-24　设置好的图层

（9）点击"锁"（变成蓝色），则对该图层的图线就不能进行修改了。

（10）图层设置完后，点"保存"图标或从"文件"下拉菜单中点"保存"，选准备保存到的盘（如 F 盘）和文件夹（如 CAD 图），输入新文件名称，如"A3 图幅"或"练习 1"，还可以选择文件保存的类型（如 * dwg），最后点"保存"，这时就可以开始画图了。

画图过程中注意随时保存画好的图形和输入的文字、符号，以防出现意外丢失数据。只有点"保存"后才可以关机。

六、使用模板（选择样板）

使用样板图，可以避免重复操作，减少工作时间。AutoCAD 图库中保存有一部分样板图，它只是预先设置好了图框和标题栏，我们还需要进行图层设置。

点"新建"，出现"选择样板"对话框，在列表框内选择绘图样板，如图 9-25 所示。

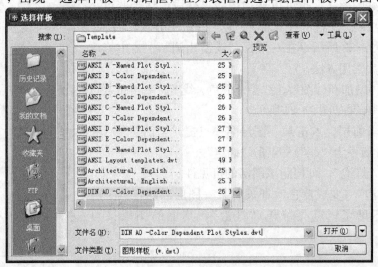

图 9-25　选择样板

我们也可以自己创建 AutoCAD 图形样板。

第三节　捕捉命令与绘图命令

下面我们学习常用的对象捕捉命令和绘图命令中的主要功能，它们的其他功能可阅读有关书籍的详细介绍，也可自己点开下拉菜单命令后按提示做下去。

调取命令的途径有三种：一是点取主菜单中的"绘图"菜单项，即可显示出"绘图"下拉菜单的全部内容，选择其中任一命令；二是点取"绘图"工具栏上的任一图标；三是输入英文命令，可进入命令提示行中，按提示进行操作即可。本节主要介绍从"绘图"工具栏上调取命令。

一、捕捉命令

1. 执行工具栏中的对象捕捉命令

（1）"捕捉自"。输入绘图命令后，接着就点"捕捉自"—捕捉到某一已知点，以此点来计算绘图命令执行时的第一点的相对坐标值。

（2）"捕捉到端点"（或交叉点、圆心、垂足、切点、象限点、最近点）。

输入绘图命令后，点"捕捉到×点"—捕捉到某一线段的一点（有光标显示）作为绘图命令执行时的第一点或最后一点。

2. 执行状态栏中的"对象捕捉"命令

先进行设置，再将"对象捕捉"打开（激活），画图时就会自动捕捉到预先设置好的那个特殊点处（有光标显示）。但自动捕捉的功能太多反而影响作图效果。

二、绘图命令

1. 直线

（1）点"直线"—输入起点的坐标值 $(X，Y)$（绝对直角坐标），↙—输入第二点的坐标值 $(X，Y)$ 或@ $(X，Y)$（相对直角坐标）或@（长度＜角度）（相对极坐标），↙—如继续画线，就继续输入第三点的坐标值，↙，如不再继续画线，就直接回车。

输入 U，↙，撤消前一操作。

输入 C，↙，闭合（从最后一点画至起始点，形成封闭的多边形）。

AutoCAD 2004 版中输入的命令或坐标数值显示在命令提示行中，而 2006 版中输入的命令或坐标数值显示在光标的尾部数值框中。

（2）点"直线"—用鼠标左键在界面上点击指定第一点（或捕捉一点），拖动鼠标到另一位置时（或捕捉一点）点击指定第二点，再拖动再点击，也可以连续画线，最后回车。

练习 1：用鼠标左键在界面上点击指定第一点 A—输入坐标值（@0，−60），↙，绘制出直线 AB—输入坐标值@（60，0），↙，绘制出直线 BC—输入坐标值@（60＜45），↙，绘制出直线 CD—输入@（60＜135），↙，绘制出直线 DE—输入 C（闭合），↙，绘制出直线 EA。见图 9 − 26。

练习 2：

（在点画线层）点"直线"—输入 A 点的坐标值（30，220），回车—输入 B 点的坐标值（150，220），回车；点"直线"或回车（重复执行刚才的命令）—输入 C 点的坐标值（90，280），回车—输入 D 点的坐标值（90，160），回车。见图 9 − 27。

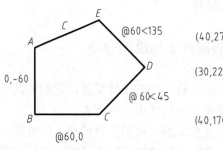

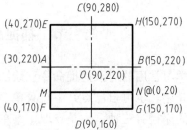

图 9-26　相对坐标绘图　　　　　图 9-27　绝对坐标绘图

（在粗实线层）点"直线"—依次输入 E、F、G、H 各点的坐标值，画出矩形 EFGH。

练习 3：见图 9-27，点"直线"—移动鼠标在 A 点附近处点一下—移动鼠标在 B 点附近处点一下，回车；移动鼠标在 C 点附近点一下—移动鼠标在 D 点附近点一下，回车（长短差不多即可），也可画出中心线。

练习 4：画 MN 线的步骤（激活"正交"和"对象捕捉"）。

见图 9-27，点"直线"—点"捕捉自"—捕捉到 F 点—输入坐标值@（0，20）（M 点相对于 F 点的坐标）—点"捕捉到垂足"或在状态栏"对象捕捉"中预先设置有"捕捉到垂足"—鼠标靠近 G 点上方时，即会出现"垂足"符号，点击一下即可画出 MN 线。

2.　构造线的绘制

构造线是在两个方向上无限延长的直线。

构造线主要用于绘图时的辅助线。当绘制三视图时，为保证长对正和高平齐，可先画出若干条构造线，再以构造线为基准画图。

（1）点"绘图"工具栏/"构造线"按钮—提示：指定点或［水平（H）/垂直（V）/角度（A）/二等分（B）/偏移（O）］—输入第一点或用鼠标指定一点—输入第二点—输入第三点（画出一系列都过第一点的构造线）。

（2）点"构造线"按钮—提示：指定点或［水平（H）/垂直（V）/角度（A）/二等分（B）/偏移（O）］—输入 H，回车—输入或指定第一点—输入或指定第二点（画出一系列水平线）。

（3）按提示输入命令画其他位置的线。

3.　多段线

多段线是由宽窄相同或不同的直线或弧段序列组成的图形（在有些书上称为多义线），其绘制方法类似于直线的绘制，但需根据命令提示输入相应的选择。

点取"多段线"按钮—提示：指定起点—输入第一点或用鼠标指定一点（当前线宽为0.0000）—提示：指定下一点或［圆弧（A）/闭合（C）/半宽（H）/长度（L）/放弃（U）/宽度（W）］。该提示的含义如下：

（1）直接输入第二点或用鼠标指定第二点，画出的是等宽的直线。

（2）圆弧（A）：在命令行中输入"A"，可使 PLine 命令由绘直线方式变为绘圆弧方式，并给出圆弧的相关提示。

（3）闭合（C）：执行该选项，系统从当前点到多段线的起点以当前宽度画一条直线，构成封闭的多段线，并结束 PLine 命令的执行。

（4）半宽（H）：该选项用以确定多段线的半宽度。

（5）长度（L）：该选项用以确定多段线的长度。

（6）放弃（U）：该选项可以删除多段线中刚画出的直线段（或圆弧段）。

（7）宽度（W）：该选项用于确定多段线的宽度。

4. 正多边形

见图9-28画正六边形：

（1）点"正多边形"—提示：输入边的数目<4>，如输入6，回车—提示：输入正多边形的中心点或［边（E）］，输入或指定一点，如O—输入选项［内接于圆（I）/外切于圆（C）］<I>，直接回车—指定圆的半径，如输入60（或用鼠标拖动一长度），回车，得$\phi120$圆的内接正六边形，如图9-28（a）所示。

（2）点"正多边形"—提示：输入边的数目<4>，如6，回车—输入正多边形的中心点或［边（E）］，输入或指定一点，如O—输入选项［内接于圆（I）/外切于圆（C）］<I>，如输入C回车—指定圆的半径，如输入60（或用鼠标拖动一长度），回车，得$\phi120$圆的外切正六边形，如图9-28（b）所示。

（3）输入边的数目<4>，如6，回车—输入正多边形的中心点或［边（E）］，如输入E—指定边的第一个端点—指定边的第二个端点，得一个以两点间距离为边长的正六边形。

5. 矩形

（1）点"矩形"—输入第一点的坐标值—输入对角点的坐标（如果输入相对坐标，应注意方向和正负值），回车。

（2）点"矩形"—用鼠标左键在界面上点击指定第一点—拖动鼠标到另一位置—左键点击指定第二点。这样也能画出一个矩形。

练习5：点"矩形"—输入E点的坐标值（40，270），回车或用鼠标捕捉E点—输入G点的坐标值（140，170）或（@100，−100），回车。见图9-29。

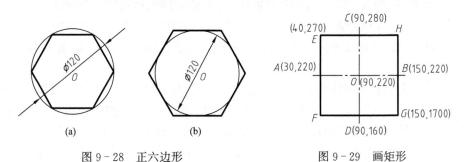

图9-28　正六边形　　　　　　图9-29　画矩形

练习6：点"矩形"—移动鼠标在E点附近处点一下—按住鼠标左键移动鼠标在G点附近处点一下，回车。这样也能画出矩形EFGH，但不知道边长的具体数值，参见图9-31。

6. 圆弧

（1）点"圆弧"—提示：指定圆弧的起点或［圆（心）］，输入圆弧起点的坐标数值或用鼠标捕捉一点—输入圆弧第二点（端点）的坐标数值或用鼠标捕捉第二点—输入圆弧第三点的坐标数值或用鼠标捕捉第三点。过这三点画了一圆弧。

练习 7：点"圆弧"—鼠标捕捉 A 点—用鼠标捕捉 B 点—用鼠标捕捉 C 点。过这三点画了一圆弧，见图 9 - 30。

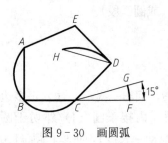

图 9 - 30　画圆弧

（2）见图 9 - 30，点"圆弧"—提示：指定圆弧的起点或 ［圆心（C）］—输入 C，回车—提示：指定圆弧的圆心，输入圆心的坐标数值或用鼠标捕捉一点，如捕捉 C 点作圆心—提示：指定圆弧的起点，输入起点的坐标数值或用鼠标捕捉一点，如捕捉 F 点做圆弧的起点—提示：指定圆弧的端点 ［角度（A）/弦长（L）］—输入 A，回车—提示：指定包含角，输入角度数值，如输入 15，回车，画出了 FG 弧。用两点画的弧是逆时针方向的。在 G 点附近点一下，也能画出一圆弧，但不知道角度是多少。

（3）点"圆弧"—提示：指定圆弧的起点或 ［圆心（C）］—输入 C，回车—提示：指定圆弧的圆心，输入圆心的坐标数值或用鼠标捕捉一点，如捕捉 C 点作圆心—提示：指定圆弧的起点，输入起点的坐标数值或用鼠标捕捉一点，如捕捉 D 点做圆弧的起点—提示：指定圆弧的端点 ［角度（A）/弦长（L）］—输入 L，回车—提示：指定弦长，输入弦长数值，如输入 60，回车，画出了 DH 弧。或用鼠标捕捉 D、E，即可画出以 D、E 两点距离为弦长的一段弧，见图 9 - 30。

7. 圆（注意：实际画圆时，一定要先用点画线画出互相垂直的中心对称线）

（1）点"圆"— 输入圆心的坐标值或捕捉某已知点—输入半径的值，回车。

（2）点"圆"—用鼠标左键点击指定圆心的位置—拖动鼠标到另一位置—左键点击一下，画出一圆。

（3）点"圆"—输入"2P"，回车—输入两点坐标画圆或用鼠标指定两点画圆，两点间距为直径。

（4）点"圆"—输入"3P"，回车—输入三点坐标或用鼠标指定三点画圆。

（5）用一圆弧连接两圆弧时，点"圆"—输入"TTR"，回车—点"捕捉到切点"，在一个圆上捕捉切点—点"捕捉到切点"，在另一个圆上捕捉切点—输入连接弧的半径数值，回车。

（6）用一圆弧连接三条圆弧或三条直线时，点下拉菜单"绘图"/"圆"/"相切、相切、相切"—点"捕捉到切点"，在一个圆（或直线）上捕捉切点—点"捕捉到切点"，在第二个圆（或直线）上捕捉切点—点"捕捉到切点"，在第三个圆（或直线）上捕捉切点。

练习 8：（在粗实线层）点"圆"—用鼠标左键任意捕捉一点—拖动鼠标到另一位置（大小差不多）—左键点击一下，画出一圆，见图 9 - 31（a）。

点"圆"—捕捉到 O 点（直线 AB 与 CD 的交叉点）—输入半径的数值 40，回车。见图 9 - 31（b）。

练习 9：（在粗实线层）点"圆"—输入 2P，回车—输入一点的坐标数值，回车；或用鼠标先点"捕捉到节点"，再捕捉到已有的 A 点—输入第二点的坐标数值，回车；或用鼠标先点"捕捉到节点"，再捕捉到已有的 B 点。画出以 AB 为直径的一圆，见图 9 - 32。

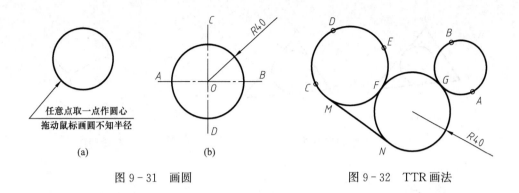

图 9-31　画圆　　　　　　　　图 9-32　TTR 画法

练习 10：（在粗实线层）点"圆"—输入 3P，回车—输入第一点的坐标数值，回车；或用鼠标先点"捕捉到节点"，再捕捉到已有的 C 点—输入第二点的坐标数值，回车；或用鼠标先点"捕捉到节点"，再捕捉到已有的 D 点—输入第三点的坐标数值，回车；或用鼠标先点"捕捉到节点"，再捕捉到已有的 E 点。画出过 C、D、E 三点的一个圆，见图 9-32。

练习 11：（在粗实线层）见图 9-32，点"圆"—输入 TTR，回车—点"捕捉到切点"，移动光标在左边圆上 F 点附近，显示"捕捉到切点"的图标，点击鼠标左键一下—点"捕捉到切点"，移动光标在右边圆上 G 点附近，显示"捕捉到切点"的图标，点击鼠标左键一下—输入连接弧的半径数值 R40，回车。点"直线"—点"捕捉到切点"，移动光标在左边圆上 M 点附近，显示"捕捉到切点"的图标，点击鼠标左键一下—点"捕捉到切点"，移动光标在右边圆上 N 点附近，显示"捕捉到切点"的图标，点击鼠标左键一下，回车，得两圆的公切线。

练习 12：（在粗实线层）见图 9-33（a），点"圆"—输入 TTR，回车—点"捕捉到切点"，移动光标在三角形 D 点附近，显示"捕捉到切点"的图标，点击鼠标左键一下—点"捕捉到切点"，移动光标在 E 点附近，点击一下—输入连接弧的半径数值 R30，回车。画出与 AC、BC 两边线相切的圆。

练习 13：（在粗实线层）见图 9-33（b），点下拉菜单/绘图/圆/相切、相切、相切—点"捕捉到切点"，移动光标在三角形 D 点附近，显示"捕捉到切点"的图标，点击鼠标左键一下—点"捕捉到切点"，移动光标在 E 点附近，点击一下—点"捕捉到切点"，移动光标在 AB 线上点击一下，画出与三边都相切的圆。

8. 修订云线

这里不作要求。

9. 样条曲线（波浪线）

点"样条曲线"—输入起点的坐标数值或用鼠标捕捉一点—输入第二点的坐标数值或用鼠标捕捉第二点—输入第三点的坐标数值或用鼠标捕捉第三点……，回车……。一般用鼠标点击来作图。注意两点间的距离，它会影响样条曲线的形状，如图 9-34 所示。

10. 椭圆

（1）点"椭圆"—输入椭圆轴的端点或捕捉 A 点—输入轴的另一端点或捕捉 B 点—输入椭圆另一半轴距或在 O 点上方捕捉一点（如 G 点，OG 即半轴距，此半轴距可大于也可小于前一半轴距），画出一个椭圆，如图 9-35（a）所示。

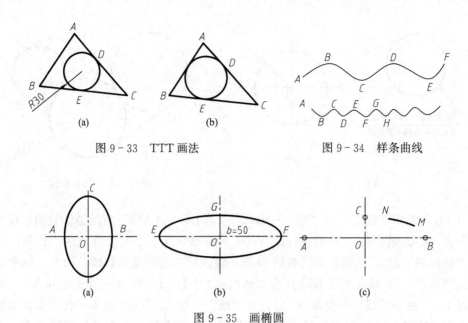

图 9-33　TTT 画法　　　　　图 9-34　样条曲线

图 9-35　画椭圆

点"椭圆"—输入椭圆轴的端点或捕捉 E 点—输入轴的另一端点或捕捉 F 点—捕捉 G 点或输入椭圆另一半轴距数值，如 b=50，画出一个椭圆，如图 9-35（b）所示。

（2）点"椭圆"—输入椭圆轴的端点—输入轴的另一端点—输入 R（旋转），回车—输入旋转角（旋转角小半轴距大，旋转角大半轴距小），回车。

（3）点"椭圆"—输入 A（要画一段椭圆弧）—输入椭圆轴的端点—输入轴的另一端点—输入椭圆另一半轴距（决定椭圆的大小）—指定椭圆弧的起点，如 M 点—指定椭圆弧的终点，如 N 点，得一椭圆弧，如图 9-35（c）所示。

图 9-36　绘点命令

（4）点"椭圆"—输入 C（椭圆中心），回车—指定椭圆的中心点，如 O 点—输入椭圆轴的端点，如捕捉 E 点（确定了长半轴的距离）—输入另一轴的端点，如捕捉 G 点（确定了短半轴的距离），得一椭圆，如图 9-35（b）所示。

11. 椭圆弧

点"椭圆"—输入轴的一个端点—输入轴的另一个端点—输入另一轴的半轴距—指定椭圆弧的起点—指定椭圆弧的终点，得一椭圆弧。

12. 插入块

这里不作要求。

13. 创建块

这里不作要求。

14. 绘制点

（1）点"点"图标—输入点的坐标数值或用鼠标捕捉一点。

（2）点下拉菜单"绘图"/"点"—点"定数等分"，如图 9-36 所示—提示：选择要定数等分的对象，如图 9-37 所示的 AB 直线—提示：输入线段数目或

[块（B）]，如输入数字 4，回车，则将 AB 线 4 等分。

（3）点下拉菜单"绘图"/"点"—点"定距等分"—提示：选择要定距等分的对象，如图 9-37 所示的 CD 直线—提示：指定线段长度或 [块（B）]，输入定距数值，如 120，回车，则在 CD 直线上有 4 段定距为 120 的线段和一段不足 120 长的线段，如图 9-37 所示。

调整点的形式和大小的方法是：

（1）执行"格式"/"点样式"命令，弹出一个对话框，如图 9-38 所示。

（2）在该对话框中，用户可选择所需要的点样式；在"点大小"栏内调整点的大小。

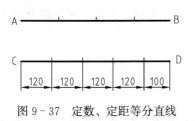

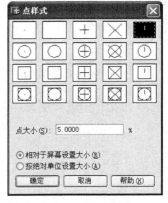

图 9-37 定数、定距等分直线

图 9-38 点样式

15. 填充

点"填充"图标—弹出"边界图案填充"对话框，如图 9-39 所示—点"样例"—弹出"填充图案选项板"，如图 9-40 所示，可以点选显示出的图案，点"确定"；不想要这些图案，就点"ANSI"—弹出一个"填充图案选项板"，如图 9-41 所示—选"ANSI31"（剖面线)—点"确定"—返回图 9-39 所示"边界图案填充"中—选"角度"（0 为向右倾斜 45°，90 为向左倾斜 45°)—选"比例"（数字大，剖面线间距大；数字小，剖面线间距小)—点"拾取点"图标—对话框消失，在准备填充的封闭的线框中间点击一下，如图 9-42 中的矩形 ABJH，回车—返回图 9-39 所示对话框—点"确定"。结果如图 9-42 所示。

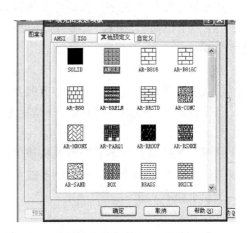

图 9-39 边界图案填充

图 9-40 填充图案选项板（一）

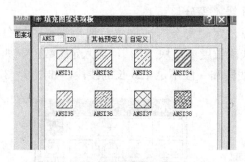 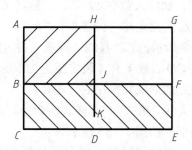

图 9-41　填充图案选项板（二）　　　　图 9-42　图案填充

如果想在矩形 $JDEF$ 中进行填充，由于 JD 线只画到 JK 为止，因此填充区域就扩大到矩形 $BCEF$ 区域。

16. 面域

这里不作要求。

17. 文本输入

（1）点"多行文字"图标"A"—用鼠标左键在作图区点击并拖动鼠标显示一个长方形后（这个长方形就是输入文字的范围），左键再点击一下，弹出"文字格式"对话框，如图 9-43 所示—打开输入法—选字体样式—选字号—输入文字或符号—点"确定"。

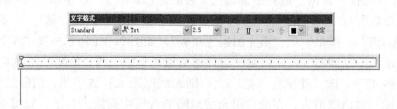

图 9-43　文本输入

（2）双击已有的文字—弹出"文字格式"对话框，打开输入法，可以修改已有文字或符号—用鼠标左键涂蓝文字—重新选字体样式—重新选字号—点"确定"。

（3）点下拉菜单/格式/文字样式—弹出"文字样式"对话框，重新进行设置，确定新的文字样式。

18. 射线的绘制

射线是以某点为起点，且在单方向上无限延长的直线。

点下拉菜单"绘图"/"射线"—指定起点—指定通过点。

19. 多线的绘制

这里的多线是指由多条平行线构成的直线，多线内的直线线型可以相同，也可以不同。多线常用于建筑图的绘制。在绘制多线前应对多线样式进行定义，然后用定义的样式绘制多线。这里不作要求。

20. 圆环

点下拉菜单"绘图"/"圆环"—输入圆环的内径—输入圆环的外径—输入圆环的圆心，得圆环。

第四节　编辑（修改）命令

图形的编辑是指对已有的图形进行修改、移动、复制和删除等操作。在实际绘图时，常将绘图命令与编辑命令交替使用，可节省大量绘图时间。

一、基本知识与操作

1. 从"修改"下拉菜单进入图形编辑

点取下拉菜单中的"修改"菜单项，即可显示出"修改"下拉菜单。将光标移动至"修改"菜单的某一命令上，命令行内即可显示出该命令的功能，用户可以根据提示行中的提示进行操作。3D 图中的"旋转"命令，只能从下拉菜单中调取。

2. 从"修改"工具条中进入图形编辑

点取"修改"工具条上的某一个按钮，命令行内即可显示出该命令的功能，用户可以根据提示行中的提示进行操作。

3. 如何选择对象

在执行编辑操作时，命令提示行中常会提示"选择对象"，可能选择一个对象，也有可能选择多个对象。选择对象的方法是：

点取编辑命令后，光标变为小方块，用小方块去一一点取欲编辑的对象；或按住鼠标左键拖出一个矩形框，框住欲编辑的多个对象，松开鼠标后，所选择的对象变为虚线，表示选中了。如果是从左下往右上或从左上往右下拖出一个矩形框，必须全部框住欲编辑的对象才能选中；如果是从右下往左上或从右上往左下拖出一个矩形框，则被全部框住的对象和与矩形框交叉住的对象都能被选中。

二、编辑命令

1. 删除

点"删除"—选准备删除的对象，回车。

2. 复制（拷贝，作与源对象同样的图形，且只能复制到本文件中）

（1）点"复制"—用鼠标选中准备复制的对象，回车—输入对象上的基点坐标，回车—输入复制后基点的坐标（或输入基点到基点的相对坐标），回车。

（2）点"复制"—用鼠标选准备复制的对象，回车—用鼠标捕捉指定源对象上的基点，回车——用鼠标指定或捕捉复制后的基点（或输入基点到基点的相对坐标），回车。

（3）点"复制"—用鼠标选准备复制的对象，回车—输入 M，回车—用鼠标捕捉指定源对象上的基点，回车—用鼠标指定或捕捉复制后的基点（可多次复制），回车。

AutoCAD 2006 版默认的就是多次复制，就不用再输入 M 了。

3. 镜像（做与源对象对称的图形）

点"镜像"—选准备镜像的源对象，回车—指定镜像线（对称轴线）上的第一点—指定镜像线上的第二点—提示：是否删除源对象［是（Y)/否（N)]＜N＞，直接回车或输入 Y 后再回车。

4. 偏移（做与源对象同样的图形，但有一定距离）

点"偏移"—输入偏移的距离数值，回车—选准备偏移复制的对象—准备在哪里复制对象，就在那里点击一下，回车。

5. 阵列（作与源对象同样的、有序排列的多个图形）

阵列可按环形或矩形形式复制对象。对于环形阵列，可以控制复制对象的数目和是否旋转对象。对于矩形阵列，可以控制行和列的数目以及间距。

操作步骤：

（1）点"阵列"—弹出"阵列"对话框图，如图 9 - 44 所示—选择"环形阵列"—点"中心点"（对话框自动退出）—在图形中指定中心点—自动返回对话框（即显示有中心点的坐标），在"方法"中有三个项目可进行选择，如选择"项目总数和填充角度"—输入项目总数—输入填充角度—点"选择对象"（对话框自动退出）—在图形中选择对象，回车—自动返回对话框，点"确定"。

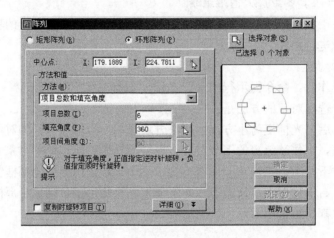

图 9 - 44   "阵列"对话框

练习 14：见图 9 - 45，选择"环形阵列"，捕捉圆心为阵列"中心点"，选择项目总数为6，填充角度为 360°，选"复制时旋转项目"（打对钩），选择对象为图 9 - 45（a）中的小长方形，最后点击"确定"即完成阵列的操作，结果如图 9 - 45（b）所示。

不选"复制时旋转项目"（不打对钩），结果如图 9 - 45（c）所示。

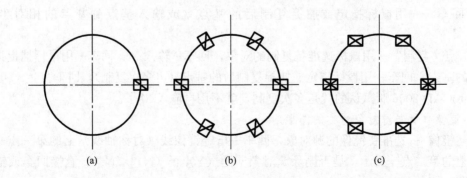

图 9 - 45   环形阵列

（2）点"阵列"—弹出"阵列"对话框—选择"矩形阵列"—输入行数，如4—输入列数，如4—输入行偏移数，如20—输入列偏移数，如30—输入阵列角度（不选择时，即为水平、垂直状态）—点"选择对象"（对话框自动退出）—在图形中选择对象，如小长方形，回车—自动返回对话框，点"确定"。结果如图9-46所示。

图9-46　矩形阵列

6. 移动

（1）点"移动"—选准备移动的对象，回车—捕捉指定对象上的基点—拖动鼠标到另一位置或捕捉到某一点时，左键点击一下。

（2）点"移动"—选准备移动的对象，回车—捕捉指定对象上的基点—输入移动后基点的坐标（输入相对于对象上的基点的坐标），回车。

7. 旋转

旋转是将所选择的对象绕指定点（基点）旋转指定的角度，以便调整对象的位置。

（1）点"旋转"—选择要旋转的对象，回车—指定旋转时的基点—提示：指定旋转角度［或参数（R）］，直接输入角度数值（角度为正，表示逆时针旋转，否则为顺时针旋转），回车。

练习15：如图9-47所示，点"旋转"—选择要旋转的对象，回车—指定圆心为旋转时的基点—输入旋转角度-90，回车。

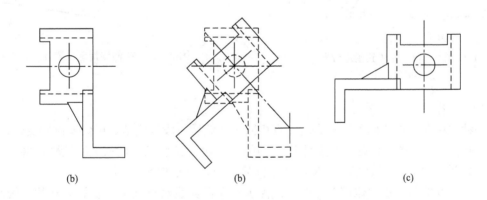

(b)　　　　　　　　　　(b)　　　　　　　　　　(c)

图9-47　"旋转"工具的使用
(a) 旋转前；(b) 选择对象；(c) 旋转后

（2）想把矩形ABCD从如图9-48（a）所示位置旋转到如图9-48（b）所示AB线与AE线重合的位置：

点"旋转"—选择要旋转的对象：矩形ABCD，回车—指定旋转时的基点：A点—提示：指定旋转角度［或参数（R）］：输入R，回车—提示：指定参照角<O>，用鼠标捕捉A点（为角的顶点）、B点（为第一角点）、E点（为第二角点）。结果如图9-48（b）所示。

点"旋转"—选择要旋转的对象：矩形ABCD，回车—指定旋转时的基点：A点—提示：指定旋转角度［或参数（R）］，用鼠标捕捉 AE 上任意一点 F，也会得到如图 9 - 48（b）所示的结果。

8. 缩放

点"缩放"—选准备缩放的对象，回车—捕捉指定对象上的基点，—输入准备缩放的比例数值，回车。缩放后位置可能不理想，需要进行移动操作。

9. 拉伸

它只能用交叉窗口选择图形的一部分，将其移动或拉伸（压缩）后移动到指定的位置。

（1）点"拉伸"—从左边拖出矩形框，用交叉窗口选择图形的一部分，如图 9 - 49（a）中的虚线所示，只有 AB 线和字母被选中，而 AD、BC 线没被选中，回车—指定基点，如 9 - 49（a）中的 B 点所示—指定位移的第二点，如 9 - 49（a）中的 E 点所示。只有 AB 线和字母 A、B 被移动到 E 点处了，如图 9 - 49（b）所示。

（2）点"拉伸"—从右边向左拖出矩形框，用交叉窗口选择图形的一部分，也如图 9 - 49（a）中的虚线所示，AB、AD、AC 线和 A、B 两字母都被选中，回车—指定基点，见图 9 - 49（a）中的 B 点所示—指定位移的第二点，如图 9 - 51（a）中的 E 点所示。AB 线和字母 A、B 移动到了 E 点处，AD 线和 BC 线也都得到拉伸，如图 9 - 49（c）所示。

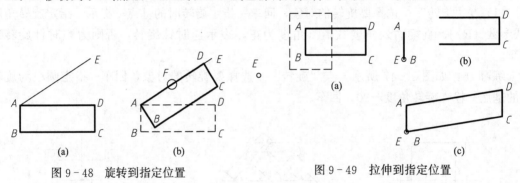

图 9 - 48　旋转到指定位置
（a）旋转前；（b）旋转后

图 9 - 49　拉伸到指定位置

10. 修剪

一种方法是，点"修剪"命令后，直接回车，然后一段一段地点要修剪掉的线段。如图 9 - 50 所示，点"修剪"命令直接回车，然后点击 MC 线段（修剪掉 MC 线段），再点击 CG 线段（修剪掉 CG 线段），剩下 GN 线段不能修剪掉，只能删除。

另一种方法是，点"修剪"命令，按提示，先选界线对象（准备要修剪到的界线），再选要准备修剪掉的线段。如图 9 - 50 所示，点"修剪"命令—点选 EH 线段为要修剪到的界线—点击 MC 线段（要修剪掉的线段），结果是 MG 线段全部被修剪掉了。

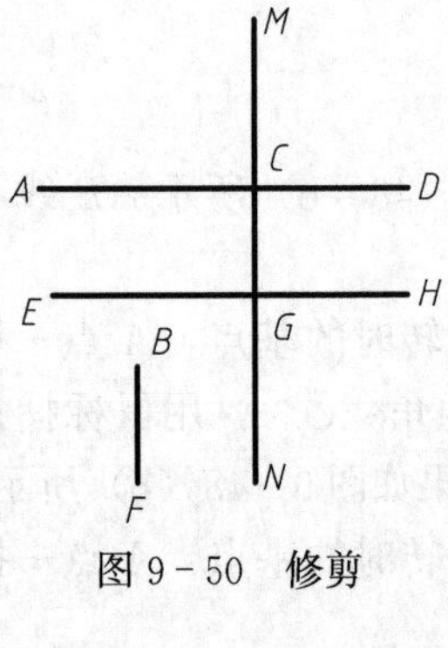

11. 延伸

一种方法是，点"延伸"命令后，直接回车，然后一段一段地点要延伸的线段，直至最后一条界线。如图 9 - 50 所示，点"延伸"命令—直接回车后，点 FB 线，延伸到 EH—点击 FB 线上端，延伸到 AD。

另一种方法是，点"延伸"命令，按提示，先选界线对象

图 9 - 50　修剪

（准备要延伸到的界线），再选要准备延伸的线段，一下延伸到该界线处。

如图 9-50 所示，点"延伸"命令—点 AD 线—点 BF 线，一下延伸到 AD。

12. 打断于点

点"打断于"—选对象（某一线段）—在该线段上指定一点，线段在该点被打断，一分为二了。用户可以在打断以后，对其中任一段进行编辑处理。

13. 打断

点"打断"—选对象—在该线段上指定一点，线段在该点被打断—在该线段再指定一点，线段在第二点处又被打断，并删除所指定的两点之间的线段；如果第二点选在端点或端点以外，则删除所指定的第一点到端点之间的线段。

在线段上选点时，为避免老选在特殊点上，可以暂时关闭状态栏中的"对象捕捉"；或点选"对象捕捉"工具栏中的"捕捉到最近点"，再到线段上指定点。

14. 分解

"分解"是将对象如多段线、正多边形、矩形、尺寸等由多个要素组成的独立对象分解成若干个单独的线段或要素（外观仍与原图一样），然后用户可以根据需要对各单独的线段或要素进行编辑。

点"分解"—选对象，回车，即将该对象分解成若干个单独的线段或要素了。

下面结合图 9-51 将"分解"与"打断"结合起来作一介绍。

其基本步骤是：

（1）选择待分解的图形（本例中为用"矩形"命令画的矩形，四条边线为一个整体）。

（2）点击"分解"按钮，将矩形分解为 4 条线段，见图 9-51（a）。

（3）点击"打断"按钮，并选取待打断线段的第一个打断点，见图 9-51（b）。

（4）在待打断线段上选取第二个打断点，见图 9-51（c）和图 9-51（d），两点之间的线段即被删除。

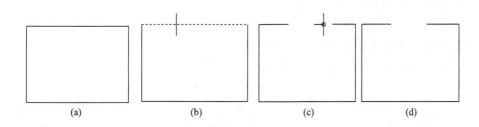

图 9-51　"分解"与"打断"的综合使用

（a）原图；（b）选取第一个打断点；（c）选取第二个打断点；（d）打断以后的图形

15. 倒角

倒角：它是通过延伸（或修剪），使两个非平行的直线类对象相交或利用斜线连接。可以对由直线、多段线、参照线和射线等构成的图形对象进行倒角。

对图 9-52（a）所示图形完成倒角的操作步骤：

（1）点取"倒角"按钮—提示：选择第一条直线或［多段线（P）/距离（D）/角度（A）/修剪（T）/方式（M）/多个（U）］。

（2）输入 D（设置倒角距离）或 A（设置倒角角度）等。

（3）完成倒角设置后，回车，选择第一条待倒角线段，如图 9-52（b）。

（4）点取第二条待倒角线段，即可完成倒直角，如图 9-52（c）。

（5）在不改变倒角设置的情况下，直接点取倒直角按钮，然后直接选择待倒直角的线段，可快速完成全部倒直角的编辑，如图 9-52（d）。

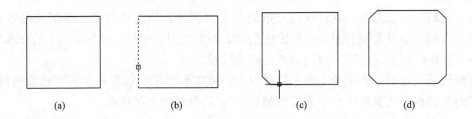

图 9-52　倒直角工具的使用

(a) 倒直角前的图形；(b) 点取第一条待倒角线段；(c) 点取第二条待倒角线段；(d) 完成全部倒角

16. 倒圆角

它通过一个指定半径的圆弧光滑连接两个对象。可以进行倒圆角的对象有直线、多段线的直线段、样条曲线、构造线、射线、圆、圆弧和椭圆。直线、构造线和射线在相互平行时也可倒圆角，此时圆角半径由 AutoCAD 自动计算。

操作步骤：

（1）点"圆角"按钮；——系统中提示：选择第一个对象或〔多段线（P）/半径（R）/修剪（T）〕。

（2）输入 R（选择输入半径），回车。

（3）输入圆角半径，回车。

（4）重新进入"圆角"命令状态。

（5）选择第一个对象，如图 9-53（a）所示。

（6）选择第二个对象，如图 9-53（b）所示。

（7）回车。结束倒圆角，如图 9-53（c）所示。

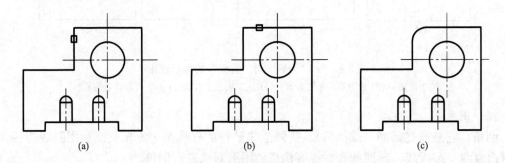

图 9-53　倒圆角工具的使用

(a) 选择第一个对象；(b) 选择第二个对象；(c) 倒圆角后的图形

三、图形显示控制

控制图形显示的方法主要包括缩放、平移、鸟瞰视图与命名视图等。考虑到应用的经常性，本书只介绍图形显示的缩放和平移。

1. 图形显示缩放

由于屏幕大小有限，为了观看图形的局部或全貌，可以对图形显示进行缩放，以便于修改和打印。图形显示缩放并没有改变其图形的绝对大小，而仅仅改变了图形区中视图的大小，显然视图的缩放与"修改"中的缩放是完全不同的两种操作。AutoCAD 提供了几种控制图形显示缩放的方法，如图 9-54 所示。

（1）鼠标中间有一轮，向上滚动放大图形，向下滚动缩小图形。

（2）点取"实时缩放"按钮，十字光标变成了放大镜形式，按下鼠标从中心向外移动，图形便会整体放大；按下鼠标从外向中心移动，图形便会整体缩小；松开鼠标，缩放便会停止。回车或按 Esc 键可退出实时缩放模式。

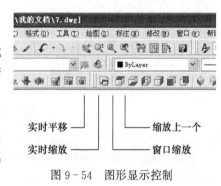

实时平移　　缩放上一个
实时缩放　　窗口缩放

图 9-54　图形显示控制

（3）点取"窗口缩放"按钮，通过鼠标指定一个矩形窗口的两个角点来确定要观察的区域，并将这一区域内的图形进行局部放大；重复操作，可再进一步放大。

（4）点取"缩放上一个"按钮，恢复上一次屏幕所显示的图形。

2. 图形平移

图形平移是使图形在屏幕上显示位置发生改变。

点取"实时平移"按钮，十字光标变成了手形光标，拖拽鼠标图形便随之移动；松开鼠标，移动便会停止。回车或按 Esc 键可退出实时平移模式。

移动滚动条也可以将图形进行移动。

四、辅助修改命令

1. 放弃（撤消）

点取"放弃"按钮（左箭头形状），可以撤消刚才执行过的一个命令，连续点"放弃"，可以依次撤消以前执行过的命令，直至刚打开文件时的状态。

2. 重做

如果点取"放弃"按钮后又想要这个图形，那就点"重做"（右箭头形状），即可恢复该图形。"重做"命令必须是在执行过"放弃"命令后，才能使用。在连续执行"放弃"后，点"重做"只能恢复最后一个"放弃"的命令。

3. 特性匹配

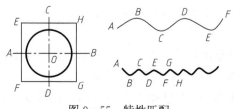

图 9-55　特性匹配

如图 9-55 所示，图中的样条曲线应该为细线，现在画成粗线了。怎么将其改为细线呢？一是点"放弃"，在细实线层重新画样条曲线；二是点取"标准"工具栏中的"特性匹配"（刷子形状），光标变为刷子带小方块形状，用小方块点选一细实线，如 *EF*，再去点样条曲线，回车，粗

图 9-56 特性

样条曲线就变为与 *EF* 一样图层的细样条曲线了。

4. 特性（*Ctrl*＋1）

如图 9-55 所示，把粗样条曲线变为细线的方法三就是：点取样条曲线，变为虚线小方块—点"标准"工具栏中的"特性"—弹出"特性"对话框，如图 9-56 所示—点颜色，点对勾，在下拉栏中点选颜色—点"图层"—点"对勾"，在下拉栏中点选图层（如细实线层）—设置完后，点左上角的"×"，关闭"特性"对话框—按 Esc 键，粗样条曲线就会变为细样条曲线。

点取样条曲线，变为虚线带蓝色小方块—点图层工具栏后面的线宽项—在下拉数值中点"默认"，粗样条曲线也会变为细样条曲线。

第五节 尺 寸 标 注

AutoCAD 为用户提供了完整的尺寸标注功能。这里主要介绍电力工程绘图中常用的尺寸标注方法。

一、尺寸标注组成

一个完整的尺寸由尺寸线、尺寸界线、尺寸文本和箭头四部分组成，形成一个整体，可以认为一个尺寸就是一个对象。

尺寸文本是表示对象实际大小的文字串。文字也可以包括前缀、后缀、公差。

二、尺寸标注的类型

AutoCAD 提供了多种尺寸标注类型，包括线性标注、对齐标注、坐标标注、半径标注、直径标注、角度标注、基线标注、连续标注和引线标注等，如图 9-57 所示。

图 9-58 所示为常见的尺寸标注示例。

三、执行尺寸标注的途径

执行尺寸标注的途径主要有三种：

（1）"标注"下拉菜单。

（2）"标注"工具条。

（3）有关的命令。

本书主要介绍调用"标注"工具条（见图 9-57）中的命令进行标注尺寸。

四、利用"标注样式管理器"设置标注样式

由于 AutoCAD 尺寸标注的缺省设置通常不能满足用户的需要，因此在标注尺寸时，首先根据需要，利用标注样式管理器设置多种尺寸变量，建立多种尺寸标注样式。

（1）点下拉菜单/标注/样式——弹出"标注样式管理器"对话框，如图 9-59 所示。

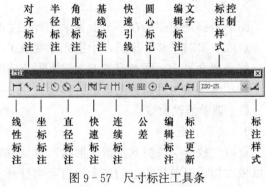

图 9-57 尺寸标注工具条

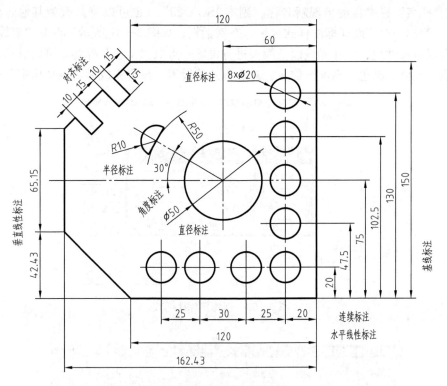

图 9-58　尺寸标注示例

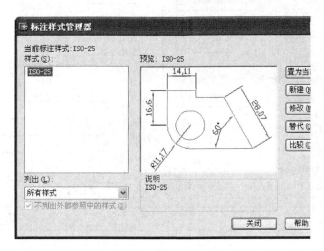

图 9-59　标注样式管理器

用户可以在这里设置多种尺寸变量。

（2）样式：如果从没建立过尺寸标注样式，系统内就只有缺省设置的一种尺寸标注样式ISO-25。如果建立过尺寸标注样式，左边列表框中会列出所有的尺寸标注样式。

（3）预览：在"预览"栏可以看到当前的尺寸标注样式的效果。

（4）置为当前：将在"样式"列表框中选取的样式设置为当前样式。

（5）新建：点取该按钮—弹出一个"创建新标注样式"对话框，如图 9-60 所示—在

"新标注样式名"栏中自动出现新名称"副本 ISO－25"（也可以将其改为其他名称）—点"继续"—弹出一个"新建标注样式×××"对话框，如图9－61所示—点取"直线和箭头"标签，可以对尺寸线、尺寸界线以及箭头进行设置—点取"文字"标签，可以对尺寸标注中的文本进行字体、颜色、高度、位置、对齐方式等设置—设置完成后，点"确定"。

图9－60　创建新标注样式

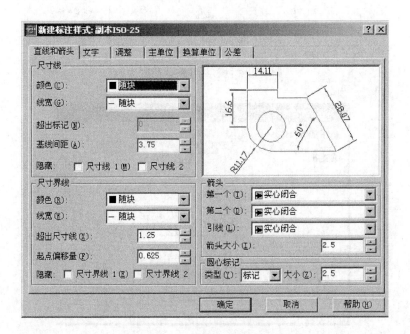

图9－61　新建标注样式×××

（6）修改：在图9－59中点取该按钮—弹出一个"修改标注样式"对话框（与图9－61所示基本一样），用户可以对所选择的尺寸标注样式进行修改，方法同上所述。

（7）替代：用户可以对所选择的尺寸标注样式参量进行临时更改，但不能存储这些更改。

（8）比较：用户可以对比两个尺寸样式的参量，并可浏览一个尺寸样式的所有参量。

五、尺寸的标注

1. 线性标注

见图 9 - 62，点"线性标注"按钮—提示：指定第一条尺寸界线原点或<选择对象>，用鼠标捕捉 A 点—提示：指定第二条尺寸界线原点，用鼠标捕捉 C 点—提示：［多行文字（M）/文字（T）/角度（A）/水平（H）/垂直（V）/旋转（R）］，向下拖动鼠标到适当位置处点击左键一下，标注出 AC 线的尺寸 100。

如有特殊需要，请读者按提示内容，输入相应字母即可完成标注任务。

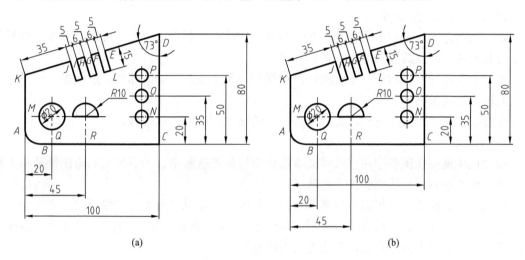

图 9 - 62　基线标注和连续标注

(a) 修改后的尺寸标注；(b) 修改前的尺寸标注

2. 对齐标注

对倾斜线上的尺寸标注需要调用"对齐标注"命令。点"对齐标注"按钮—捕捉 K、J 点，向上移动鼠标，标注出 KJ 线的尺寸 35。

3. 基线标注和连续标注

基线标注是以同一基线为基准的多个尺寸的标注。连续标注是首尾相连的多个尺寸的标注。先标线性标注或角度标注，接着才能进行基线标注和连续标注。

如图 9 - 62（b）所示，点"线性标注"按钮—捕捉 C、N 点，向右移动鼠标，标注出尺寸 20—点"基线标注"—选 C 线为基线，捕捉 O 点、P 点、D 点，标出 35、50、80 三个尺寸。尺寸线间的距离可在"修改标注样式"对话框中"基线间距"中修改。

点"线性标注"按钮—捕捉 A、C 点，向下移动鼠标，标注出尺寸 100—点"基线标注"—选 A 线为基线，捕捉 Q 点、R 点，标出 20、45 两个尺寸。

可以看出基线标注是在原有线性尺寸的外边逐个排列的。因此原有线性尺寸应该是一个小尺寸且排在最里边。如图 9 - 62（b）所示，右方的基线标注就合适，而下方的基线标注就不合适。

点"线性标注"按钮—捕捉 K、J 点，向上移动鼠标，标注出尺寸 35—点"连续标注"—选 J 线为基线—捕捉 I 点、H 点、G 点、F 点、E 点，标出 5、6、5、6 四个尺寸。因为尺寸小，箭头重叠，可以用分解、移动、旋转、绘点、绘斜线等方法进行修改。

修改后的尺寸标注如图 9-62（a）所示。

4. 直径和半径标注

可以标注指定圆、圆弧的直径或半径。

点"半径标注"或"直径标注"—选择圆弧，拖动鼠标绕圆心旋转到合适位置，点击左键。

5. 角度标注

可以标注一段圆弧的中心角、圆上某段圆弧的中心角、两条不平行直线间的夹角，也可以根据已知的三个点来标注角度。

点"角度标注"—捕捉圆弧或圆上的两点，拖动鼠标到合适位置，可以标注出一段圆弧的中心角或圆上两点间圆弧的中心角。

点"角度标注"—捕捉一条直线，再捕捉另一条直线，拖动鼠标到合适位置，可以标注出这两段直线间的夹角。

角度数字不是水平状态时，将其分解，把角度数字旋转到水平位置。

6. 引线标注

引线标注是指在图形中用引线将文本注释与特征连接起来。引线和它们的注释是相关联的，如果修改注释，引线也会随之更改。

引线可以是折线，也可以是样条曲线。引线的起始端可以有箭头，也可以没有箭头。

进行引线标注时，可能需要对引线进行设置，如注释的类型、多行方案选项、引线类型、箭头等。也可以分解后绘制直线进行引线标注。

如图 9-62 中的尺寸 5、5、5 和 R10 即采用了引线标注。

7. 坐标标注

坐标标注是指从当前坐标系的原点（基准点）到标注特征点的 X 或 Y 方向的距离。坐标标注精确地定义了几何特征点与基准点的距离，从而避免了误差的积累。

六、尺寸标注的编辑

编辑尺寸标注包括修改尺寸的标注样式，改变尺寸文本的位置、数值、属性等。编辑方式可以利用夹点、对话框和有关命令三种方式。

1. 利用夹点编辑尺寸位置

夹点编辑是编辑尺寸标注最快捷、最简单的方法。

利用夹点编辑尺寸可以改变尺寸线和尺寸文本的位置，还可以复制尺寸标注。

操作时，只要点取尺寸标注，显示夹点后，点取夹点并移动即可。

2. 利用"标注"工具栏按钮编辑尺寸

用户可以通过三种渠道利用"标注"工具栏进行尺寸标注的编辑：

（1）从"标注"工具栏中点取"编辑标注"按钮，或执行 Dimedit 命令。

（2）从"标注"工具栏中点取"编辑标注文字"按钮，或执行 Dimtedit 命令。

（3）从"标注"工具栏中点取"标注样式"按钮，弹出"标注样式管理器"对话框，在此进行编辑。

3. 利用"特性"对话框编辑尺寸对象

这是编辑尺寸对象最直观、最方便的方法。

先选择要修改的尺寸对象，然后执行"修改"下拉菜单/"特性"选项（或右击鼠标，选取"特性"选项），弹出"特性"对话框，利用该对话框，用户可以修改尺寸对象的颜色、图层、线型、标注样式等。

如果用户要对图形中的尺寸标注数值进行修改，因为尺寸标注为一个定义块，选取了尺寸对象后，只要将其分解，就可以单独对尺寸标注中的数值进行修改。

第六节　绘　图　实　例

一、绘制图标

（1）进行绘图界限和图层设置。设置图名为"图标"并加以保存。

（2）点"图层"—点"细实线层"—点"当前层"—点"确定"。

（3）点"直线"—输入点 A 坐标（0，0），✓—输入点 B 坐标（420，0），✓—输入点 C 坐标（420，297），✓—输入点 D 坐标（0，297），✓—输入点 A 坐标（0，0），✓—✓，得矩形 $ABCD$，如图 9-63 所示。

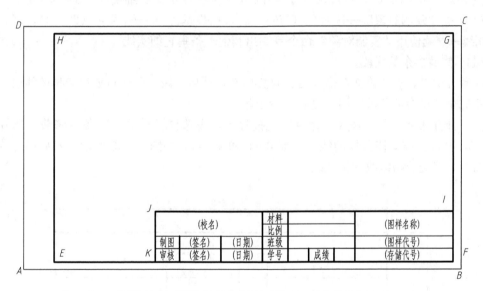

图 9-63　绘制 A3 图幅

（4）在粗实线层，点"绘直线"—依次输入 E、F、G、H 各点的坐标，输入（25，5），✓—输入（415，5），✓—输入（415，292），✓—输入（0，292），✓—输入 C，✓—。

或者点"绘矩形"—点"捕捉自"—捕捉"D"点—输入@（25，−5），✓（画出点 H）—输入 F 点坐标（415，5），✓—画出矩形 HEFG。

点"线宽"，即可显示粗实线。至此，画完了图幅线和图框线，如图 9-63 所示。

（5）见图 9-63 和图 9-64，开始画标题栏。点"绘直线"—点"捕捉自"—捕捉"F"点—输入@（0，32），✓（画出点 I）—输入@（−180，0），✓（画出 IJ 线）—点捕捉"垂足"—选（或自动捕捉到）KF 线，点击后✓—画出 JK 线。

（6）点"图层"—点"细实线层"—点"当前"—点"确定"。

（7）点"绘直线"—点"捕捉自"—捕捉"F"点—输入@（0，8）（画出点 M）—输入@（−180，0），✓—✓—向左画出一条长 180 的水平细实线 M1。

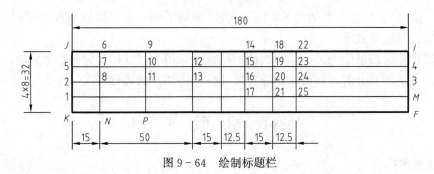

图 9-64　绘制标题栏

（8）点"偏移"—输入偏移值 8，↙—"选要偏移的对象"（细实线 M1）—"指定点以确定偏移所在的一侧"（在 M1 的上方点击一下），复制出细实线 3-2 线—选要偏移的对象细实线 3-2-在 3-2 线的上方点击一下，复制出细实线 4-5 线。

（9）点"绘直线"—点"捕捉自"—捕捉"K"点—输入@（15，0），↙（找到画直线的起点 N）—输入@（0，32），↙—↙—画出一条长 32 的垂直细实线 N6。

（10）点"复制对象"—选对象（N6），↙，捕捉基点 N—输入@（25，0），↙，复制出 P9 线—继续使用"复制对象"命令复制出其他五条垂直细实线。

（11）修剪多余的线段。

一种方法是，点"修剪"命令后，直接回车，然后一段一段地点要修剪掉的线段。有时修剪不完全，剩余部分可以用"删除"命令删除。

另一种方法是，点"修剪"命令后，按提示，先选界线对象（准备要修剪到的界线），如 2-3，再选要准备修剪掉的线段，如 6-8 和 9-11，如图 9-65 所示。然后用"特性匹配"命令，将竖分格线改为粗实线。

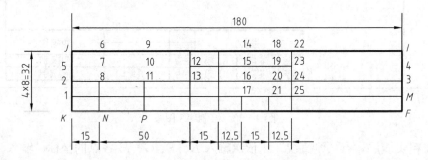

图 9-65　图线的修剪

（12）文本输入。点"文本按钮 A"，选"宋体"或"长仿宋体"等字体；在"字体的号数"中，输入新的字体号数；输入"制图"两字，点"确定"。再将文字移动到标题栏中。为保证字体大小一致，复制"制图"两字到其他分格中；双击分格中的文字，出现"文字格式"对话框，修改后点"确定"，点保存。

也可调用"缩放"命令将输入好的字放大或缩小。

二、绘制图 9-66 所示的多边形

（1）点"点画线层"—点"当前"—点"确定"。点"直线"—画水平线 AB 和垂直线 CD（中心线，长度任意）。如图 9-66 所示。

（2）点"细实线层"—点"当前"—点"确定"。点"圆"—捕捉交叉点 O—输入半径 30，回车。如图 9-67 所示。

（3）点下拉菜单"绘图"/点/定数等分—选对象（圆）—输入等分数 5，回车。圆上出现五等分点。

为便于观察点，可以修改点的样式。点下拉菜单"格式"/点样式—弹出"点样式"对话框—选中样式—点"确定"。如图 9-67 所示小圆点。

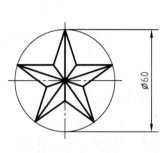

图 9-66 正五角形

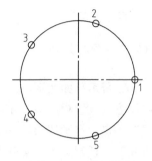

图 9-67 五等分圆

（4）点"粗实线层"—点"当前"—点"确定"。

点"直线"—点"捕捉到节点"，捕捉点 2—点"捕捉到节点"，捕捉点 4，↙，画出 2-4 线段。

点"直线"—点"捕捉到节点"，捕捉点 3—点"捕捉到节点"，捕捉点 5，↙。

点"直线"—捕捉点 1 和点 3，↙，↙—捕捉点 1 和点 4，↙，↙—捕捉点 2 和点 5，↙；再按图 9-66 所示，连接中间的线段，结果如图 9-68 所示。

（5）点编辑命令中的"修剪"，回车—按图 9-66 所示，修剪多余的线。结果如图 9-69 所示。

（6）点编辑命令中的"旋转"—选中图 9-69 所示图形，将其旋转到如图 9-66 所示的位置。

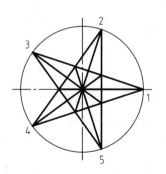

图 9-68 连接各点

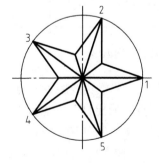

图 9-69 修剪多余的线

（7）按前述方法标注尺寸。

另外也可用画正多边形的方法，先画出正五边形，如图 9-70 所示。连接各点，如图 9-71 所示。最后删除正五边形、标注尺寸。此方法作图简便。

前面的叙述主要是想介绍点的定数等分和捕捉节点的操作方法。

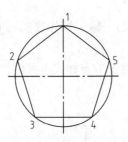
图 9-70　画正五边形

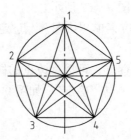
图 9-71　连接各点

三、绘制图 9-72 所示平面图形

（1）进行图层设置（设置粗实线、细实线、点画线层）。

（2）点"图层"—点"点画线层"—点"当前"—点"确定"。

（3）点"绘直线"—任意点击一点作为 A 点—拖动鼠标右移至 B 点，点击一下后，↙，↙—任意点击一点作为 C 点—拖动鼠标下移至 D 点，点击一下后↙，↙—捕捉到交点 O—输入@（35＜30），画出 OE 线。

点"绘圆"—捕捉"O"点（左键点击一下）—输入 18，↙，如图 9-73 所示。应把 R18 的圆打断、修剪，保留右边一小段。

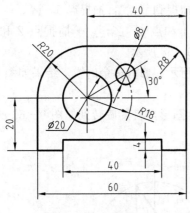
图 9-72　平面图形

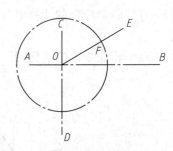
图 9-73　画基准线

（4）点"图层"—点"粗实线层"—点"当前"—点"确定"。

点"绘直线"—点"捕捉自"—捕捉 O 点—输入@（-20，0），↙（画出 H 点）—输入@（0，-20），↙—输入@（10，0），↙—输入@（0，4），↙—输入@（40，0），↙—输入@（0，-4），↙—输入@（10，0），↙—输入@（0，40），↙—输入@（-40，0），↙，如图 9-74 所示。

（5）点"圆弧"—输入 C，↙（选定圆心）—捕捉 O 点，点击一下—捕捉 G 点（圆弧的起点）—捕捉 H 点（圆弧的终点），得 R20 的圆角，如图 9-75 所示。

（6）点"圆角"—输入 R，↙，输入 8，↙—选择 GK 线，点击一下—选择 NP 线，点击一下，得 R8 的圆角，如图 9-75 所示。

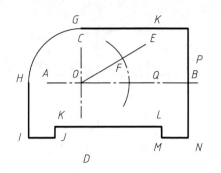

图 9-74 画直线框

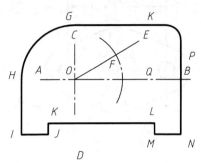

图 9-75 画圆角

（7）点"圆"—捕捉 O 点（圆心），点击一下—输入 10（半径），↙，得 $\phi20$ 的圆。

（8）点"圆"—捕捉 F 点（圆心），点击一下—输入 4（半径），↙，得 $\phi8$ 的圆。

（9）点"图层"—点"细实线层"—点"当前"—点"确定"。

（10）点"线性标注"—捕捉"J"点、"M"点—拖动鼠标下移，点击一下，标注出尺寸 40，如图 9-72 所示。

（11）点"线性标注"—捕捉"I"点、"N"点—标注出尺寸 60，注意两尺寸线间距要大致相等。

（12）点"线性标注"—捕捉"H"点、"I"点—标注出尺寸 20。

（13）点"线性标注"—捕捉"G"点、"P"点—标注出尺寸 40。

（14）点"线性标注"—捕捉"L"点、"M"点—标注出尺寸 4。

（15）点"直径标注"—捕捉大圆周—标注出尺寸 $\phi20$，如需延长折成水平线，可以点"分解"—点选尺寸 $\phi20$，将尺寸 4 要素分解为 4 个单独的要素—延长尺寸线，再画一小段水平线，将 $\phi20$ 移动到水平线上。

（16）点"直径标注"—捕捉小圆周—标注出尺寸 $\phi8$。

（17）点"半径标注"—捕捉点画线圆周—标注出尺寸 $R18$。

（18）点"半径标注"—捕捉小圆弧—标注出尺寸 $R8$。

（19）点"半径标注"—捕捉大圆弧—标注出尺寸 $R18$。

（20）点"角度标注"—捕捉水平线—捕捉斜线，标注出尺寸 30°。

（21）点"保存"，存盘。

（22）过长的线可以用"打断"命令修剪掉。结果如图 9-72 所示。

画图过程中注意经常点"保存"，存盘。

四、绘制图 9-76 所示平面图形

（1）进行图层设置（设置粗实线、细实线、点画线层）。

（2）点"图层"—点"点画线层"—点"当前"—点"确定"。

（3）点"绘直线"—画 AB 线和 CD 线；点"偏移"—输入 15，↙—选 CD 线，在 CD 线右边和左边复制出两条点画线，如图 9-77 所示。

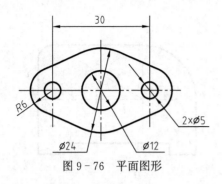

图 9 - 76　平面图形

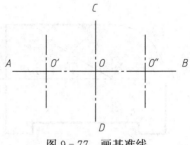

图 9 - 77　画基准线

（4）点"图层"—点"粗实线层"—点"当前"—点"确定"。

（5）点"绘圆"—分别捕捉 O、O'、O''点为圆心—输入半径，画出 6 个圆，如图 9 - 78 所示。

（6）点"绘直线"—点"捕捉到切点"，点击大圆弧上 E 点，点击小圆弧上 F 点，得切线 EF。重复操作三次，完成连接，如图 9 - 79 所示。

或者点"镜像"，选择对象 EF 直线，↙—选择镜像线上的第一点 A，↙—选择镜像线上的第二点 B，↙，得到 GH 切线。

点"镜像"，选择对象 EF 直线和 GH 直线，↙—选择镜像线上的第一点 C，↙—选择镜像线上的第二点 D，↙，得到左边的两条切线。完成连接，如图 9 - 79 所示。

（7）点"修剪"，↙—依次修剪掉不需要的圆弧线。

（8）标注尺寸，保存。

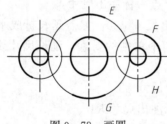

图 9 - 78　画圆

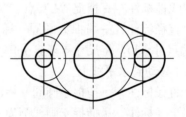

图 9 - 79　画切线

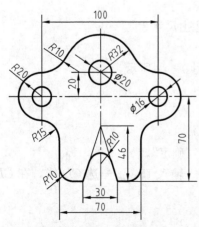

图 9 - 80　平面图形

五、绘制图 9 - 80 所示平面图形

（1）进行图层设置（设置粗实线、细实线、点画线层）。

（2）点"图层"—点"点画线层"—点"当前"—点"确定"。

（3）点"绘直线"、"偏移"—绘制 AB、CD 等 10 条基准线，如图 9 - 81 所示。

（4）点"图层"—点"点粗实线层"—点"当前"—点"确定"。

（5）点"绘圆"—分别捕捉 3 个圆心，输入所需的半径值，↙—画出 6 个圆。点"直线"—依次捕捉点击 M、N、R、S、K、Q、P 点—得六段直线，如图 9 - 82 所示。

（6）点"绘圆"—输入 TTR，✓—点"捕捉到切点"，捕捉大圆 1 点—捕捉小圆 2 点—输入半径 10，✓，画出连接弧，如图 9 - 82 所示。

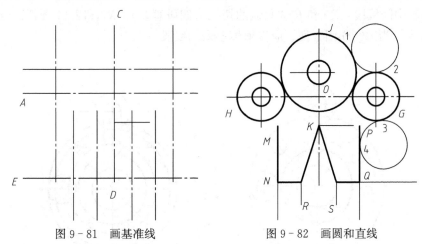

图 9 - 81　画基准线　　　　　图 9 - 82　画圆和直线

（7）点"绘圆"—输入 TTR，✓—点"捕捉到切点"，捕捉圆 3 点—捕捉 PQ 直线上的 4 点—输入半径 15，✓，画出连接弧，如图 9 - 82 所示。

（8）重复操作二次，完成左边的圆弧连接。

因为对称，也可以用"镜像"命令来完成。

（9）点"修剪"，✓—依次修剪掉不需要的圆弧线。

（10）标注尺寸—保存。

六、绘制图 9 - 83 所示平面图形

（1）图层设置。设置细点画线层（A 层）；设置粗实线层（B 层）。

（2）点"点画线层"，画基准线。经过点 1（50，50）画两条相互垂直的直线，经过点 2 （50，90)和点 3（50，125）画两条水平线，以点 1（50，50）为圆心、50 为半径画圆弧，通过点 1（50，50）画一条与水平线夹角为 45°的直线，分别得到 5 个控制点，如图 9 - 84 所示。

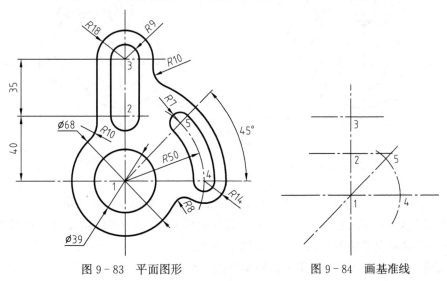

图 9 - 83　平面图形　　　　　图 9 - 84　画基准线

（3）设置 B 层为当前层，绘制已知线段：捕捉相应点为圆心，画出 φ39 和 φ68 的圆，以及 R7、R9、R14 和 R18 的圆（弧），如图 9-85 所示。

（4）绘制中间线段：R9 和 R18 圆弧的切线（四段直线），R7 和 R14 圆弧的连接弧，如图 9-86 所示。为继续作图方便，应修剪掉多余的线段。

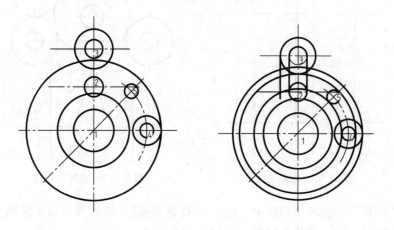

图 9-85　画已知线段　　　　　　图 9-86　画中间线段

（5）绘制连接线段：用"圆/TTR"和"捕捉到切点"命令绘制 R8、R10 和 R10 三段连接弧，如图 9-87 所示。

（6）综合运用打断、修剪、删除等工具完成相应操作，完成图如图 9-88 所示。

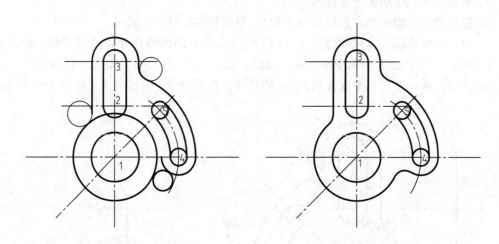

图 9-87　画连接线段　　　　　　图 9-88　完成图形的绘制

（7）设置 O 层为当前层，进行尺寸标注，完成全图，如图 9-83 所示。

下面我们学习实体绘图、编辑等命令。通过绘制实体、实体的切割、实体的相贯，增强立体概念，明确表面连接关系和交线的位置、形状。

七、绘制 400×400×400 的正方体的实体图

（1）进行图层设置（设置粗实线、细实线）。

（2）调出"视图"、"实体"、"实体编辑"三个工具条，如图9-89所示，并且将它们移动到作图窗口外面。

点"粗实线层"。点"实体"中的"长方体"—任点击一点做基点，输入L，↙—输入正方体的长度400—输入正方体的宽度400—输入正方体的高度400，画出正方体（表现为俯视图），如图9-90所示—点"视图"中的"西南等轴测图"，显示出立体轮廓图来，如图9-91所示—点菜单中的"视图"—"着色"—"体着色"—变为黑色（原来图层的颜色）的立体图，如图9-92所示—选中立体图，点"颜色选择"中的某色，如图9-93所示—点 Esc 键去掉夹点，得到所需的具有某颜色的立体图，如图9-94所示。

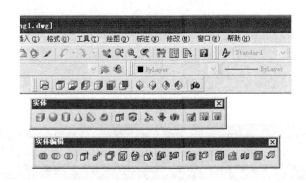

图9-89　正方体实体图编辑工具条

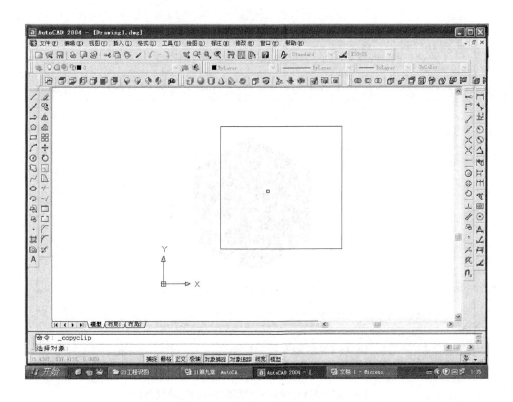

图9-90　正方体俯视图

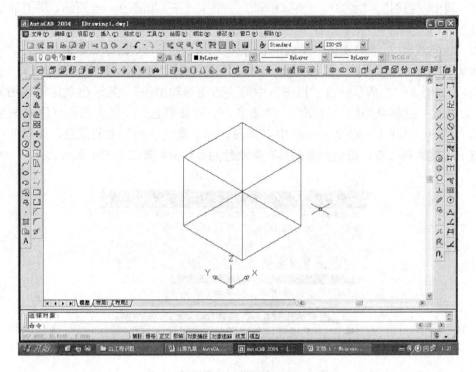

图 9-91　立体轮廓图

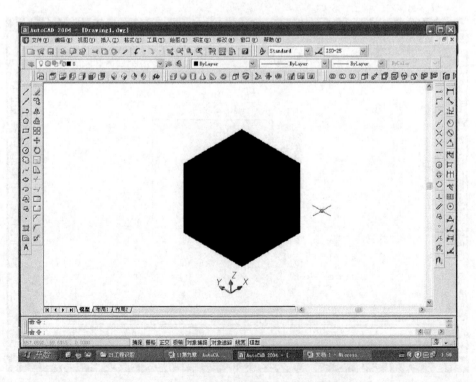

图 9-92　黑色立体图（原图层中确定的颜色）

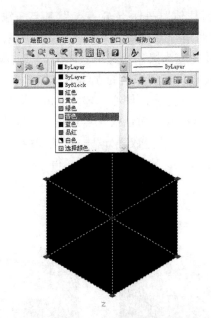

图 9-93　更换颜色

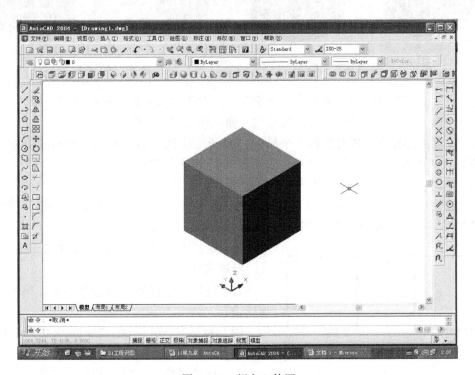

图 9-94　绿色立体图

八、绘制 $\phi 400 \times 400$ 的圆柱体的实体图，再将其切割成六棱柱

（1）进行图层设置（设置粗实线、细实线）。

（2）点"图层"—点"粗实线层"—点"当前"—点"确定"。

（3）调出"实体"（或"建模"）、"实体编辑"、"视图"三个工具条。

（4）点"实体"中的"圆柱体"—任点击一点做基点—输入半径 200，✓—输入高度 400，✓—点"视图"中的"西南等轴测图"，显示出立体图来。点菜单中的"视图"—点 "着色"—点"体着色"，立体图变为黑色—选中立体图，点"颜色选择"中的绿色，立体图 变为绿色，再点 Esc 键去掉夹点，得到绿色的立体图，如图 9‑95 所示。

（5）点"绘圆"—点选圆柱体上表面圆心—输入 200，得一圆。

（6）点"格式"—出现"点样式"对话框—点选图 9‑96 所示的样式。

（7）点"绘图"—点"点"—点"定数等分"—点选圆线—选基点（圆心）—输入等分数 6，得 1、2、3、4、5、6 六个分点，复制到下表面，得 A、B、C、D、E、F 六个分点，如 图 9‑96 所示。

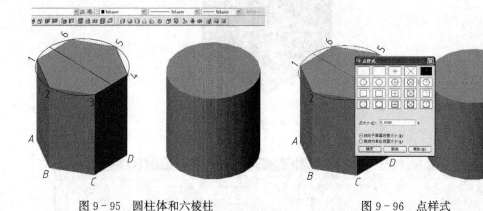

图 9‑95　圆柱体和六棱柱　　　　　　　　　图 9‑96　点样式

（8）点"实体"中的第六个工具"剖切"—选对象（圆柱体）—选剖切平面（3 点）—输 入 3，✓—选 1、2、B 三个点—点要保留的一侧，即去掉另一侧。

（9）重复上述操作，依次剖得六个棱面，得到六棱柱，如图 9‑96 所示（不方便剖切 时，可以点"东南等轴测图"或"东北等轴测图"，调换角度再剖切）。

九、绘制 400×400×400 的正方体的三视图并标注尺寸

点"矩形"—点击 A 点—输入@（400，−400）（B 点相对坐标），✓—打开"正交"， 点"复制"，复制出左视图和俯视图—注尺寸，如图 9‑97 所示。

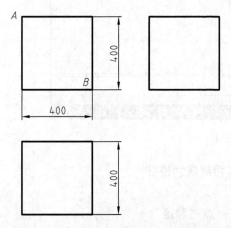

图 9‑97　正方体的三视图及尺寸标注

十、绘制图 9‑98 所示正六棱柱的三视图并 标注尺寸

（1）进行图层设置（设置粗实线、细实线、点 画线层）。

（2）点"图层"—点"点画线层"—点"当 前"—点"确定"。

（3）点"直线"—绘制基准线 AB、CD、EF、 GH，如图 9‑99（a）所示。

（4）点"图层"—点"粗实线层"—点"当 前"—点"确定"。

（5）点"多边形"—输入 6（六边形），✓—捕 捉 O 点—缺省为 I，✓—输入 200，✓，画出正六棱柱的俯视图，如图 9-99（b）所示。

（6）点"直线"—点开"对象捕捉"，捕捉点 2，沿追踪的虚线向上捕捉到与 AB 线的交点 2′，点击一下—输入 @（0，400），↙，画出直线 2′- 8′（长对正），如图 9-99（b）所示。

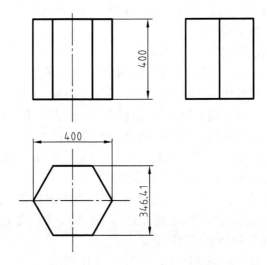

图 9-98　正六棱柱的三视图

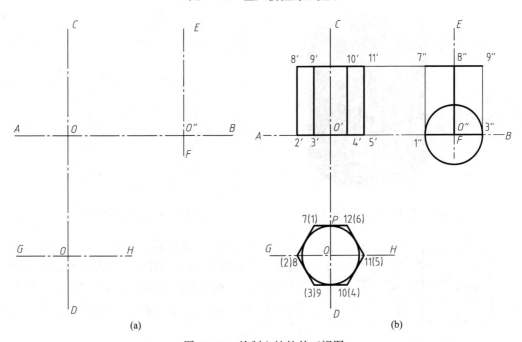

(a)　　　　　　　　　　　(b)

图 9-99　绘制六棱柱的三视图

（a）用点画线画基准线；（b）用粗实线绘制六棱柱的三视图

（7）同样方法，绘制 3′- 9′、4′- 10′、5′- 11′（长对正的直线）。

（8）左视图的宽度从俯视图中量取。点"圆"—捕捉点 O，点击一下—捕捉点 P，点击一下，画出内切圆—↙（重复画圆的命令）—捕捉点 O′↙，画出等径圆，与 A - B 直线交于 1″和 3″。

（9）点"直线"—捕捉点 $1''$、$3''$，绘制 $1''- 7''$、$0''- 8''$、$3''- 9''$（宽相等的直线）。

（10）点"直线"—捕捉点 $8'$、$11'$ 和 $7''$、$9''$，绘制出 $8'- 11'$ 和 $7''- 9''$（高平齐的直线）。完成作图，如图 9-99 所示。

（11）点"删除"、"打断"、"特性匹配"等命令进行编辑，再标注尺寸，并注意调整点画线短画长度，调整尺寸数字、箭头的大小，如图 9-98 所示。

十一、绘制斜截圆柱体的实体图

（1）进行图层设置（设置粗实线、细实线层）。

（2）点"图层"—点"粗实线层"—点"当前"—点"确定"。

（3）如前所述，画出圆柱体的实体图，如图 9-100 所示。

（4）点"直线"—点"捕捉到象限点"，捕捉点 A，点击一下—点"捕捉到象限点"，捕捉点 B，点击一下，画出 AB 直线。同法，画出 CD、EF 直线。

（5）点"绘图"—点"点"—点"定数等分"—输入 6，↙—选对象 AB，将其 6 等分（注意调整点样式）。同法，将 CD、EF 也 6 等分。

（6）点实体工具条中的"剖切"—"选择对象"，点击圆柱体，↙—↙（按默认的＜三点＞执行）—"指定第一点"，点"捕捉到节点"，选 AB、EF 线上的第三点，选 CD 线上的第五点，↙，将圆柱体分割为上下两部分。

（7）将上部分移开，即得斜截圆柱体，如图 9-101 所示。

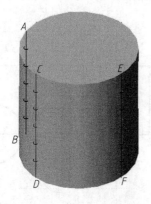

图 9-100　斜截圆柱体实体图

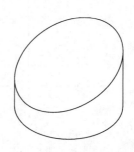

图 9-101　斜截圆柱体

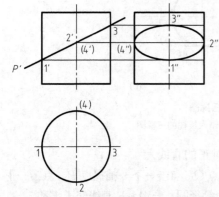

图 9-102　斜截圆柱体的三视图

（8）先画出完整的圆柱体的三视图，如图 9-102 所示。在主视图上画一直线 P'（截平面的 V 面积聚性投影），与四条转向素线交于 $1'$、$2'$、$3'$、$4'$ 四点，长对正求出 1、2、3、4 四点，高平齐求出 $1''$、$2''$、$3''$、$4''$ 四点。

（9）截交线 V 面投影即 $1'- 3'$ 直线；截交线 H 面投影即圆线；截交线 W 面投影即以 $1''$、$2''$、$3''$、$4''$ 四点为顶点的椭圆。如图 9-102 所示。

十二、绘制两圆柱体相贯的实体图

（1）进行图层设置（设置粗实线、细实线层）。

（2）点"图层"—点"粗实线层"—点"当前"—点"确定"。

（3）如前所述，画出两圆柱体的实体图，如图 9 - 103 所示。

（4）点菜单中的"修改—三维操作—三维旋转"—点选小圆柱体，↙—输入"Y"（绕 Y 轴旋转），↙—指定 Y 轴上的一个点，可以捕捉上表面的圆心，点击后—输入 90（旋转 90°），↙，如图 9 - 104 所示。

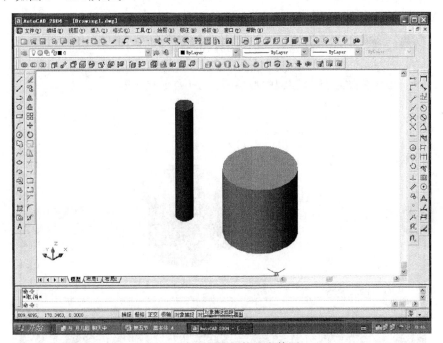

图 9 - 103　两圆柱体的实体图

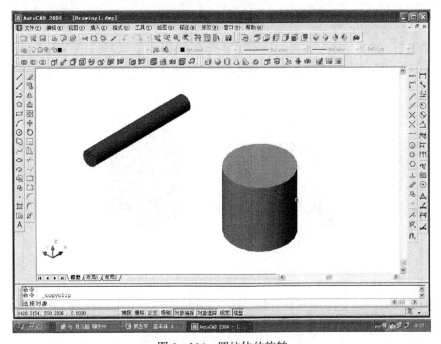

图 9 - 104　圆柱体的旋转

（5）点"直线"—点选小圆柱体的两个圆心，↙，↙—点选大圆柱体的两个圆心，↙。画出两条直线，是为了移动时便于捕捉到中点。

（6）点"移动"—点选小圆柱体，↙—点"捕捉到中点"，移动鼠标到小圆柱体的中间，捕捉到中点—点"捕捉到中点"，移动鼠标到大圆柱体的中间，捕捉到中点，点击一下—得两圆柱体相贯的实体图（还不是一个整体），如图 9 - 105 所示。

（7）先复制两圆柱体，如图 9 - 106 所示。

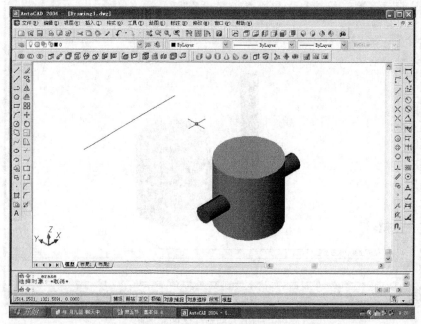

图 9 - 105　圆柱体的移动

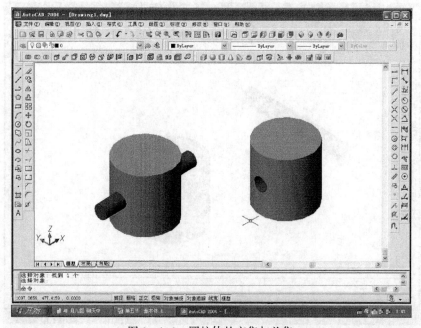

图 9 - 106　圆柱体的交集与差集

（8）点"实体编辑"—交集—点选两圆柱体，$\swarrow$，如图 9 – 106 所示。

（9）点"实体编辑"—差集—点选大圆柱体，再点选小圆柱体，$\swarrow$—切割了小圆柱体，如图 9 – 106 所示。

（10）点"剖切"—选对象—选剖切平面 ZOX，输入 ZX，$\swarrow$—选平面上的点（圆心）—输入 B，$\swarrow$—点"移动"，如图 9 – 107 所示。

观察、体会相贯线的产生与形状结构。

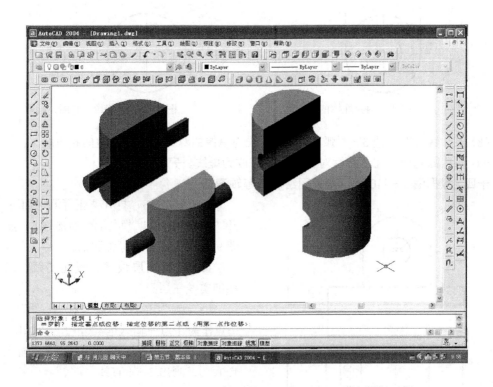

图 9 – 107　相贯体的剖切移动

十三、绘制如图 9 – 107 所示两圆柱体相贯的三视图

（1）进行图层设置：0 层，细实线，1 层；细点画线，2 层；粗实线，3 层；细虚线，4 层。

（2）点"图层"—点"细点画线"—点"当前"—点"确定"。

（3）点"直线"—绘制基准线（6 条点画线），如图 9 – 108 所示。

（4）在"粗实线"层，点"圆"—捕捉"O"点，画大圆—捕捉"O"点—画小圆，如图 9 – 108 所示。

（5）点"直线"—按长对正绘制主视图的矩形，复制出左视图的矩形。

（6）过 $3''$、$1''$ 点作高平齐的线，过 A、B 点作宽相等的线，可以判定出相贯线的特殊点 1、2、3、4，$1'$、$2'$、$3'$、$4'$，$1''$、$2''$、$3''$、$4''$，如图 9 – 108 所示。

（7）以 $3'$ 点为圆心，以大圆半径为半径画圆，得 C' 点；以 C' 点为圆心，以大圆半径为半径画圆。用"删除""修剪"命令去掉多余的线，如图 9 – 109 所示。

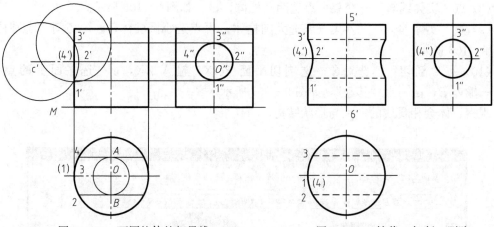

图 9-108　两圆柱体的相贯线　　　　　图 9-109　镜像、打断、删除

（8）点"镜像"—选 3′-1′弧—选 5′-6′线为镜像的对称线，得右边的相贯线。

（9）将内部轮廓线在"特性对话框"中修改为虚线。完成全图。

十四、根据图 9-110 所示两视图绘制正等轴测图

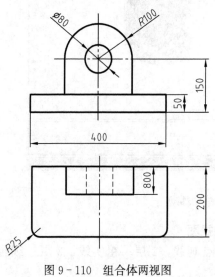

图 9-110　组合体两视图

（1）点击 F5，打开"正等测平面"；再打开"视图"中的"西南等轴测图"，显示如图 9-111 所示的正等轴测轴。

（2）进行图层设置，设粗实线、点画线和细实线三层。

（3）点"粗实线"层—点"直线"—任点一点作为 1 点—输入 @400，0，0 画出 1-2 直线，↙，↙—捕捉 1 点，点击一下，输入 @0，400，0，画出 1-4 直线，↙。

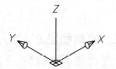

图 9-111　打开"正等测平面"

（4）点"复制对象"—选 1-2 直线，↙—选基点 1—捕捉点 4，点击一下。点"复制对象"—选 1-4 直线，↙—选基点 1—捕捉点 2，点击一下；得长方形 1234，如图 9-112 所示。

（5）点"直线"—捕捉点 1—输入 @0，50，0 得 1-5 直线。

（6）点"复制对象"—选 1-5 直线，↙—输入 M，↙—选基点 1—依次捕捉 2、3、4 点，点击一下，得四条棱线。

（7）点"复制对象"—选长方形 1234，↙—选基点 1—捕捉点 5，点击一下，得上表面长方形 5678，得长方体 1-8 的正等轴测图，如图 9-113 所示。

（8）绘制第二个长方体 9-16 的正等轴测图，如图 9-114 所示。

（9）绘制圆柱体外切正四边形 10-11-19-18 的正等轴测图，绘制中线 *AB*，交出圆心

O（和 P），如图 9 - 114 所示。

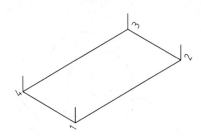
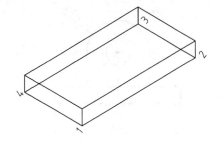

图 9 - 112　画底平面、竖高线　　　图 9 - 113　下底板长方体的正等轴测图

（10）输入 UCS，✓—输入 G（正交），✓—输入 F（正面，ZOX 面），✓—点"圆"—点选圆心 O—输入半径 100（或点选 A 点），✓，✓—点选圆心 O—输入半径 40，✓。如图 9 - 115 所示。

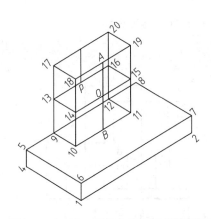
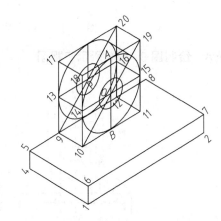

图 9 - 114　第二个长方体的正等轴测图　　　图 9 - 115　圆柱体的正等轴测图

（11）修剪掉大圆的下半圆，复制大圆的上半圆和小圆到后表面圆心 P，作两大圆的外公切线 CD，如图 9 - 116 所示。

（12）输入 UCS，✓—输入 G（正交），✓—输入不同的选项，可以在不同的表面上画圆。

此种画法画椭圆简便，但不能同时画三视图。

十五、绘制图 9 - 117 所示组合体的斜二等轴测图

（1）进行图层设置，设粗实线、点画线和细实线三层。

（2）点"图层"—点"粗实线"层—点"确定"

（3）点"直线"—任点一点作为 1 点—输入@400，0，0 画出 1 - 2 水平直线，✓，✓—捕捉 2 点，点击一下，输入 @200＜45 画出 2 - 3 直线，✓。

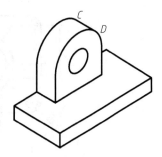

图 9 - 116　组合体的
正等轴测图

（4）点"复制对象"—选 1 - 2 直线，✓—选基点 2—捕捉点 3，点击一下。

（5）点"复制对象"—选 2 - 3 直线，✓—选基点 2—捕捉点 1，点击一下，得长方形的斜二等轴测图 1234……以下画法步骤，这里不再详述，可参照前面学过的画法。

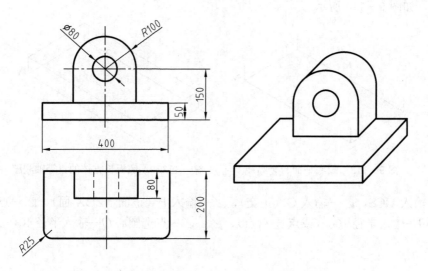

图 9-117　组合体的两视图和斜二等轴测图

十六、绘制图 9-118 所示三视图

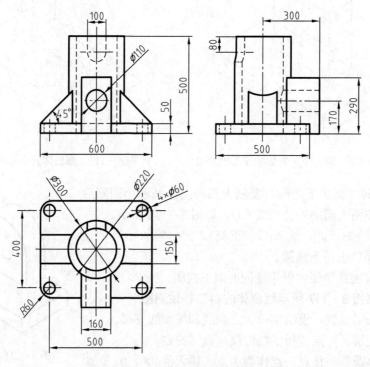

图 9-118　组合体的三视图

（1）图层设置：0 层、辅助线 1 层、辅助线 2 层、点画线层、虚线层、粗实线层。

（2）计算出各点的坐标。点"直线"命令，输入点的坐标，画出各直线；点"圆"命令，捕捉圆心，画圆。这里介绍用辅助线画图，重点学习截交线和相贯线的画法。

（3）点"辅助线 1 层"—点"直线"—画基准线，如图 9-119 所示。

（4）用"直线"、"偏移""镜像"等命令画辅助线，如图 9-120 所示。

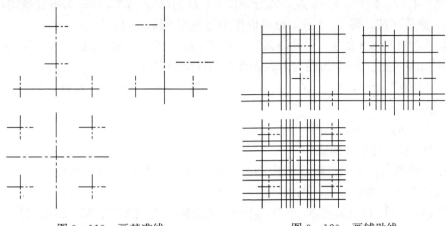

图 9 - 119　画基准线　　　　　　　图 9 - 120　画辅助线

（5）在粗实线层，点"直线"、"圆"等命令，捕捉辅助线上的对应点，绘制主要的轮廓线，如图 9 - 121 所示。

（6）画肋板的三视图，见图 9 - 122。

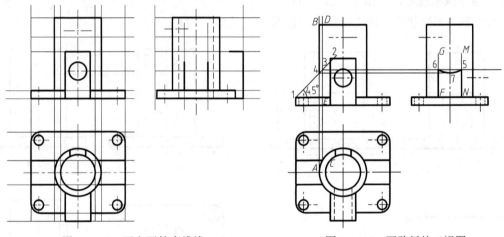

图 9 - 121　画主要轮廓线线　　　　　　　图 9 - 122　画肋板的三视图

1）点"直线"—捕捉 1 点—输入@300＜45，✓，画出 1 - 2 线。

2）✓—捕捉 A 点，长对正画出 AB 线；捕捉 C 点，长对正画出 CD 线。与 1 - 2 线交于 3 点和 4 点。4-3 是肋板斜面与圆柱的交线，E - 3 是肋板前表面与圆柱的交线。

3）点"修剪"命令，剪去 C - E、3 - D、A - 4、2 - 3 线段，用"特性匹配"命令调整线型。用"镜像"命令画右边肋板的主视图。

4）过 3、4 点作高平齐的线，交肋板前后表面轮廓线 F - G、N - M 于 5、6、7 点。

5）点"绘图"菜单命令—点"3 点（P）"—捕捉点 5、6、7，得一圆弧，为肋板斜面与圆柱的交线（一段椭圆线）。

6）点"修剪"命令，剪去 G - 6、M - 5 线段，删去辅助线，用"特性匹配"命令调整线型。

（7）画凸台的三视图，见图 9 - 123。

1）在俯视图中量取 D - C、F - E，在左视图上作宽相等的线 3 - 4、1 - 2，交高平齐的线于10、2、4、5、6、7、8、9点；或分别以 F、D 为圆心，DC、FE 为半径画圆，再以 G 点为圆心，画等径圆，得1、3点，也可以作出宽相等的线3-4、1-2。

2）点"绘图"菜单命令—点"画弧"—点"3点（P）"—捕捉点5、6、7，画一圆弧，为两内圆柱面的交线。2-9为凸台左右表面与圆柱面的交线。

3）点"修剪"命令，剪去10-8、1-9、5-7，删去4-3、$A-B$ 线。用"特性匹配"命令调整线型。

（8）画切口的三视图，见图9-124。

1）过 H、G 作高平齐的线。

2）在俯视图上，作 AC 垂直于中心线。点"圆"—捕捉 C 点—捕捉 A 点，画圆。点"圆"—捕捉 C 点—捕捉 B 点，画圆。

3）在左视图上以 O 点为圆心，作这两个圆（或复制），与底面交于 M、E 点。过 M、E 点宽相等的线交高平齐的线于 F、5、N、6点。圆柱轮廓线交高平齐的线于7、8、1、3、2、4点。

4）点"绘图"菜单命令—点"画弧"—点"3点（P）"—捕捉点1、5、2，得一圆弧。点"绘图"菜单命令—点"画弧"—点"3点（P）"—捕捉点3、6、4，画一圆弧。

5）点"修剪"，剪去 M-6、8-5、3-6（弧）、7-2、1-5（弧）、E-5线。用"特性匹配"命令调整线型，见图9-124（d）。

（9）删去无用的线，检查虚线，标注尺寸，见图9-118。

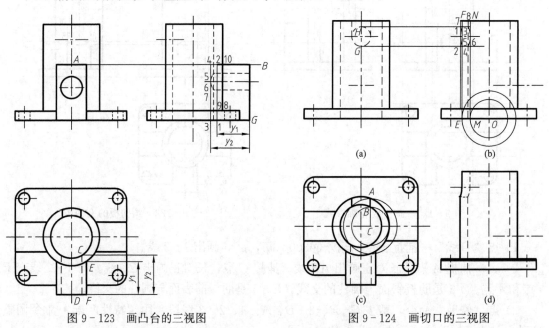

图9-123　画凸台的三视图　　　　　图9-124　画切口的三视图

十七、将图9-118所示三视图改画为如图9-125所示的剖视图

（1）打开"113三视图"，复制粘贴到本文件"剖视图"中来；或点"另存为"，建立"剖视图"新文件。

（2）主视图和左视图采用半剖视图。用"修剪"、"删除"命令，删除左半部分的虚线；删除右半部分的移走部分的外形轮廓线，虚线改为粗实线；进行"填充"。

（3）在俯视图中，画波浪线，虚线改为粗实线；进行"填充"，完成局剖。

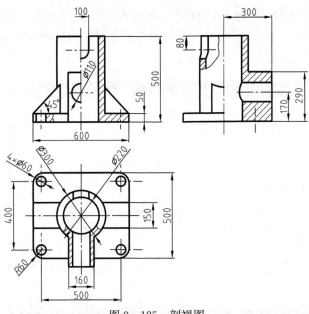

图 9 - 125　剖视图

（4）尺寸 12 的左边删除尺寸界线和箭头，其他尺寸与三视图上的一样。

十八、绘制图 9 - 126 所示的零件图

（1）绘制 A4 图幅和标题栏，以"齿轮"为文件名保存。

（2）进行图层设置：A 点画线层、B 粗实线层及 O 层（细实线层）。

（3）计算出分度圆直径为 78，齿顶圆直径为 84，齿根圆直径为 70.5。

（4）根据计算结果，画基准线：5 条点画线、1 条粗实线（B）。

（5）用偏移、绘直线、绘圆、倒角、镜像等命令画出两个视图。

（6）点菜单"标注"—"样式"—"修改"—弹出"修改标注样式"对话框，如图 9 - 127 所示—在"文字"标签下重新选择字体高度；在"直线和箭头"标签下重新选择箭头大小。

（7）点"公差"：在"方式"栏，选"极限偏差"；在"精度"栏，选"0.000"；在"上偏差"栏，输入"0.018"；在"下偏差"栏，输入"0.018"；在"高度比例"栏，输入"1"；在"垂直位置"栏，选"中"；点"确定"，点"关闭"；在左视图上标注出 $10^{+0.018}_{-0.018}$。

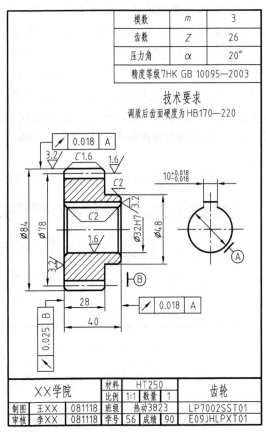

模数	m	3
齿数	Z	26
压力角	α	20°
精度等级7HK GB 10095—2003		

技术要求

调质后齿面硬度为 HB170—220

XX学院		材料	HT250		齿轮	
		比例	1:1	数量	1	
制图	王XX	081118	班级	热动3823	LP7002SST01	
审核	李XX	081118	学号	56	成绩	90	E09JHLPXT01

图 9 - 126　齿轮零件图

（8）在图 9 - 127 所示"修改标注样式"对话框中，在"方式"栏中选"无"；点"确定"，点"关闭"（新建一个标注样式）；在左视图上先标注出直径尺寸 ϕ32，再进行"分解"，将尺寸数字 ϕ32 删除；如箭头在外，可移到里面。

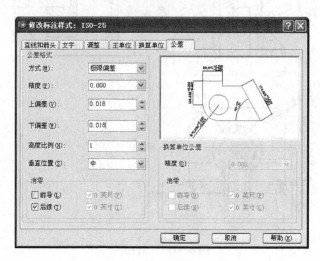

图 9 - 127　公差标注

（9）先用"线性尺寸"标注出 84、78、32H7、48 等尺寸，再对它们进行"分解"；然后将尺寸数字修改为 ϕ84、ϕ78、ϕ32H7 和 ϕ48。

（10）点工具栏中的"公差"按钮—弹出"形位公差"选项框，如图 9 - 128 所示—点"符号"—弹出"符号"对话框，如图 9 - 129 所示—选符号，↗—在公差 1 的白框内，输入 0.018—在基准 1 的白框内，输入 A—点"确定"，光标处即有了形位公差的代号，再用"快速引线"画出箭头和引线，将形位公差的代号移到引线处。

（11）画表面粗糙度符号，用复制、旋转、移动等命令，并按最新标准进行表面粗糙度的标注。

（12）填写技术要求和标题栏，完成全图。

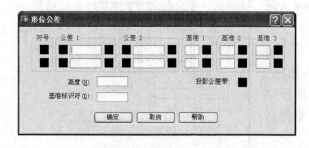

图 9 - 128　形位公差标注

图 9 - 129　形位公差符号

第七节　电气工程常用图例的绘制与示例

电气工程绘图及设计中常用的图例数量并不多，我们可一次绘制完成后，保存在计算机里，需要用时可以调用，再利用复制、粘贴、缩放等方法来应用。本节介绍电力工程图图例的绘制和电气工程图绘制的示例。

一、电气工程图图例的绘制

电气工程以及电路元件的符号及简图可参见第八章表 8-1 和表 8-2，在建筑电气施工图中常用的符号见表 9-1。

表 9-1　　　　　　　　　　　　　　常用电气的图形符号

图形名称	符号	图形名称	符号
进户线		灯或信号灯的一般符号	⊗
向上配线		防水防尘灯	⊗
向下配线		花灯	⊖
三根导线	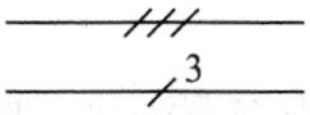 3	荧光灯的一般符号	 ⊢─┤
断路器		双管荧光灯	 ⊢═┤
单极开关	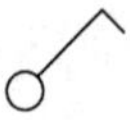	屏、台、箱框的一般符号	 ▭
单极拉线开关	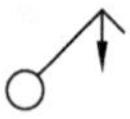	动力或照明配电箱	 ▬
暗装单极开关	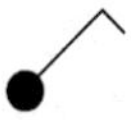	自动开关箱	▣
暗装双极开关		电能表（瓦时计）	 Wh
暗装单相三孔插座		电话插座	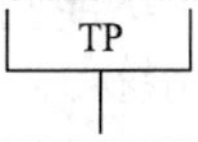 TP
密闭（防水）单本三孔插座	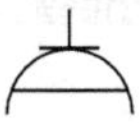	电视插座	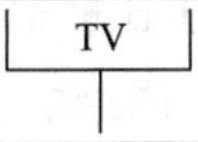 TV

下面以电感器［见图 9-130（a）］为例，来说明电器元件等的绘制方法。

由于图 9-130（a）所示图形的大小没有精确数值，故绘制时无需设置绘图界限，若其大小不合适，可以通过缩放工具来进行调整。其绘制的基本步骤和方法是：

（1）绘制半圆（圆弧），应绘制成水平或垂直方式，本例中以水平方式表示，如图 9-130（b）所示。

（2）连续复制半圆，复制时应结合半圆的端点作为复制的基准点和粘贴点，这样可以很好地组合成电感器的主要部分，如图 9-130（b）所示。

（3）绘制电感器两端的直线部分，如图 9-130（c）所示。

（4）选中所绘制的全部直线和圆弧，围绕点 1 作为基点旋转 90°，如图 9-130（d）所示。

（5）执行环形阵列，捕捉端点 1 项目总数为 3，填充角度为 360°，选中图 9-130（d）所绘制的全部直线和圆弧为复制对象，点"确定"，就可以得到如图 9-130（a）所示的电感器。保存以后，可以在绘图时任意调用。

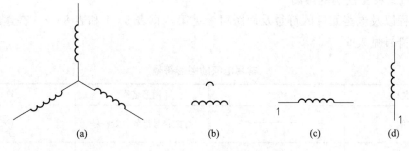

图 9 - 130   电感器的绘制

二、电气工程图绘制示例

电气工程图的绘制主要包括两个部分。

1. 准备工作

将电气工程图中所要用到的素材（类似于上面电感器的绘制）绘制完成并保存好，以便随时调用。

2. 精确绘图

其基本步骤为：

（1）绘图界限的设置及图层的设置；

（2）打底图框线；

（3）粘贴素材；

（4）编辑与修改；

（5）完成图形的绘制。

由于这部分内容完成可以参考前面的精确绘图，用户可以试着将第八章的部分电气图形进行绘制练习，这里不再赘述。

对于比较简单的电气工程图，用户可以不用单独做准备工作，在精确绘图时直接绘制素材，利用编辑工具完成绘制即可。

本 章 小 结

（1）学习 AutoCAD 主要在于能够熟练地运用 AutoCAD 的各种绘图工具、编辑命令，并准确地掌握图形各组成要素之间的相互关系，所以要学好 AutoCAD，应具有相应的制图基本知识和计算机操作的基本技能。

（2）学习中，应进行大量的练习，所谓熟能生巧，本书所介绍的 AutoCAD 知识也只是打开计算机辅助设计的大门，快速、准确地绘图还需要更多的练习和实践。

（3）完成电气工程的绘图，还要对电气工程的特点和实际情况有所了解。这样，在绘制图形时，就可以做到重点突出，所绘制的图形能够符合实际的需要。

第十章　建筑图的识读

第一节　建筑图基本知识

一、建筑物的分类

（1）工业建筑。

（2）民用建筑。

1）按用途分：居住建筑、公共建筑。

2）按结构分：砖木结构、砖混结构、钢混结构。

3）按空间组合特点分：单元式、走廊式、穿堂式、大厅式。

二、建筑物的构造组成

（1）基础：最下部分的承重结构件，支撑整个建筑物并把负载传给地基。

（2）墙或柱：承重构件，墙还起围护分隔作用。

（3）楼板地板：水平方向承重构件，从高度方向分成若干层。

（4）楼梯：交通设施。

（5）屋顶：最上部结构，由屋面层和结构层两部分组成。屋面层用以抵御自然雨雪、太阳辐射的影响，结构层则承受屋顶全部负载传给墙柱。

（6）门窗：内外交通联系和分隔房间、通风采光，均属围护结构的组成部分。

上述为主要构造，总体性的构造问题还有变形缝、圈梁、装修等。此外还应了解各种配件的名称、作用和构造方法，如梁、过梁、挑梁、梯梁、板、梯板、散水、明沟、勒脚、踢脚线、墙裙、檐沟、天沟、墙、压顶、水斗、水落管、阳台、雨蓬顶棚、花格、凹廊、烟囱、通风道、垃圾道、卫生间、盥洗室等。

三、房屋图的产生

建造一幢房屋，大体要经过下列几个环节：计划任务书（包括设计任务书）的编制与审批；基地的选定、征用和勘察；设计；施工；设备安装；交付使用，总结。

房屋的设计工作通常包括建筑、结构、设备等工种。建筑设计只是设计工作中的一个组成部分，但建筑设计必须将建筑、结构、设备施工、材料、造价等各方面因素作统一的考虑。

建筑设计通常按初步设计和施工图设计两个阶段进行。

四、房屋图的分类

（1）设计图。

（2）施工图：

1）建筑施工图；

2）结构施工图；

3）设备施工图（包括在设备图中）；

4）给排水工程图；

5）采暖通风工程图；

6）电气工程图；

7）绿化工程图；

8）装饰施工图。

五、建筑施工图的内容及作用

（1）施工总说明。

（2）总平面图、门窗表：表明总体布置。

（3）建筑平面图：表明内部布置。

（4）建筑立面图：表明外部造型、装饰。

（5）建筑剖面图：表明立面布置。

（6）建筑详面图：表明细部构造、固定设备。

六、建筑施工图的有关规定

（1）GB/T 50001—2010《房屋建筑制图统一标准》

1）比例：1∶1、1∶2、1∶5、1∶10、1∶20、1∶50、1∶100、1∶200。

2）线型及其用途。

① 粗线 b：1.4、1.0、0.7、0.5、0.35mm。

② 中粗线：0.5b。

③ 加粗线：1.4b。

④ 细线：0.25b。

绘制简单的或比例较小的图，可只用 b 和 0.25b 两种线宽；绘制复杂的或比例较小的图，基本图线可选较细的线，如 1∶100 的图 $b=0.5$mm，1∶200 的图 $b=0.35$ mm。

（2）建筑标准化：

1）标准构配件；

2）建筑标准设计。

（3）建筑统一模数制。分为两个标准，即 GB/T 50110《住宅建筑模数协调标准》、GB/T 50002《建筑模数协调标准》和 GBJ 101《建筑楼梯模数协调标准》。

1）基本模数：Mo=100mm。

2）扩大模数：3Mo、6Mo、15Mo、30Mo。

3）分模数：1/10Mo、1/5Mo、1/2Mo。

4）定位轴线：确定建筑物结构或构件的位置及标志尺寸的基线。横向轴线编号采用 1、2、3、4、…；纵向轴线编号采用 A、B、C、…；分轴线编号采用 1/1、1/A（在主轴线之前的）、1/01、1/0A（在主轴线之后的）。

（4）尺寸与标高：总平面图、立面图标高以 m 为单位，其余一律以 mm 为单位。室外整平标高符号：▵、▽、▽、▼−0.450。

（5）字体：见第一章。

（6）图例及代号：按相关标准规定。

（7）索引符号：用 ϕ10 细实线圆；详图符号用 ϕ14 粗实线圆。

(8) 指北针：$\phi 24$ 细实线圆。

(9) 风向频率玫瑰图：十字坐标用粗线，风向用细线连线。

第二节 总 平 面 图

一、施工总说明

施工总说明主要对图样上未能详细注写的用料做法的要求作具体的文字说明，可放在施工图内，也可与结构总说明一并放在整套图纸的首页。

二、建筑总平面图

1. 定义

总平面图是表明一个区域范围内自然状况和规划设计的图样，是表示建筑物、构筑物和其他设施在一定范围的基地上布置情况的水平投影图。

2. 分类

建筑总平面图，绿化总平面图、设备管线总平面图、远景规划图。

3. 表示的内容

表示基地的形状、大小、朝向、地形地貌 、新建建筑物的定位朝向、占地范围、各房间距、室外场地和道路布置、绿化配置以及其他新建设施的位置及其与原有建筑群周围环境之间的关系和邻界情况等。

4. 作用

建筑总平面图是新建房屋施工定位 土方施工以及其他专业（如水暖电）管线总平面图和施工总平面图的依据。

三、识读建筑总平面图

（1）定位。

1）$X-Y$ 坐标：设若干三角网测点，同经纬度联系在一起，南北为 X 坐标，东西为 Y 坐标，按测量精度分为 N 个等级，方格网间距为 50、100m。

2）$A-B$ 坐标：同房屋方向一致的方格网。

（2）标高。

1）绝对标高：青岛平均海平面为零点。

2）相对标高：建筑物底层室内平面为零点。

（3）等高线：地面上同高度点的连线。一般一公尺高差一根，相邻两根等高线的高度差和水平距离之比就是该处的地面坡度。

（4）风玫瑰：常年风向 16 个方位，其长度比例是各方位多年来刮风次数占刮风次数总和的比例，风吹方向是指从外面吹向中心，实线表示全年风吹频率，虚线表示夏季风吹频率（按 6、7、8 三个月统计）。

（5）指北针。

（6）总平面图图例：略。

（7）比例：常用 1：500、1：1000。

第三节　建筑平面图

一、建筑平面图的形成

建筑平面图是将房屋用水平剖切平面从高于窗户台的位置剖切后向 H 面投影所得的图形（俯视图）。

二、建筑平面图的作用

建筑平面图的作用是表明建筑物的平面形状、水平方向各部分的布置情况和组合关系（如出入口、房间走廊、楼梯等的布置关系）以及各类承重和非承重构配件的尺寸或必要尺寸。

建筑平面图是施工的重要依据，房屋的定位放线，砌墙，安装门窗、设备，装修以及编制概预算、备料都要用到它。

三、建筑平面图的分类

建筑平面图分为底层平面图、局部平面图、标准层平面图（除底层和顶层以外，假如中间各层的平面布置都一样时，这些中间层称为标准层）、顶层平面图、屋顶平面图。

四、建筑平面图的识读

现以图 10-1（编者的初步设计图）为例，说明建筑平面图的内容和识读方法。

（1）从图名可知该图为某住宅楼的底层平面图（也可称为一层平面图），图名注写在视图下方，图名下加一粗实线，旁边注写比例。本图比例为 1:100。

（2）根据指北针可知，房屋的朝向为坐北朝南，北门为主要出入口，设为正面。

（3）轴线编号：由细点画线引出，端部加 $\phi 8 \sim \phi 10$ 细实线圆。编号：纵向为字母，从下至上排列，为 A、B、C、D、E；横向为数字，从左至右排列，为 1、2、3、…、14、15。表明了墙体的位置。

（4）墙柱轮廓线表明了各房间的组合、分隔墙的厚度。进单元门为楼梯间，上 5 级台阶为室内地坪，左右各一户，称为一梯两户。进户门，沿北侧依次为客厅、厨房兼餐厅、洗漱室、浴室和卫生间。沿南侧依次为卧室、书房、卧室、卧室。厨房、洗漱室、浴室和卫生间相对集中，便于布置上下水管道。书房、卧室均向阳。各房间均应注写房名，如卧室、客厅等。剖切到的墙体轮廓线，用粗实线 b 绘制；未剖切到的可见墙体轮廓线，用中粗实线 $0.5b$ 绘制。在 1:50 或更大比例的图中则需要用 $0.25b$ 细线画出粉刷层的厚度。

（5）门窗位置及型号。M 表示门，C 表示窗户，后面的数字表示型号。用两条平行的细线表示窗框的位置，用一直线加四分之一圆弧（或用 45°斜中粗实线）表示门的位置和开启方向。本图有四种门，即 M1、M2、M3、M4；三种窗户，即 C1、C2、C3。

（6）由楼梯图可知梯段数、级数和上下方向。图 10-1 中第一段为 5 级，以上各段均为 9 级。

（7）剖面图的剖切位置线：其剖视方向及编号，图 10-1 中采用了代号为 1-1 的两平行剖切平面，剖开卧室和楼梯间。

（8）从图例可知，卫生间安装有坐便器、浴盆、盥洗池；厨房安装有灶台、餐桌、椅子。卧室的家具图例可以不画，这里画出是想说明设计房间的大小时应该考虑家具的数量、尺寸和相互之间的空间。表 10-1 列举了一些室用图例。

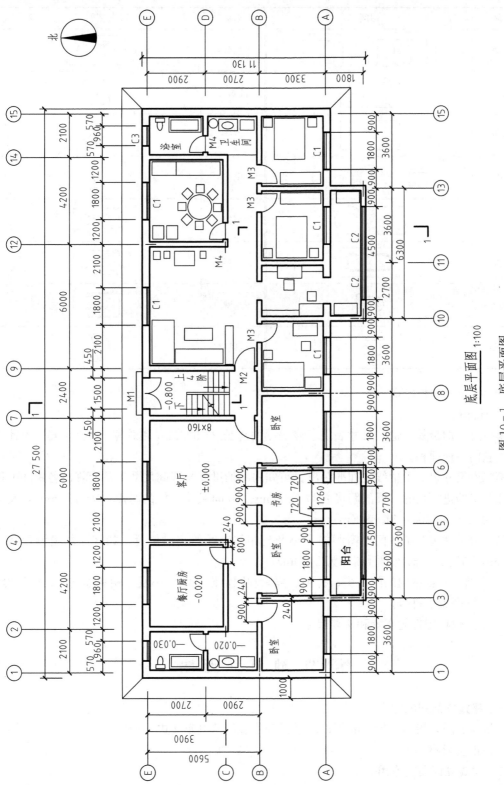

底层平面图 1:100

图 10-1 底层平面图

表 10-1   室 用 图 例 表

名称	图例	名称	图例
沙发	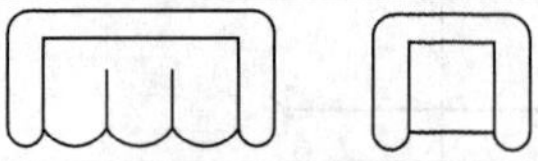	灶台	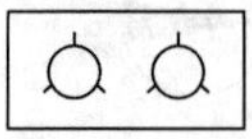
双人床	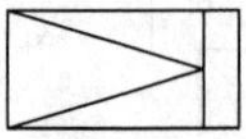	洗衣机	
单人床	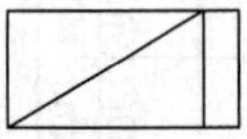	电话	
椅樥		电视	
桌子	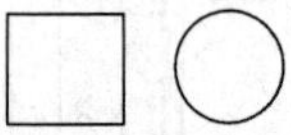	吊柜	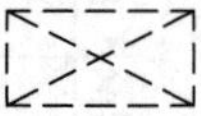
浴盆	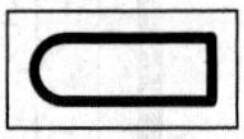	立柜	
坐便器		空调	 ACU
淋浴器	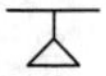	电风扇	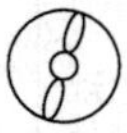

(9) 标注尺寸和标高。

1) 外部尺寸：

第一道（即最外一道）尺寸表明了该房屋的总长 27 500mm 和总宽 11 130mm，由此可计算出它的用地面积。

第二道尺寸表明了轴线之间的距离，可知房间的进深与开间尺寸，从而算出各房间的面积。如卧室的进深尺寸（梁的跨度）为 3300mm、开间尺寸（板的跨度）为 3600mm，其建筑面积为 $3300 \times 3600 = 11.88$（m^2）。

第三道尺寸表明了各门、窗洞的大小及与相邻轴线的相对位置。如客厅的窗洞尺寸为 1800mm，与④、⑦轴线的距离均为 2100mm。

2) 内部尺寸：室内的门、窗、孔洞、隔墙和固定设备的大小及与相邻轴线的相对位置。

(10) 详图索引符号。

(11) 其他构配件的布置和必要尺寸。

第四节 建 筑 立 面 图

一、建筑立面图的定义

建筑立面图是指用正投影的原理向平行于外墙面的投影面进行投影，绘制出房屋不同方向的立面正投影图。

二、建筑立面图的作用

建筑立面图的作用主要是用来表达建筑物的外观造型（体型外貌）以及装修材料、做法

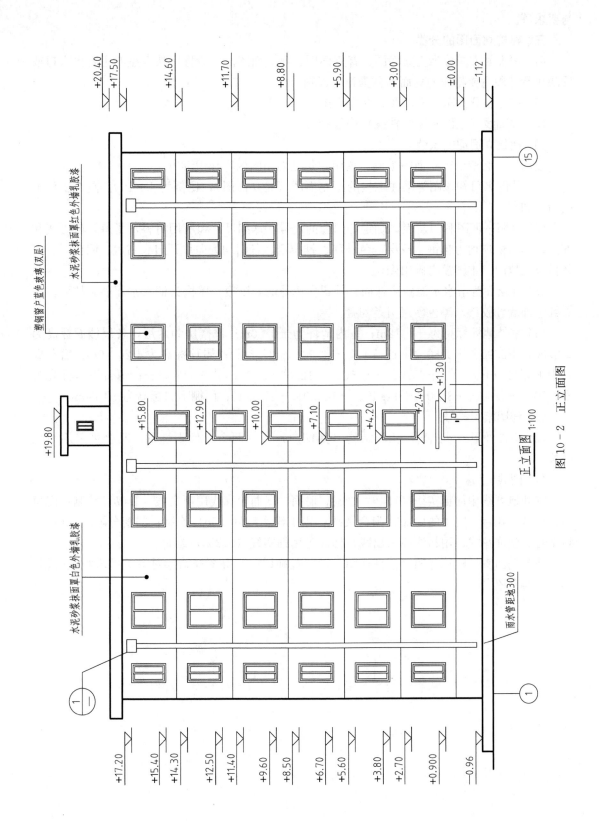

正立面图 1:100

图 10-2 正立面图

与要求等。

三、建筑立面图的分类

（1）按投射方向分为正立面图、背立面图、侧立面图。一般将反映房屋的主要出入口或反映房屋外貌主要特征的立面图称为正立面图。

（2）按方位分为东、南、西、北立面图。

（3）按轴线（立面两端的轴线）编号命名。

四、建筑立面图的识读

以图 10-2 所示正立面图为例，说明建筑立面图的内容和识读方法。

（1）从图名可知该图为某住宅楼的正立面图（北立面图），比例为 1：100。左右定位轴线为①和⑮。

（2）对照平面图和门窗表，确定各门窗的代号、详细尺寸和所用材料，了解开启方式和方向，本图窗户均为塑钢、双层蓝色玻璃、推拉窗。各门均为向里开启。书房、阳台门可安装折叠推拉门，本图没有画出图例。

（3）外墙面为清水水泥砂浆抹面，外罩白色外墙乳胶漆，屋檐为清水水泥砂浆抹面，外罩红色外墙乳胶漆，黑色砂浆引条勾缝。

（4）室外地坪标高为 -1.12m；室内地坪为 ±0.00m。该楼房为六层，各层楼面标高为 +3.00、+5.90、+8.80、+11.70、+14.60、+17.50m；屋顶标高为 +20.40m；窗台标高为 +0.90、+3.80、+6.70、+9.60、+12.50、+15.40、+17.50m；窗台下口标高为 +2.70、+5.60、+8.50、+11.40、+14.30、+17.20m；雨棚下口标高为 +1.30m。

（5）详图索引符号。

（6）构件外形一一画出，相同结构（如窗户）画一两个有代表性的，其余可采用简化画法。

（7）图线。

室外地坪线用加粗实线（1.4b）绘制。墙面、屋面轮廓线用粗实线（1.0b）绘制；门窗洞、台阶、花台、突出的雨蓬、阳台及线脚用中粗实线（0.5b）绘制；门窗分隔线、旗杆、雨水管、装饰花式、用料注释引出线、标高等用细实线（0.25b）绘制。

建筑剖面图、建筑详图（楼梯详图、门厅花饰详图）等图样请参见有关的教材或书籍，本文不再介绍。

附　　录

一、螺纹

附表1　　　　普通螺纹直径与螺距（摘自 GB/T 192、193、196—2003）　　　　mm

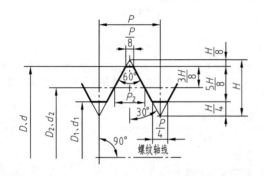

D——内螺纹基本大径（公称直径）
d——外螺纹基本大径（公称直径）
D_2——内螺纹基本中径
d_2——外螺纹基本中径
D_1——内螺纹基本小径
d_1——外螺纹基本小径
P——螺距

标记示例：

M10—6g（粗牙普通外螺纹、公称直径 $d=10$mm、右旋、中径及大径公差带均为6g、中等旋合长度）

M10×1LH—6H（细牙普通内螺纹、公称直径 $D=10$mm、螺距 $P=1$mm 左旋、中径及小径公差带均为6H、中等旋合长度）

公称直径 D、d			螺距 P		粗牙螺纹小径 D_1、d_1
第一系列	第二系列	第三系列	粗牙	细牙	
4	—	—	0.7	0.5	3.242
5	—	—	0.8		4.134
6	—	—	1	0.75、(0.5)	4.917
—	—	7			5.917
8	—	—	1.25	1、0.75、(0.5)	6.647
10	—	—	1.5	1.25、1、0.75、(0.5)	8.376
12	—	—	1.75	1.5、1.25、1、(0.75)、(0.5)	10.106
—	14	—	2		11.835
—	—	15		1.5、(1)	13.376*
16	—	—	2	1.5、1、(0.75)、(0.5)	13.835
—	18	—		2、1.5、1、(0.75)、(0.5)	15.294
20	—	—	2.5		17.294
—	22	—			17.294
24	—	—	3	2、1.5、1、(0.75)	20.752
—	—	25	—	2、1.5、1、(0.75)	22.853*
—	27	—	3	2、1.5、1、(0.75)	23.752
30	—	—	3.5	(3)、2、1.5、(1)、(0.75)	26.211
—	33	—		(3)、2、1.5、(1)、(0.75)	29.211
—	—	35	—	1.5	33.376*
36	—	—	4	3、2、1.5、(1)	31.670
—	39	—			34.670

注　1. 优先选用第一系列，其次是第二系列，第三系列尽可能不用。

2. 括弧内尺寸尽可能不用。

3. M14×1.25 仅用于火花塞；M35×1.5 仅用于滚动轴承锁紧螺母。

4. 带 * 号的细牙参数，是对应于第一种细牙螺距的小径尺寸。

附表 2　　　　　　　　**梯形螺纹（摘自 GB/T 5796. 1—2005）**　　　　　　mm

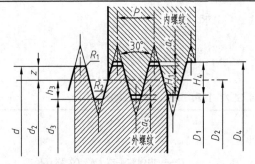

d——外螺纹大径（公称直径）
D_4——内螺纹大径
D_1——内螺纹小径
D_2——内螺纹中径
d_3——外螺纹小径
d_2——外螺纹中径
P——螺距
a_c——牙顶间隙

标记示例：

Tr40×7—7H（单线梯形内螺纹、公称直径 d=40mm、螺距 P=7mm、右旋、中径公差带均为 7H、中等旋合长度）

Tr60×18(P9)LH—8e—L（双线梯形外螺纹、公称直径 d=60mm、导程 S=18mm、螺距 P=9mm、左旋、中径公差带均为 8e、L 长旋合长度）

直径与螺距系列、基本尺寸

公称直径 d		螺距 P	中径 $d_2=D_2$	大径 D_4	小径		公称直径 d		螺距 P	中径 $d_2=D_2$	大径 D_4	小径	
第一系列	第二系列				d_3	D_1	第一系列	第二系列				d_3	D_1
8		1.5	7.25	8.30	6.20	6.50		26	3	24.50	26.50	22.50	23.00
									5	23.50	26.50	20.50	21.00
	9	1.5	8.25	9.30	7.20	7.50			8	22.00	27.00	17.00	18.00
		2	8.00	9.50	6.50	7.00	28		3	26.50	28.50	24.50	25.00
10		1.5	9.25	10.30	8.20	8.50			5	25.00	28.50	22.50	23.00
		2	9.00	10.50	7.50	8.00			8	24.00	29.00	19.00	20.00
	11	2	10.00	11.50	8.50	9.00		30	3	28.50	30.50	26.50	29.00
		3	9.50	11.50	7.50	8.00			6	27.00	31.00	23.00	24.00
12		2	11.00	12.50	9.50	10.00			10	25.00	31.00	19.00	20.50
		3	10.50	12.50	8.50	9.00	32		3	30.50	32.50	28.50	29.00
	14	2	13.00	14.50	11.50	12.00			6	29.00	33.00	25.00	26.00
		3	12.50	14.50	10.50	11.00			10	27.00	33.00	21.00	22.00
16		2	15.00	16.50	13.50	14.00		34	3	32.50	34.50	30.50	31.00
		4	14.00	16.50	11.50	12.00			6	31.00	35.00	27.00	28.00
	18	2	17.00	18.50	15.50	16.00			10	29.00	35.00	23.00	24.00
		4	16.00	18.50	13.50	14.00	36		3	34.50	36.50	32.50	33.00
20		2	19.00	20.50	17.50	18.00			6	33.00	37.00	29.00	30.00
		4	18.00	20.50	15.50	16.00			10	31.00	37.00	25.00	26.00
	22	3	20.50	22.50	18.50	19.00		38	3	36.50	38.50	34.50	35.00
		5	19.50	22.50	16.50	17.00			7	34.50	39.00	30.00	31.00
		8	18.00	23.00	13.00	14.00			10	33.00	39.00	27.00	28.00
24		3	22.50	24.50	20.50	21.00	40		3	38.50	40.50	36.50	37.00
		5	21.50	24.50	18.50	19.00			7	35.50	41.00	32.00	33.00
		8	20.00	25.00	15.00	16.00			10	35.00	41.00	29.00	30.00

注　1. 优先选用第一系列的直径。

　　2. 表中所列的螺距和直径是优先选择的螺距及与之对应的直径。

附表 3　　　　　　　　　　　　　　　　管　螺　纹

用螺纹密封的管螺纹
（摘自 GB/T 7306—2000）

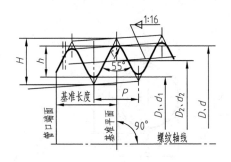

非螺纹密封的管螺纹
（摘自 GB/T 7307—2001）

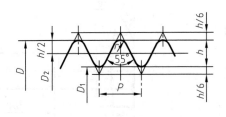

标记示例：
R13（尺寸代号 3，右旋圆锥外螺纹）
RC1/2—LH（尺寸代号 1/2，左旋圆锥内螺纹）
RP1/2（尺寸代号 1/2，右旋圆柱内螺纹）

标记示例：
G1/2—LH（尺寸代号 1/2，左旋内螺纹）
G1/2A（尺寸代号 1/2，A 级右旋外螺纹）
G1/2—LH（尺寸代号 1/2，B 级左旋外螺纹）

尺寸代号	基面上的直径（GB/T 7306）基本直径（GB/T 7307）			螺距 P (mm)	牙高 h (mm)	圆弧半径 r (mm)	每 25.4mm 内的牙数	有效螺纹长度（GB/T 7306）(mm)	基准的基本长度（GB/T 7306）(mm)
	大径 $d=D$ (mm)	中径 $d_2=D_2$ (mm)	小径 $d_1=D_1$ (mm)						
1/16	7.723	7.142	6.561	0.907	0.581	0.125	28	6.5	4.0
1/8	9.728	9.147	8.566					6.5	4.0
1/4	13.157	12.301	11.445	1.337	0.856	0.184	19	9.7	6.0
3/8	16.662	15.806	14.950					10.1	6.4
1/2	20.995	19.793	18.631	1.814	1.162	0.249	14	13.2	8.2
3/4	26.441	25.279	24.117					14.5	9.5
1	33.249	31.770	30.291					16.8	10.4
11/4	41.910	40.431	28.952					19.1	12.7
11/2	47.803	46.324	44.845					19.1	12.7
2	59.614	58.135	56.656					23.4	15.9
21/2	75.148	73.705	72.226	2.309	1.479	0.317	11	26.7	17.5
3	87.884	86.405	84.926					29.8	20.6
4	113.030	111.551	110.072					35.8	25.4
5	138.430	136.951	135.472					40.1	28.6
6	163.830	162.351	160.872					40.1	28.6

二、常用的标准件

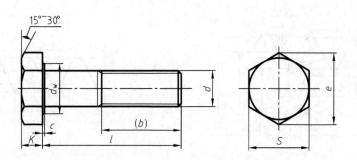

标记示例：

螺栓 GB/T 5782　M12×80（螺纹规格 d＝M12、公称长度 l＝80mm、性能等级为 8.8 级、表面氧化、产品等级为 A 级的六角头螺栓）

螺纹规格 d			M4	M5	M6	M8	M10	M12	M16	M20	M24	M30
e	产品等级	A	7.66	8.79	11.05	14.38	17.77	20.03	26.75	33.53	39.98	50.85
		B	7.50	8.63	10.89	14.20	17.59	19.85	26.17	32.95	39.55	
S 公称			7	8	10	13	16	18	24	30	36	46
K 公称			2.8	3.5	4	5.3	6.4	7.5	10	12.5	15	18.7
b	$l{\leqslant}125$		14	16	18	22	26	30	38	46	54	66
	$125{<}l{\leqslant}200$		20	22	24	28	32	36	44	52	60	72
	$l{>}200$		33	35	37	41	45	49	57	65	73	85
l 公称范围			25～40	25～50	30～60	40～80	45～100	50～120	65～160	80～200	90～240	110～300
c	max		0.4	0.5	0.5	0.6	0.6	0.6	0.8	0.8	0.8	0.8
	min		0.15	0.15	0.15	0.15	0.15	0.15	0.2	0.2	0.2	0.2
d_w	产品等级	A	5.88	6.88	80.8	11.63	14.63	16.63	22.49	28.19	33.61	42.71
		B	—	6.74	8.74	11.47	14.47	16.47	22	27.7	33.25	
l 公称系列值			12、16、20、25、30、35、40、45、50、（55）、60、（65）、70、80、90、100、110、120、130、140、150、160、180、200、220、240、260、280、300、320、340、360、380、400									

注　A 级用于 $d{\leqslant}24$mm 和 $l{\leqslant}10d$ 或 $l{\leqslant}150$mm 的螺栓；

　　B 级用于 $d{>}24$mm 和 $l{>}10d$ 或 $l{>}150$mm 的螺栓。

附表 5　　　　　　　Ⅰ型六角螺母（摘自 GB/T 6170—2000）　　　　　mm

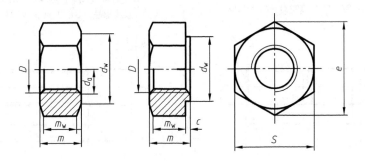

标记示例：

螺母 GB/T 6170—2000　M12（螺纹规格 D＝M12、性能等级为 10 级、不经表面处理、A 级的Ⅰ型六角螺母）

螺纹规格 D		M4	M5	M6	M8	M10	M12	M16	M20	M24	M30
e		7.66	8.79	11.05	14.38	17.77	20.03	26.75	32.95	39.55	50.85
S	max（公称）	7	8	10	13	16	18	24	30	36	46
	min	6.78	7.78	9.78	12.73	15.73	17.73	23.67	29.16	35	45
m	max	3.2	4.7	5.2	6.8	8.4	10.8	14.8	18	21.5	25.6
	min	2.9	4.4	4.9	6.44	8.04	10.37	14.1	16.9	20.2	24.3
d_a	max	4.6	5.75	6.75	8.75	10.8	13	17.3	21.6	25.9	32.4
	min	4.0	5.00	6.00	8.00	10.00	12	16.0	20.0	24.0	30.0
m_w		2.3	3.5	3.9	5.2	6.4	8.3	11.3	13.5	16.2	19.4
c	max	0.4	0.5	0.5	0.6	0.6	0.6	0.8	0.8	0.8	0.8
	min	0.15	0.15	0.15	0.15	0.15	0.15	0.2	0.2	0.2	0.2
d_w		5.9	6.9	8.9	11.6	14.6	16.6	22.5	27.7	33.2	42.7

注　A 级用于 $D \leqslant 16\text{mm}$ 的螺母；

　　B 级用于 $D > 16\text{mm}$ 的螺母。

附表6　　　　　　　　双头螺柱（摘自 GB/T 897～900—1988）　　　　　　　mm

双头螺柱（GB/T 897—1988）－b_m＝$1d$　　　　　双头螺柱（GB/T 898—1988）－b_m＝$1.25d$
双头螺柱（GB/T 899—1988）－b_m＝$1.5d$　　　　双头螺柱（GB/T 900—1988）－b_m＝$2d$

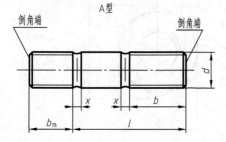

A型

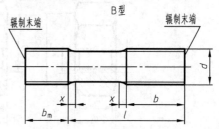

B型

标记示例：

螺柱 GB/T 898　M12×40（两端为普通粗牙螺纹，螺纹规格 d＝M12、公称长度 l＝40mm、性能等级为 4.8 级、不经表面处理、B 型、b_m＝$1d$ 的双头螺柱）

螺柱 GB/T 898　AM12—M12×1×60　（旋入端为普通粗牙螺纹、紧固端为螺距 P＝1mm 的普通细牙螺纹，螺纹规格 d＝M12、公称长度 l＝60mm、性能等级为 4.8 级、不经表面处理、A 型、b_m＝$1d$ 的双头螺柱）

螺纹规格 d		M6	M8	M10	M12	M16	M20	M24	M30
d_s		6	8	10	12	16	20	24	30
x		\multicolumn{8}{c} 2.5P
b_m	GB/T 897	6	8	10	12	16	20	24	30
	GB/T 898	8	10	12	15	20	25	30	38
	GB/T 899	10	12	15	18	24	30	36	45
	GB/T 900	12	16	20	24	32	40	48	60
$\dfrac{l}{b}$		$\dfrac{20}{10}$	$\dfrac{20}{12}$	$\dfrac{25}{14}$	$\dfrac{25\sim30}{16}$	$\dfrac{30\sim35}{20}$	$\dfrac{35\sim40}{24}$	$\dfrac{45\sim50}{30}$	$\dfrac{60}{40}$
		$\dfrac{25\sim30}{14}$	$\dfrac{25\sim30}{16}$	$\dfrac{30\sim35}{20}$	$\dfrac{35\sim40}{20}$	$\dfrac{40\sim50}{30}$	$\dfrac{45\sim60}{35}$	$\dfrac{60\sim70}{45}$	$\dfrac{70\sim90}{50}$
		$\dfrac{35\sim75}{18}$	$\dfrac{35\sim90}{22}$	$\dfrac{40\sim120}{26}$	$\dfrac{45\sim120}{30}$	$\dfrac{60\sim120}{38}$	$\dfrac{70\sim120}{46}$	$\dfrac{80\sim120}{54}$	$\dfrac{100\sim120}{66}$
				$\dfrac{130}{32}$	$\dfrac{130\sim180}{36}$	$\dfrac{120\sim200}{44}$	$\dfrac{130\sim200}{52}$	$\dfrac{130\sim200}{60}$	$\dfrac{130\sim200}{72}$
									$\dfrac{210\sim250}{85}$
c		0.5	0.6	0.6	0.6	0.8	0.8	0.8	0.8
l 公称系列值		\multicolumn{8}{l} 12、16、20、25、30、35、40、45、50、60、70、80、90、100、110、120、130、140、150、160、170、180、190、200、210、220、230、240、250、260、280、300

附表 7　　　　　　　　　　　**开槽圆柱头螺钉（摘自 GB/T 65—2000）**　　　　　　　mm

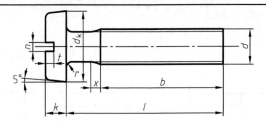

标记示例：

螺钉 GB/T 65—2000　M10×45（螺纹规格 d＝M10，公称长度＝45mm、性能等级为 4.8 级、不经表面处理、A 级开槽圆柱头螺钉）

螺纹规格 d		M4	M5	M6	M8	M10
b		38	38	38	38	38
K	max（公称）	2.6	3.3	3.9	5	6
	min	2.46	3.12	3.6	4.7	5.7
d_k		7	8.5	10	13	16
n	公称	1.2	1.2	1.6	2	2.5
	max	1.51	1.51	1.91	2.31	2.81
	min	1.26	1.26	1.66	2.06	2.56
t		1.1	1.3	1.6	2	2.4
r		0.2	0.2	0.25	0.4	0.4
x		1.75	2	2.5	3.2	3.8
公称长度 l		5～40	6～50	8～60	10～80	12～80
l 公称系列值		5、6、8、10、12、（14）、16、20、25、30、35、40、45、50、（55）、60、（65）、70、（75）、80				

注　尽可能不采用 l 公称系列括号内的规格；公称长度 $l \leqslant$ 40mm 时，制出全螺纹。

附表 8　　　　　　　　　　　**开槽锥端紧定螺钉（摘自 GB/T 71—2000）**　　　　　　　mm

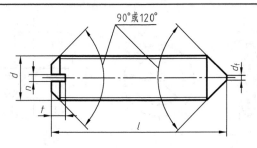

标记示例：

螺钉 GB/T 71—2000　M5×20（螺纹规格 d＝M5，公称长度 l＝20mm、性能等级为 14H 级、不经表面氧化的开槽锥端紧定螺钉）

螺纹规格 d	M3	M4	M5	M6	M8	M10	M12
d_f	0.3	0.4	0.5	1.5	2	2.5	3
n	0.4	0.6	0.8	1	1.2	1.6	2
t	1.05	1.42	1.63	2	2.5	3	3.6
l	4～16	6～20	8～25	8～30	10～40	12～50	14～60
l 公称系列值	2、2.5、3、4、5、6、8、10、12、（14）、16、20、25、30、35、40、45、50、（55）、60						

注　尽可能不采用 l 公称系列括号内的规格。

附表 9 垫 圈 mm

平垫圈　A 级（摘自 GB/T 97.1—2002）
平垫圈　倒角型—A 级（摘自 GB/T 97.2—2002）
平垫圈　C 级（摘自 GB/T 95—2002）

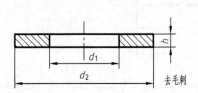
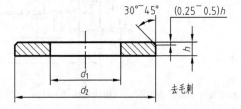

标记示例：
垫圈 GB/T 97.1—2002　12（标准系列，公称尺寸 $d=12$mm、性能等级为 140HV、不经表面处理的平垫圈）

公称尺寸 d （螺纹规格）		4	5	6	8	10	12	14	16	20	24	30	36	42	48
GB/T 97.1 A 级	d_1	4.3	5.3	6.4	8.4	10.5	13.0	15	17	21	25	31	37		
	d_2	9	10	12	16	20	24	28	30	37	44	56	66		
	h	0.8	1	1.6	1.6	2	2.5	2.5	3	3	4	4	5		
GB/T 97.2 A 级	d_1		5.3	6.4	8.4	10.5	13	15	17	21	25	31	37		
	d_2		10	12	16	20	24	28	30	37	44	56	66		
	h		1	1.6	1.6	2	2.5	2.5	3	3	4	4	5		
GB/T 95 C 级	d_1		5.5	6.6	9	11	13.5	15.5	17.5	22	26	33	39	45	52
	d_2		10	12	16	20	24	28	30	37	44	56	66	78	92
	h		1	1.6	1.6	2	2.5	2.5	3	3	4	4	5	8	8
GB/T 93	d_1	4.1	5.1	6.1	8.1	10.2	12.2		16.2	20.2	24.5	30.5	36.5	42.5	48.5
	$S=b$	1.1	1.3	1.6	2.1	2.6	3.1		4.1	5	6	7.5	9	10.5	12
	H	2.8	3.3	4	5.3	6.5	7.8		10.3	12.5	15	18.6	22.5	26.3	30

注　1. A 级适用于精装配系列，C 级适用于中等装配系列。

　　2. C 级垫圈没有 $R_a3.2$ 和去毛刺的要求。

附表 10 弹簧垫圈（摘自 GB/T 93—1987） mm

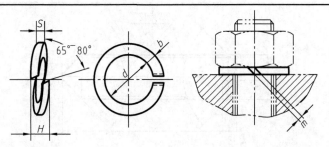

标记示例：
垫圈 GB/T 93—1987　12（规格尺寸 $d=12$mm、材料为 65Mn、表面氧化的标准型的弹簧垫圈）

规格螺纹大径 d		4	5	6	8	10	12	16	20	24	30
d	max	4.4	5.4	6.68	8.68	10.9	12.9	16.9	21.04	25.5	31.5
	min	4.1	5.1	6.1	8.1	10.2	12.2	16.2	20.2	24.5	30.5
$S(b)$		1.1	1.3	1.6	2.1	2.6	3.1	4.1	5	6	7.5
H	max	2.75	3.25	4	5.25	6.5	7.75	10.25	12.5	15	18.75
	min	2.2	2.6	3.2	4.2	5.2	6.2	8.2	10	12	15
$m\leqslant$		0.55	0.65	0.8	1.05	1.3	1.55	2.05	2.5	3	3.75

注　m 应大于零。

附表 11　　　　　平键及键槽各部尺寸（摘自 GB/T 1095～1096—2003）　　　　　mm

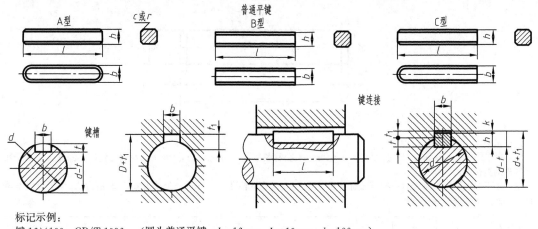

标记示例：

键 16×100　GB/T 1096　　（圆头普通平键，b＝16mm、h＝10mm、l＝100mm）

轴	键		键槽										
				宽度 b					深度				
					极限偏差				轴 t		毂 t_1		半径 r
公称直径 d	公称尺寸 $b×h$	长度 l	公称尺寸 b	松连接		正常连接		紧密连接					
				轴 H9	毂 D10	轴 N9	毂 JS9	轴和毂 P9	公称尺寸	极限偏差	公称尺寸	极限偏差	最小	最大
6～8	2×2	6～20	2	+0.025 0	+0.060 +0.020	−0.004 −0.029	±0.0125	−0.006 −0.031	1.2	+0.10	1	+0.10	0.08	0.16
8～10	3×3	6～36	3						1.8		1.4			
10～12	4×4	8～45	4	+0.030 0	+0.078 +0.030	0 −0.030	±0.015	−0.012 −0.042	2.5		1.8		0.16	0.25
12～17	5×5	10～56	5						3.0		2.3			
17～22	6×6	14～70	6						3.5		2.8			
22～30	8×7	18～90	8	+0.036 0	+0.098 +0.040	0 −0.036	±0.018	−0.015 −0.051	4.0		3.3			
30～38	10×8	22～110	10						5.0		3.3			
38～44	12×8	28～140	12	+0.043 0	+0.120 +0.050	0 −0.043	±0.0215	−0.018 −0.061	5.0		3.3		0.25	0.40
44～50	14×9	36～160	14						5.5	0.20	3.8	+0.20		
50～58	16×10	45～180	16						6.0		4.3			
58～65	18×11	50～200	18						7.0		4.4			
95～110	28×16	80～320	28	+0.052 0	+0.144 0.065	0 −0.052	+0.026 −0.026	−0.022 −0.074	10.0		6.4		0.40	0.60
l 系列	6、8、10、12、14、16、18、20、22、25、28、32、36、40、45、50、63、70、80、90、100、110、125、140、160、180、200、220、250、280、320、360、400、450、500													

注　1.（$d−t$）和（$d+t_1$）两组组合尺寸的极限偏差按相应的 t 和 t_1 的极限偏差选取，但（$d−t$）极限偏差应取负号。

　　2. 键 b 的极限偏差为 h9，键 h 的极限偏差为 h11，键长 l 的极限偏差为 h14。

附表 12　　　　　　　　　**圆柱销（摘自 GB/T 119.1—2000）**　　　　　　　mm

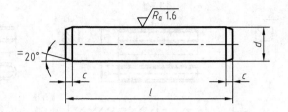

标记示例：

销 GB/T 119.1　10m6×90（公称直径 $d=10$mm、公称长度 $l=90$mm、公差为 m6、材料为钢、不经淬火、不经表面处理的圆柱销）

销 GB/T 119.1　10m6×90—A1（公称直径 $d=10$mm、公称长度 $l=90$mm、公差为 m6、材料为 A1 组奥氏组不锈钢、表面简单处理的圆柱销）

d 公称	2	3	4	5	6	8	10	12	16	20	25
$a\approx$	2	3	4	5	6	8	10	12	16	20	—
$C\approx$	0.35	0.5	0.63	0.8	1.2	1.6	2	2.5	3	3.5	4
l 范围	6～20	9～30	8～40	10～50	12～60	14～80	18～95	22～140	26～180	35～200	50～200
l 系列	2、3、4、5、6～32（2 进位）、35～100（5 进位）、120～200（20 进位）											

附表 13　　　　　　　　　**圆锥销（摘自 GB/T 117—2000）**　　　　　　　mm

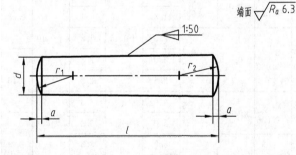

A 型（磨削）：锥面表面粗糙度 $R=0.8\mu$m

B 型（切削或冷镦）：锥面表面粗糙度 $R_a=3.2\mu$m

标记示例：

销 GB/T 117　10×60（公称直径 $d=10$mm、公称长度 $l=60$mm、材料为 35 钢、热处理硬度 28～38HRC、表面氧化处理的 A 型圆锥销）

d 公称	2	2.5	3	4	5	6	8	10	12	16	20	25
$a\approx$	0.25	0.3	0.4	0.5	0.63	0.8	1	1.2	1.6	2.0	2.5	3.0
l 范围	10～35	10～35	12～45	14～55	18～60	22～90	22～120	25～160	32～180	40～200	45～200	50～200
l 系列	2、3、4、5、6～32（2 进位）、35～100（5 进位）、120～200（20 进位）												

附表 14　　　　　　　　　开口销（摘自 GB/T 91—2000）　　　　　　　　　mm

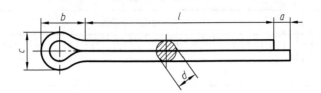

标记示例：

销 GB/T 91—2000　m5×50（公称规格为 5mm、公称长度 l=50mm、材料为 Q215 或 Q235、不经表面处理的开口销）

公称直径 d		1	1.2	1.6	2	2.5	3.2	4	5	6.3	8	10	13
d	max	0.9	1.0	1.4	1.8	2.3	2.9	3.7	4.6	5.9	7.5	9.5	12.4
	min	0.8	0.9	1.3	1.7	2.1	2.7	3.5	4.4	5.7	7.3	9.3	12.1
a	max	1.6	2.5	2.5	2.5	2.5	3.2	4	4	4	4	6.3	6.3
	min	0.8	1.25	1.25	1.25	1.25	1.6	2	2	2	2	3.15	3.15
c	max	1.8	2.0	2.8	3.6	4.6	5.8	7.4	9.2	11.8	15.0	19.0	24.8
	min	1.6	1.7	2.4	3.2	4.0	5.1	6.5	8.0	10.3	13.1	16.6	21.7
b		3	3	3.2	4	5	6.4	8	10	12.6	16	20	26
适用的直径	螺栓 ＞	3.5	4.5	5.5	7	9	11	14	20	27	39	56	80
	螺栓 ≤	4.5	5.5	7	9	11	14	20	27	39	56	80	120
	U形销 ＞	3	4	5	6	8	9	12	17	23	29	44	69
	U形销 ≤	4	5	6	8	9	12	17	23	29	44	69	110
l（商品规格范围 公称长度）		6～20	8～25	8～32	10～40	12～50	14～63	18～80	22～100	32～125	40～160	45～200	71～250
l 系列		6、8、10、12、14、16、18、20、22、25、28、32、36、40、45、50、56、63、71、80、90、100、112、125、140、160、180、200、224、250											

注　1. 规格尺寸表示开口销孔的直径。

　　2. 用于铁道和在 U 形开口销中开口销承受交变横向力的场合，推荐使用的开口销规格较本规定加大一档。

附表 15　　　　　　　　　与中心孔符号有关的尺寸参数　　　　　　　　　mm

轮廓线宽度 b	0.5	0.7	1	1.4	2	2.8	
数字和大写字母的高度 h	3.5	5	7	10	14	20	
符号线宽度 d'	0.35	0.5	0.7	1	1.4	2	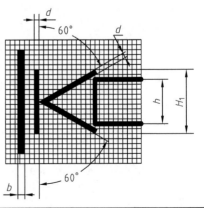
字体线宽度 d	与图样上的字体宽度、高度相一致						
高度 H_1	5	7	10	14	20	28	

三、极限与配合

附表 16　　　　　　　　标 准 公 差 数 值

公称尺寸 (mm)		标准公差等级																	
		IT1	IT2	IT3	IT4	IT5	IT6	IT7	IT8	IT9	IT10	IT11	IT12	IT13	IT14	IT15	IT16	IT17	IT18
大于	至	μm											mm						
—	3	0.8	1.2	2	3	4	6	10	14	25	40	60	0.1	0.14	0.25	0.4	0.6	1	1.4
3	6	1	1.5	2.5	4	5	8	12	18	30	48	75	0.12	0.18	0.3	0.48	0.75	1.2	1.8
6	10	1	1.5	2.5	4	6	9	15	22	36	58	90	0.15	0.22	0.36	0.58	0.9	1.5	2.2
10	18	1.2	2	3	5	8	11	18	27	43	70	110	0.18	0.27	0.43	0.7	1.1	1.8	2.7
18	30	1.5	2.5	4	6	9	13	21	33	52	84	130	0.21	0.33	0.52	0.84	1.3	2.1	3.3
30	50	1.5	2.5	4	7	11	16	25	39	62	100	160	0.25	0.39	0.62	1	1.6	2.5	3.9
50	80	2	3	5	8	13	19	30	46	74	120	190	0.3	0.46	0.74	1.2	1.9	3	4.6
80	120	2.5	4	6	10	15	22	35	54	87	140	220	0.35	0.54	0.87	1.4	2.2	3.5	5.4
120	180	3.5	5	8	12	18	25	40	63	100	160	250	0.4	0.63	1	1.6	2.5	4	6.3
180	250	4.5	7	10	14	20	29	46	72	115	185	90	0.46	0.72	1.15	1.85	2.9	4.6	7.2
250	315	6	8	12	16	23	32	52	81	130	210	320	0.52	0.81	1.3	2.1	3.2	5.2	8.1
315	400	7	9	13	18	25	36	57	89	140	230	360	0.57	0.89	1.4	2.3	3.6	5.7	8.9
400	500	8	10	15	20	27	40	63	97	155	250	400	0.63	0.97	1.55	2.5	4	6.3	9.7

注　1. IT01 和 IT0 的标准公差未列入。

　　2. 公称尺寸大于 500mm 的 IT1～IT5 的标准公差数值为试行的。

　　3. 公称尺寸小于或等于 1mm 时，无 IT14～IT18。

附表 17　　　　　　　　　　　　**轴 的 基 本 偏 差 数 值**

公称尺寸 (mm) 大于	至	上极限偏差 es (μm) 所有标准公差等级											js	IT5 和 IT6 j	IT7 j	IT8 j
大于	至	a	b	c	cd	d	e	ef	f	fg	g	h	js	j	j	j
	3	−270	−140	−60	−34	−20	−14	−10	−6	−4	−2	0		−2	−4	−6
3	6	−270	−140	−70	−46	−30	−20	−14	−10	−6	−d	0		−2	−正	
6	10	−280	−150	−80	−56	−40	−25	−18	−13	−8	−5	0		−2	−5	
10	14	−290	−150	−95		−50	−32		−16		−6	0		−3	−6	
14	18															
18	24	−300	−160	−110		−65	−40		−20		−7	0		−4	−8	
24	30															
30	40	−310	−170	−120		−80	−50		−25		−9	0		−5	−10	
40	50	−320	−180	−130												
50	65	−340	−190	−140		−100	−60		−30		−10	0	偏差＝ ±$\frac{ITn}{2}$ 式中 ITn 是 IT 值 数	−7	−12	
65	80	−360	−200	−150												
80	100	−380	−220	−170		−120	−72		−36		−12	0		−9	−15	
100	120	−410	−240	−180												
120	140	−460	−260	−200		−145	−85		−43		−14	0		−11	−18	
140	160	−520	−280	−210												
160	180	−580	−310	−230												
180	200	+660	−340	+240		−170	−100		−50		−15	0		−13	−21	
200	225	−740	−380	−260												
225	250	−820	−420	−280												
250	280	−920	−480	−300		−190	−110		−56		−17	0		−16	−26	
280	315	−1050	−540	−330												
315	355	+1200	−600	−360		−210	−25		−62		−18	0		−18	−28	
355	400	+135	−680	−400												
400	450	−1500	−760	−440		−230	−135		−68		−20	0		−20	−32	
450	500	−1650	−840	−480												

公称尺寸 (mm)		下极限偏差 ei (μm) 所有标准公差等级													
IT4~IT7 (k)	≤IT3 >IT7 (k)	m	n	p	r	s	t	u	v	x	y	z	za	zb	zc
0	0	+2	+4	+6	+10	+14		+18		+20		+26	+32	+40	+60
+1	0	+4	+8	+12	+15	+19		+23		+28		+35	+42	+50	+80
+1	0	+6	+10	+15	+19	+23		+28		+34		+42	+52	+67	+97
+1	0	+7	+12	+18	+23	+28		+33		+40		4.50	+64	+90	+130
									+39	+45		+60	+77	+108	+150
+2	0	+8	+15	+22	+28	+35		+41	+47	+54	+63	+73	+98	+136	+188
							+41	+48	+55	+64	+75	+88	+118	+160	+218
+2	0	+9	+17	+26	+34	+43	+48	+60	+68	+80	+94	+112	+148	+200	+274
							+54	+70	+81	+97	+114	+136	+180	+242	+325
+2	0	+11	+20	+32	+41	+53	+66	+87	+102	+122	+144	+172	+226	+300	+405
					+43	+59	+75	+102	+120	+146	+174	+210	+274	+360	+480
+3	0	+13	+23	+37	+51	+71	+91	+124	+146	+178	+214	+258	+335	+445	+585
					+54	+79	+104	+144	+172	+210	+254	+310	+400	+525	+690
+3	0	+15	+27	+43	+63	+92	+122	+170	+202	+248	+300	+365	+470	+620	+800
					+65	+100	+134	+190	+228	+280	+340	+415	+535	+700	+900
					+68	+108	+146	+210	+252	+310	+380	+465	+600	+780	+1000
+4	0	+17	+31	+50	+77	+122	+166	+236	+284	+350	+425	+520	+670	+880	+1150
					+80	+130	+180	+258	+310	+385	+475	+575	+740	+960	+1250
					+84	+140	+196	+284	+340	+425	+520	+640	+820	+1050	+1350
+4	0	+20	+34	+56	+94	+158	+218	+315	+385	+475	+580	+710	+920	+1200	+1150
					+98	+170	+240	+350	+425	+525	+650	+790	+1000	+1300	+1700
+4	0	+21	+37	+62	+108	+190	+268	+390	+475	+590	+730	+900	+1150	+1500	+1900
					+114	+208	+294	+435	+530	+660	+820	+1000	+300	+1650	+2100
+5	0	+23	+40	+68	+126	+232	+330	+490	+595	+740	+950	+1100	+1450	+1850	+2400
					+132	+252	+360	+540	+660	+820	+1000	+1250	+1600	+2100	+2600

注　1. 公称尺寸小于或等于 1mm 时，基本偏差 a 和 b 均不采用。

　　2. 公差带 js7~js11，若 ITn 值数是奇数，则取偏差 $=\pm(ITn-1)/2$。

附表 18　　　　　孔 的 基 本 偏 差 数 值

公称尺寸 (mm)		下极限偏差 EI (μm)											IT6	IT7	IT8	≤IT8	>IT8	≤IT8
大于	至	所有标准公差等级											J	J	J	K	K	M
		A	B		D	E	EF	F	FG	G	H	JS						
	3	+270	+140		+20	+14	+10	+6	+4	+2	0	偏差=±$\frac{ITn}{2}$ 式中 ITn 是 IT 值数	+2	+4	+6	0	0	−2
3	6	+270	+140		+30	+20	+14	+10	+6	+4	0		+5	+6	+10	−1+Δ	—	−4+Δ
6	10	+280	+150		+40	+25	+8	+13	+8	+5	0		+5	+8	+12	−1+Δ	—	−6+Δ
10	14	+290	+150		+50	+32		+16		+6	0		+6	+10	+15	−1+Δ	—	−7+Δ
14	18																	
18	24	+300	+160		+65	+40		+20		+7	0		+8	+12	+20	−2+Δ	—	−8+Δ
24	30																	
30	40	+310	+170		+80	+50		+25		+9	0		+10	+14	+24	−2+Δ	—	−9+Δ
40	50	+320	+180															
50	65	+340	+190		+100	+60		+30		+10	0		+13	+18	+28	−2+Δ	—	−11+Δ
65	80	+360	+200															
80	100	+380	+220		+120	+72		+36		+12	0		+16	+22	+34	−3+Δ	—	−13+Δ
100	120	+410	+240															
120	140	+460	+260		+145	+85		+43		+14	0		+18	+26	+41	−3+Δ	—	−15+Δ
140	160	+520	+280															
160	180	+580	+310															
180	200	+660	+340		+170	+100		+50		+15	0		+22	+30		−4+Δ	—	−17+Δ
200	225	+740	+380															
225	250	+820	+420															
250	280	+920	+480		+190	+110		+56		+17	0		+25	+36		−4+Δ	—	−20+Δ
280	315	+1050	+540															
315	355	+1200	+600		+210	+125		+62		+18	0		+29	+39	+60	−4+Δ	—	−21+Δ
355	400	+1350	+680															
400	450	+1500	+760		+230	+135		+68		+20	0		+33	+43	+66	−5+Δ	—	−23+Δ
450	500	+1650	+840															

续表

上极限偏差 ES (μm)															Δ值 (μm)					
≤IT8	>IT8	≤IT7	标准公差等级大于IT7												标准公差等级					
N		P~ZC	P	R	S	T	U	V	X	Y	Z	ZA	ZB	ZC	IT3	IT4	IT5	IT6	IT7	IT8
−4	−4	在大于IT7的相应数值上增加一个Δ值	−6	−10	−14		−18		−20		−26	−32	−40	−60	0	0	0	0	0	0
−8+Δ	0		−12	−15	−19		−23		−28		−35	−42	−50	−80	1	1.5	1	3	4	6
−10+Δ	0		−15	−19	−23		−28		−34		−42	−52	−67	−97	1	1.5	2	3	6	7
−12+Δ	0		−18	−23	−28		−33		−40		−50	−64	−90	−130	1	2	3	3	7	9
								−39	−45		−60	−77	−108	−150						
−15+Δ	0		−22	−28	−35		−41	−47	−54	−63	−73	−98	−136	−188	1.5	2	3	4	8	12
						−41	−48	−55	−64	−75	−88	−118	−160	−218						
−17+Δ	0		−26	−34	−43	−48	−60	−68	−80	−94	−112	−148	−200	−274	1.5	3	4	5	9	14
						−54	−70	−81	−97	−114	−136	−180	−242	−325						
−20+Δ	0		−32	−41	−53	−66	−87	−102	−122	−144	−172	−226	−300	−405	2	3	5	6	11	16
				−43	−59	−75	−102	−120	−146	−174	−210	−274	−360	−480						
−23+Δ	0		−37	−51	−71	−91	−124	−146	−178	−214	−258	−335	−445	−585	2	4	5	7	13	19
				−54	−79	−104	−144	−172	−210	−254	−310	−400	−525	−690						
−27+Δ	0		−43	−63	−92	−122	−170	−202	−248	−300	−365	−470	−620	−800	3	4	6	7	15	23
				−65	−100	−134	−190	−228	−280	−340	−415	−535	−700	−900						
				−68	−108	−146	−210	−252	−310	−380	−465	−600	−780	−1000						
−31+Δ	0		−50	−77	−122	−166	−236	−284	−350	−425	−520	−670	−880	−1150	3	4	6	9	17	26
				−80	−130	−180	−258	−310	−385	−470	−575	−740	−960	−1250						
				−84	−140	−196	−284	−340	−425	−520	−640	−820	−1050	−1350						
−34+Δ	0		−56	−94	−158	−218	−315	−385	−475	−580	−710	−920	−1200	−1550	4	4	7	9	20	29
				−98	−170	−240	−350	−425	−525	−650	−790	−1000	−1300	−1700						
−37+Δ	0		−62	−108	−190	−268	−390	−475	−590	−730	−900	−1150	−1500	−1900	4	5	7	11	21	32
				−114	−208	−294	−435	−530	−660	−820	−1000	−1300	−1650	−2100						
−40+Δ	0		−68	−126	−232	−330	−490	−595	−740	−920	−1100	−1450	−1850	−2400	5	5	7	13	23	34
				−132	−252	−360	−540	−660	−820	−1000	−1250	−1600	−2100	−2600						

注 1. 公称尺寸小于或等于1mm时，基本偏差 A 和 B 均不采用。

2. 公差带 JS7~JS11，若 ITn 值数是奇数，则取偏差＝±(ITn−1)/2。

3. 对小于或等于 IT8 的 K、M、N 和小于或等于 IT7 的 P~ZC，所需 Δ 值从表内右侧选取。例如，18~30mm 段的 K7：$\Delta=8\mu m$，所以 $ES=-2+8=6\mu m$；至 30mm 段的 S6：$\Delta=4\mu m$，所以 $ES=-35+4=31\mu m$。

4. 特殊情况：250~315mm 段的 M6，$ES=-9\mu m$（代替 $-11\mu m$）。

附表 19　　　　　　　　优先及常用配合轴的极限偏差表

公称尺寸 (mm)		公差带 (μm)												
		c	d	f	g	h				k	n	p	s	u
大于	至	11	9	7	6	6	7	9	11	6	6	6	6	6
—	3	−60 −120	−20 −45	−6 −16	−2 −8	0 −6	0 −10	0 −25	0 −60	+6 0	+10 +4	+12 +6	+20 +14	+24 +18
3	6	−70 −145	−30 −60	−10 −22	−4 −12	0 −8	0 −12	0 −30	0 −75	+9 +1	+16 +8	+20 +12	+27 +19	+31 +23
6	10	−80 −170	−40 −76	−13 −28	−5 −14	0 −9	0 −15	0 −36	0 −90	+10 +1	+19 +10	+24 +15	+32 +23	+37 +28
10	14	−95 −205	−50 −93	−16 −34	−6 −17	0 −11	0 −18	0 −43	0 −110	+12 +1	+23 +12	+29 +18	+39 +28	+44 +33
14	18													
18	24	−110 −240	−65 −117	−20 −41	−7 −20	0 −13	0 −21	0 −52	0 −130	+15 +2	+28 +15	+35 +22	+48 +35	+54 +41
24	30													+61 +48
30	40	−120 −280	−80 −142	−25 −50	−9 −25	0 −16	0 −25	0 −62	0 −160	+18 +2	+33 +17	+42 +26	+59 +43	+76 +60
40	50	−130 −290												+86 +70
50	65	−140 −330	−100 −174	−30 −60	−10 −29	0 −19	0 −30	0 −74	0 −190	+21 +2	+39 +20	+51 +32	+72 +53	+106 +87
65	80	−150 −340											+78 +59	+121 +102
80	100	−170 −390	−120 −207	−36 −71	−12 −34	0 −22	0 −35	0 −87	0 −220	+25 +3	+45 +23	+59 +37	+93 +71	+146 +124
100	120	−180 −400											+101 +79	+166 +144
120	140	−200 −450	−145 −245	−43 −83	−14 −39	0 −25	0 −40	0 −100	0 −250	+28 +3	+52 +27	+68 +43	+117 +92	+195 +170
140	160	−210 −460											+125 +100	+215 +190
160	180	−230 −480											+133 +108	+235 +210
180	200	−240 −530	−170 −285	−50 −96	−15 −44	0 −29	0 −46	0 −115	0 −290	+33 +4	+60 +31	+79 +50	+151 +122	+265 +236
200	225	−260 −550											+159 +130	+287 +258
225	250	−280 −570											+169 +140	+313 +284
250	280	−300 −620	−190 −320	−56 −108	−17 −49	0 −32	0 −52	0 −130	0 −320	+36 +4	+66 +34	+88 +56	+190 +158	+347 +315
280	315	−330 −650											+202 +170	+382 +350
315	355	−360 −720	−210 −350	−62 −119	−18 −54	0 −36	0 −57	0 −140	0 −360	+40 +4	+73 +37	+98 +62	+226 +190	+426 +390
355	400	400 760											+244 +208	+471 +435
400	450	440 840	−230 −385	−68 −131	−20 −60	0 −40	0 −63	0 −155	0 −400	+45 +5	+80 +40	+108 +68	+272 +232	+530 +490
450	500	480 880											+292 +252	+580 +540

附表 20　　优先配合中心孔的极限偏差

公称尺寸 (mm)		公差带 (μm)												
大于	至	C	D	F	G	H				K	N	P	S	U
		11	9	8	7	7	8	9	11	7	7	7	7	7
—	3	+120 +60	+45 +20	+20 +6	+12 +2	+10 0	+14 0	+25 0	+60 0	0 −10	−4 −14	−6 −16	−14 −24	−18 −28
3	6	+145 +70	+60 +30	+28 +10	+16 +4	+12 0	+18 0	+30 0	+75 0	+3 −9	−4 −16	−8 −20	−15 −27	−19 −31
6	10	+170 +80	+76 +40	+35 +13	+20 +5	+15 0	+22 0	+36 0	+90 0	+5 −10	−4 −19	−9 −24	−17 −32	−22 −37
10	14	+205 +95	+93 +50	+43 +16	+24 +6	+18 0	+27 0	+43 0	+110 0	+6 −12	−5 −23	−11 −29	−21 −39	−26 −44
14	18													
18	24	+240 +110	+117 +65	+53 +20	+28 +7	+21 0	+33 0	+52 0	+130 0	+6 −15	−7 −28	−14 −35	−27 −48	−33 −54
24	30													−40 −61
30	40	+280 +120	+142 +80	+64 +25	+34 +9	+25 0	+39 0	+62 0	+160 0	+7 −18	−8 −33	−17 −42	−34 −59	−51 −76
40	50	+290 +130												−61 −86
50	65	+330 +140	+174 100	+76 +30	+40 +10	+30 0	+46 0	+74 0	+190 0	+9 −21	−9 −39	−21 −51	−42 −72	−76 −106
65	80	+340 +150											−48 −78	−91 −121
80	100	+390 +170	+207 +120	+90 +36	+47 +12	+35 0	+54 0	+87 0	+220 0	+10 −25	−10 −45	−24 −59	−58 −93	−111 −146
100	120	+400 +180											−66 −101	−131 −166
120	140	+450 +200	+245 +145	+106 +43	+54 +14	+40 0	+63 0	+100 0	+250 0	+12 −28	−12 −52	−28 −68	−77 −117	−155 −195
140	160	+460 +210											−85 −125	−175 −215
160	180	+480 +230											−93 −133	−195 −235
180	200	+530 +240	+285 +170	+122 +50	+61 +15	+46 0	+72 0	+115 0	+290 0	+13 −33	−14 −60	−33 −79	−105 −151	−219 −265
200	225	+550 +260											−113 −159	−241 −287
225	250	+570 +280											−123 −169	−267 −313
250	280	+620 +300	+320 +190	+137 +56	+69 +17	+52 0	+81 0	+130 0	+320 0	+16 −36	−14 −66	−36 −88	−138 −190	−295 −347
280	315	+650 +330											−150 −202	−330 −382
315	355	+720 +360	+350 +210	+151 +62	+75 +18	+57 0	+89 0	+140 0	+360 0	+17 −40	−16 −73	−41 −98	−169 −226	−369 −426
355	400	+760 +400											−187 −244	−414 −471
400	450	+840 +440	+385 +230	+165 +68	+83 +20	+63 0	+97 0	+155 0	+400 0	+18 −45	−17 −80	−45 −108	−209 −272	−467 −530
450	500	+880 +480											−229 −292	−517 −580

四、常用的金属材料及热处理

附表21　　　　　　　　　　　　　　常 用 的 金 属 材 料

名称		牌号	应用
黑色金属材料	碳素结构钢 (GB/T 700—2006《碳素结构钢》)	Q215 - A Q235 - A Q235 - B	制造拉杆、螺栓、铆钉、套圈、垫圈、凸轮（载荷不大的）、短轴、心轴等在机器中受力不大的零件；A、B表示质量等级
	优质碳素结构钢 (GB/T 699—1999《优质碳素结构钢》)	15 20	制造螺栓、螺钉、法兰盘、拉条等受力不大、韧性较高及不要求热处理的低负荷零件
		35	制造曲轴、转轴、螺钉、螺母、垫圈、套筒、连杆、杠杆横梁、轴销、圆盘等具有较好塑性和强度适当的零件
		40 45	制造齿轮、齿条、轴、曲轴等具有较高强度和要求韧性中等的零件
		65	制造小尺寸弹簧等具有高弹性的零件
		15Mn	制造中心部分的机械性能要求较高且须渗碳的零件
		65Mn	制造大尺寸的各种扁圆弹簧：弹簧发条、座板簧等
	合金结构钢 (GB/T 3077—1999《合金结构钢》)	20Cr	制造机床齿轮、齿轮轴、凸轮、活塞销、蜗杆等受力不大且不需要很高的强度的耐磨零件
		40Cr	制造齿轮、轴、曲轴等机械性能比碳钢高的重要调质零件
		20CrMnTi	制造渗碳齿轮、凸轮等承受高速、中等或重负荷、冲击及磨损的重要零件
	铸钢（GB/T 11352—2009《一般工程用铸造碳钢件》)	ZG200 - 400	制造机座、变速箱箱体等各种形状的零件
	灰铸铁 (GB/T 9439—2010《灰铸铁件》)	HT150	制造端盖、泵体、阀壳、手轮、轴承座、管子及管路附件等中等应力的零件及一般无工作条件要求的零件
		HT200 HT250	制造汽缸体、油缸、齿轮、底架、机体、衬套、刹车轮、联轴器、活塞、轴承座等承受应力较大及较重要的零件
	球墨铸铁 (GB/T 1348—2009《球墨铸铁件》)	QT400 - 15 QT450 - 10 QT500 - 7 QT600 - 3 QT700 - 2	制造曲轴、凸轮轴、大齿轮、汽缸套、活塞环、轴承座、千斤顶座、机器底座、汽车后桥壳、轧钢机等受力复杂、强度和韧性及耐磨性要求高的零件
有色金属材料	加工黄铜 (GB/T 5232《加工黄铜 化学成分和产品形状》)	普通黄铜　H62	制造弹簧、垫圈、铆钉、销钉、螺钉散热器及各种网等零件
		铅黄铜　HPb59 - 1	制造销、螺母、螺钉等仪器仪表部门用的切削加工零件
	加工锡青铜 (GB/T 5232)	加工锡青铜　QSn4 - 3	制造弹性元件、管配件、化工机械中的耐磨零件及抗磁零件

附表 22   **常 用 的 热 处 理**

名称	代号	方法	说明
退火	5111	将零件加热到临界温度以上 30～50℃，保持一段时间后，随炉冷却	降低内应力、降低硬度、细化晶粒、改善组织、增加韧性、便于切削
正火	5121	将零件加热到临界温度以上 30～50℃，保持一段时间后，空气冷却	细化晶粒、增加强度和韧性、减少内应力、改善切削性能
淬火	5131	将零件加热到临界温度以上 30～50℃，保持一段时间后，在水、盐水或油中急速冷却	提高零件的强度和硬度。由于淬火后钢变脆，因此淬火后必须回火
回火	5141	将淬硬的零件加热到临界温度以下，保持温度一段时间后，在空气或油中冷却	消除淬火后的脆性和内应力，提高零件的塑性和冲击韧性
调质	5151	淬火后在 450～650℃进行高温回火	提高零件的韧性，具有足够的强度
高频淬火	5212	用高频电流将临界表面迅速加热到临界温度以上，急速冷却	零件表面硬度提高，心部保持一定的韧性
火焰淬火	5213		
渗碳淬火	5311	用渗碳剂将零件加热到 900～950℃，保持一段时间，使碳渗入零件表面的深度为 0.5～2mm 后，淬火回火	提高零件表面的硬度、耐磨性及抗拉强度
固溶处理和时效	5181	低温回火后，在精加工前，加热到 100～160℃，保持 10～40h。对铸件也可采用自然时效（露天放置一年以上）	消除内应力，稳定零件形状和尺寸
发蓝发黑	发蓝或发黑	将零件置于浓碱和氧化剂溶液中加热，使其表面形成一层氧化铁保护膜	防腐蚀增加美观
镀铬	镀铬	用电解的方法，在零件表面镀上一层铬	提高表面硬度、耐磨性和抗腐蚀性能
硬度	HB（布氏硬度）HRC（洛氏硬度）HV（维氏硬度）	材料抵抗硬的物体压入其表面的能力称为"硬度"，根据测定的方法不同，可分为布氏硬度、洛氏硬度、维氏硬度硬度的测定是检验材料经热处理后的机械性能——硬度	用于退火、正火调质的零件及铸件的硬度检验；用于经淬火、回火及表面渗碳、渗氮等处理的零件硬度检验；用于薄层硬化零件的硬度检验

参 考 文 献

[1] 钱可强，王槐德，韩满林. 电气工程制图. 北京：化学工业出版社，2004.

[2] 钱可强. 机械制图（附习题集）. 北京：化学工业出版社，2004.

[3] 王槐德. 机械制图新标准代换教程. 北京：中国标准出版社，2004.

[4] 王晋生. 新标准电气识图（电气信息结构文件阅读）. 北京：中国电力出版社，2003.

[5] 王亚星. 怎样读新标准实用电气线路图. 北京：中国水利水电出版社，2002.

[6] 王晋生，杨元锋. 新标准电气识图. 北京：海洋出版社，1992.

[7] 乔新国，余建华. 动力与照明实用技术. 北京：中国水利水电出版社，1998.

[8] 何利民，尹全英. 怎样阅读电气工程图. 北京：中国建筑工业出版社，1995.

[9] 全国电气文件编制和图形符号标准化技术委员会. 电气简图用图形符号标准汇编. 北京：中国电力出版社，2001.